应用型本科规划教材

数控技术与数控机床

（第二版）

主　编　陈俊龙

副主编　张　伟　程国标　孙树峰

ZHEJIANG UNIVERSITY PRESS
浙江大学出版社

内 容 提 要

本书较全面且深入浅出地介绍了数控技术和数控机床的基本知识。

本书共六章。第1章数控技术概论;第2章数控机床的结构与传动;第3章数控加工与编程基础;第4章数控编程实例,第5章数控原理与数控系统;第6章数控机床的伺服驱动系统和检测装置。

本书可作为机械设计制造及其自动化专业及相近专业的应用型本科教学的专业课程教材,也可供有关的工程技术人员参考。

图书在版编目(CIP)数据

数控技术与数控机床 / 陈俊龙主编. —杭州:浙江大学出版社,2007.1(2021.8重印)

应用型本科规划教材

ISBN 978-7-308-05026-5

Ⅰ.数⋯ Ⅱ.陈⋯ Ⅲ.数控机床－高等学校－教材 Ⅳ.TG659

中国版本图书馆 CIP 数据核字(2006)第 134161 号

数控技术与数控机床(第二版)

陈俊龙 主编

丛书策划	樊晓燕
责任编辑	王 波(wb123@zju.edu.cn)
封面设计	刘依群
出版发行	浙江大学出版社
	(杭州市天目山路 148 号 邮政编码 310007)
	(网址:http://www.zjupress.com)
排 版	杭州青翊图文设计有限公司
印 刷	嘉兴华源印刷厂
开 本	787mm×1092mm 1/16
印 张	12.75
字 数	304 千
版 印 次	2010 年 1 月第 2 版 2021 年 8 月第 12 次印刷
书 号	ISBN 978-7-308-05026-5
定 价	33.00 元

应用型本科院校机械专业规划教材

编 委 会

总　序

近年来我国高等教育事业得到了空前的发展,高等院校的招生规模有了很大的扩展,在全国范围内涌现了一大批以独立学院为代表的应用型本科院校,这对我国高等教育的全方位、持续、健康发展具有重大的意义。

应用型本科院校以着重培养应用型人才为目标,开设的大多是一些针对性较强、应用特色明确的本科专业,但与此不相适应的是,作为知识传承载体的教材建设远远滞后于应用型人才培养的步伐。应用型本科院校所采用的教材大多是直接选用普通高校的那些适用于研究型人才培养的教材。这些教材往往过分强调系统性和完整性,偏重基础理论知识,而对应用知识的传授却不足,难以充分体现应用类本科人才的培养特点,无法直接有效地满足应用型本科院校的实际教学需要。对于正在迅速发展的应用型本科院校来说,抓住教材建设这一重要环节,是实现其长期稳步发展的基本保证,也是体现其办学特色的基本措施。

浙江大学出版社认识到,高校教育层次化与多样化的发展趋势对出版社提出了更高的要求,即无论在选题策划,还是在出版模式上都要进一步细化,以满足不同层次的高校的教学需求。应用型本科院校是介于普通本科与高职之间的一个新兴办学群体,它有别于普通的本科教育,但又不能偏离本科生教学的基本要求,因此,教材编写必须围绕本科生所要掌握的基本知识与概念展开。但是,培养应用型与技术型人才又是应用型本科院校的教学宗旨,这就要求教材改革必须有利于进一步强化应用能力的培养。

为了满足当今社会对机械工程专业应用型人才的需要,许多应用型本科院校都设置了相关的专业。而这些专业的特点是课程内容较深、难点较多,学生不易掌握,同时,行业发展迅速,新的技术和应用层出不穷。针对这一情况,浙江大学出版社组织了十几所应用型本科院校机械工程类专业的教师共同开展了"应用型本科机械工程专业教材建设"项目的研究,共同研究目前教材的不适应之处，并探讨如何编写能真正做到"因材施教"、适合应用型本科层次机械工程类专业人才培养的系列教材。在此基础上，组建了编委会，确定共同编写"应用型本科院校机械工程专业规划教材"系列。

本套规划教材具有以下特色：

在编写的指导思想上，以"应用型本科"学生为主要授课对象，以培养应用型人才为基本目的，以"实用、适用、够用"为基本原则。"实用"是对本课程涉及的基本原理、基本性质、基本方法要讲全、讲透，概念准确清晰。"适用"是适用于授课对象，即应用型本科层次的学生。"够用"就是以就业为导向，以应用型人才为培养目的，达到理论够用，不追求理论深度和内容的广度。突出实用性、基础性、先进性，强调基本知识，结合实际应用，理论与实践相结合。

在教材的编写上重在基本概念、基本方法的表述。编写内容在保证教材结构体系完整的前提下，注重基本概念，追求过程简明、清晰和准确，重在原理，压缩繁琐的理论推导。做到重点突出、叙述简洁、易教易学。还注意掌握教材的体系和篇幅能符合各学院的计划要求。

在作者的遴选上强调作者应具有应用型本科教学的丰富的教学经验，有较高的学术水平并具有教材编写经验。为了既实现"因材施教"的目的，又保证教材的编写质量，我们组织了两支队伍，一支是了解应用型本科层次的教学特点、就业方向的一线教师队伍，由他们通过研讨决定教材的整体框架、内容选取与案例设计，并完成编写；另一支是由本专业的资深教授组成的专家队伍，负责教材的审稿和把关，以确保教材质量。

相信这套精心策划、认真组织、精心编写和出版的系列教材会得到广大院校的认可，对于应用型本科院校机械工程类专业的教学改革和教材建设起到积极的推动作用。

系列教材编委会主任　潘晓弘

2007 年 1 月

前　言

　　数控技术是现代重要的机电一体化高新技术,也是高精度、高生产率、高柔性、高自动化的数控设备和数控机床的核心技术。数控技术的发展和应用水平,在很大程度上标志综合国力的水平,也是实现制造系统自动化、柔性化、集成化和系统化的基础。

　　随着科技和经济的高速发展,我国的制造业和其他相关行业已越来越普遍地研制和使用数控设备和数控机床,因此,积极推进"数控技术与数控机床"这门专业课程的课程建设,对于本科机类专业的教学来说,显得尤为必要和迫切。

　　我们编写的《数控技术与数控机床》一书,针对独立学院和应用型本科院校学生的特点,力求使教材具有简洁精练、应用性和实践性强的特点。

　　第 1 章数控技术概论,阐述了数控技术的基本概念和工作原理,介绍了数控机床的组成、分类和特点;第 2 章数控原理与数控装置,介绍了数控机床机械结构的特点以及主运动系统、进给系统和回转工作台等主要部件的结构、工作原理和特点。第 3 章数控加工与编程基础,介绍了数控加工的工艺分析、工艺路线设计、工序设计、数控编程的有关知识;第 4 章数控编程实例,以 FANUC、HNC-21/22(华中世纪星)和 SIEMENS 三种最常用的数控系统为基础,介绍了各类机床的编程实例;第 5 章数控机床的伺服驱动系统和检测装置,介绍了数控系统的软硬件结构、插补原理和刀补原理;第 6 章数控机床的结构与传动,介绍了数控机床的伺服系统和检测装置的基本概念、结构和工作原理。

　　本书由浙江大学宁波理工学院、中国计量学院、浙江工业大学之江学院、温州大学瓯江学院、浙江大学城市学院和杭州电子科技大学共同编写,由陈俊龙任主编,张伟、程国标和孙树峰任副主编。第 1 章由刘井玉编写,第 2 章由程国标编写,第 3 章由张伟编写,第 4 章由孙树峰编写,第 5 章由吕震编写,第 6 章由陈俊龙编写。

　　在此,我们向关心和支持本书成稿的同志们表示衷心感谢,同时也衷心感谢浙江大学出版社的有关同志对本书编写的深切关心和有力支持。

　　由于数控技术是一门发展迅速的高新技术,许多理论处于不断发展和完善的过程中,同时由于编者的水平有限,因此难免有不足和错误,敬请广大读者原谅并提出宝贵意见,以供再版时修正和完善。

编　者

2006 年 10 月 20 日

第二版前言

本书自 2007 年 1 月出版以来，经各应用型本科院校选作教材使用至今，普遍反映本书内容具有简洁精练、应用性强的特点，是一本适合应用型本科院校学生特点的教材，但也对本书章节的顺序排列提出了宝贵的建议，因此在本书再次印刷时，我们作了以下两个方面的修改。

1. 将第 2 章调整为第 6 章，将第 5 章调整为第 2 章，将第 6 章调整为第 5 章。

2. 对发现的少量谬误进行了修正。

我们敬请广大读者继续提出宝贵意见和建议，使本书在使用中不断完善。我们将整理完成本书的多媒体课件，为教师在使用时提供更大便利，请有需要者跟本书作者或浙江大学出版社编辑王波联系。

编 者

2009 年 12 月

目　录

第1章 概　论

本章学习要点：

1. 掌握数控机床的基本概念和工作原理，熟悉数控机床的组成、分类及特点。

2. 了解数控机床的产生背景与发展过程，以及发达国家和我国的数控技术现状、数控技术的发展趋势。

3. 熟悉先进制造技术的主要内容和特点，了解数控技术在先进制造技术中的地位以及我国数控技术人才的现状。

1.1 数控技术的基本概念

1.1.1 数控技术和数控机床

数控技术，简称数控(Numerical Control)，是指利用数字化的信息对机床各部件的运动及加工过程进行控制的一种技术。

数控机床即是用数控技术实施加工控制的机床。数控机床是典型的数控设备，它的产生和发展是数控技术产生和发展的重要标志。

1.1.2 数控机床的工作原理

机床依靠各个部件的相对运动实现零件的加工。在普通机床上，加工过程主要由人来控制，如手摇进刀。而在数控机床上，机床各部件的相对运动和动作以数字指令方式控制，零件的加工过程自动完成。

数控机床的加工过程如图 1-1 所示。首先要将被加工零件在图纸上的几何信息和工艺信息用规定的代码和格式编写成加工程序，然后将加工程序输入数控装置，按照程序的要求，经过数控系统信息处理、分配，使各坐标移动若干个最小位移量，实现刀具与工件的相对运动，完成零件的加工。

机床的数字控制是由数控系统完成的。数控系统的结构如图 1-2 所示，主要包括数控装置、伺服驱动装置、可编程控制器和检测装置等。数控装置能接收零件图纸加工要求的信息，进行插补运算，实时地向各坐标轴发出控制指令。伺服驱动装置能快速响应数控装置发出的指令，驱动机床各坐标轴运动，同时能提供足够的功率和扭矩。检测装置将坐标位移的实际值检测出来，反馈给数控装置的调节电路中的比较器，如果有差值就发出运动控制信号，从

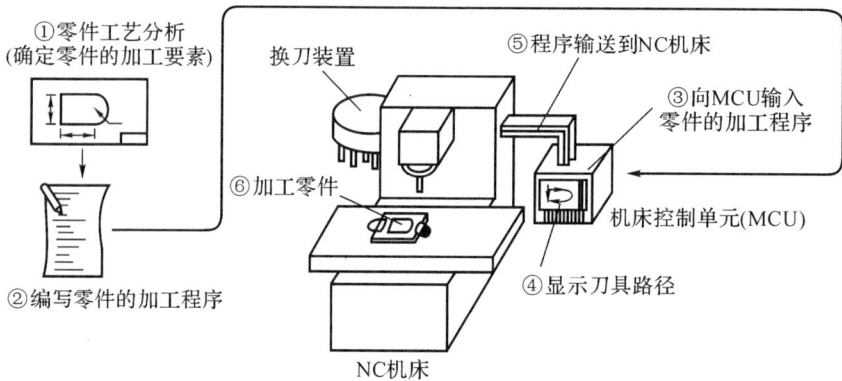

图 1-1　数控加工过程示意

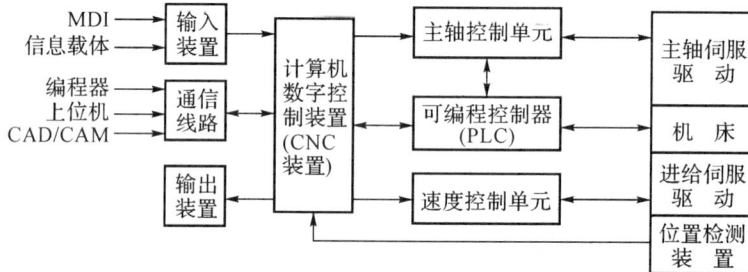

图 1-2　数控系统的组成框图

而实现偏差控制。

在数控机床上除了控制主轴或刀具的加工运动外,还有许多动作,如主轴的起停、刀具更换、冷却液开关、电磁铁的吸合、各种运动的互锁、运动行程的限位、急停、报警、程序启动等。这些开关量控制一般由可编程控制器(Programmable Controller,PC 或 PLC)来完成。

1.2　数控机床的组成、分类及特点

1.2.1　数控机床的组成

数控机床一般由输入输出装置、数控装置(CNC 装置)、伺服系统、检测反馈装置和机床本体组成,如图 1-3 所示。

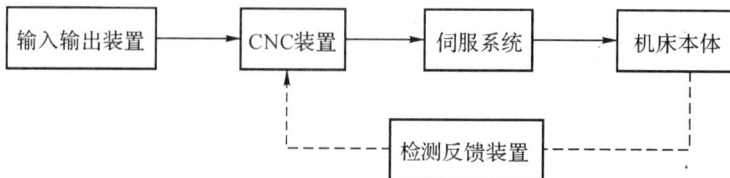

图 1-3　数控机床的组成

1. 输入输出装置

输入输出装置主要实现程序的编制和修改、程序和数据的输入及显示、存储和打印等功能。

输入装置包括光电阅读机、磁带机、软盘驱动器和键盘等。早期的程序输入方式为穿孔纸带、磁带等。目前较多采用的是磁盘、手摇脉冲发生器及通信接口等方式。手摇脉冲发生器输入通常在调整机床和对刀时使用。通过数控装置的通信接口,数控程序可由上位机输入。在生产现场,特别是对一些简单的零件程序,也可采用按键、配合显示器(CRT)的手动数据输入(MDI)方式。

输出装置包括打印机、存储器和显示器等。

2. 数控装置

数控装置是由中央处理单元(CPU)、存储器、总线和相应的软件构成的专用计算机,这部分是数控机床的核心,整个数控机床的功能强弱主要由这部分决定。它具备的主要功能包括:

(1) 多轴联动、多坐标控制;

(2) 实现多种函数的插补(直线、圆弧、抛物线、螺旋线、极坐标、样条等);

(3) 多种程序的输入、编辑功能(人机对话、手动数据输入、上位机程序传入等);

(4) 信息转换功能,包括 EIA/ISO 代码转换,公制/英制转换、坐标转换、绝对值/增量值转换等;

(5) 补偿功能,包括刀具半径补偿、刀具长度补偿、传动间隙补偿、螺距误差补偿等;

(6) 多种加工方式选择(各种加工循环、重复加工、镜像加工等);

(7) 故障自诊断功能;

(8) 辅助功能,如主轴的起停、转向,冷却液的开关,换刀等;

(9) 显示功能,如 CRT 可以显示字符、轨迹、平面图形和动态三维图形等;

(10) 通信和联网功能。

3. 伺服系统及检测反馈装置

伺服系统是接受数控装置的指令,驱动机床执行机构运动的驱动部件。伺服驱动装置分为主轴驱动单元、进给驱动单元、回转工作台、刀库伺服控制装置以及它们相应的伺服驱动电机等。检测反馈装置由测量部件和相应的测量电路组成,用于检测伺服电机或机床执行部件的速度或位移。数控机床的伺服系统,要求具有很好的快速响应性能,以及能够灵敏而准确地跟踪指令的功能。所以,伺服系统及检测反馈装置是数控机床的关键环节。

4. 机床本体

机床本体是数控机床的主体,它包括机床的主运动部件、进给运动部件、执行部件和基础部件,如底座、立柱、工作台、滑鞍、导轨等。数控机床的主运动和进给运动都由单独的伺服电机驱动,因此,它的传动链短,结构比较简单。为了保证数控机床的高精度、高效率和高自动化加工要求,机床的机械机构应具有较高的动态特性、动态刚度、耐磨性以及抗热变形的性能。为了保证数控机床功能的充分发挥,机床上还有一些配套部件(如冷却、排屑、防护、润滑、照明等一系列装置)和辅助装置(如对刀仪、编程机等)。

1.2.2 数控机床的分类

如今数控机床已发展成品种齐全、规格繁多的满足现代化生产的主流机床。可以从不同的角度对数控机床进行分类和评价。通常人们按如下方法分类。

1.按运动控制的特点分类

（1）点位控制数控机床

点位控制是指刀具从某一位置移到下一个位置的过程中，不考虑其运动轨迹，只要求刀具能最终准确到达目标位置，刀具在移动中不切削。为了提高效率和确保较高的定位精度，一般采用刀具先快速移动，当刀具接近目标位置时，再采用低速趋近目标点。

一些孔加工数控机床，如数控钻床、数控镗床、数控冲床、三坐标测量机等都属于点位控制机床。

（2）直线控制数控机床

直线控制的数控机床是指能控制机床工作台或刀具以要求的进给速度，沿平行于坐标轴（或与坐标轴成45°的斜线）的方向进行直线移动和切削加工的机床。这类机床不仅要求具有准确定位的功能，而且还要控制移动的速度。通常还具有刀具半径补偿和长度补偿功能。典型的机床有简易数控车床和简易数控铣床等，它们一般具有两到三个可控制轴，但同时可控制轴数只有一个。

（3）轮廓控制数控机床

这类机床的数控装置能够同时控制两个或两个以上的轴，对位置和速度进行严格的不间断控制。其大部分都具有两坐标或两坐标以上联动、刀具半径补偿、刀具长度补偿、机床轴向运动误差补偿、丝杠螺距误差补偿、齿侧间隙误差补偿等一系列功能。该类机床可加工曲面、叶轮等复杂形状零件。典型的有数控车床、数控铣床、加工中心等。

轮廓控制的数控机床按照可联动（同时控制）轴数分为：两坐标联动控制、2.5坐标联动控制、三坐标联动控制、四坐标联动控制、五坐标联动控制等。多坐标（三坐标以上）控制与编程技术是高技术领域开发研究的课题，随着现代制造技术领域中产品的复杂程度和加工精度的不断提高，多坐标联动控制技术及其加工编程技术的应用也越来越普遍。

2.按伺服系统的类型分类

（1）开环控制的数控机床

如图1-4所示，这类数控机床没有位置检测反馈装置，数控装置发出的指令信号流程是单向的，其精度主要取决于驱动元件和电机（步进电机）的性能。这类数控机床调试简单，系统也比较容易稳定，精度较低，成本低廉，多见于经济型的中小型数控机床和旧设备的技术改造中。

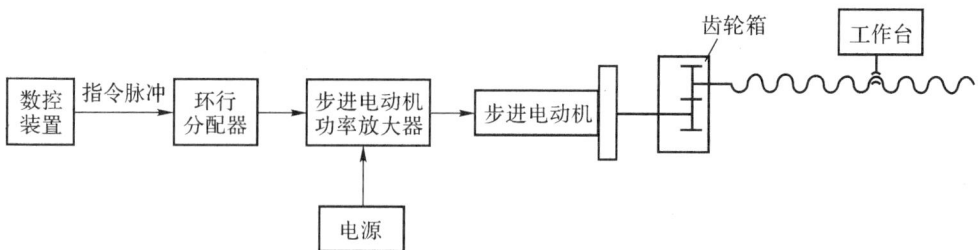

图1-4　开环控制的数控机床系统框图

（2）闭环控制的数控机床

如图1-5所示，这类数控机床带有检测装置，它随时接受在工作台端测得的实际位置反馈信号，将其与数控装置发来的指令位置信号相比较，由其差值控制进给轴运动。这种具有反馈控制的系统,在电气技术上称为闭环控制系统。由于这种位置检测信号取自机床工作台(传动系统最末端执行件),因此可以消除整个传动系统的全部误差,系统精度高。但由于很多机械传动环节包括在闭环控制的环路内,各部件的摩擦特性、刚性及间隙等非线性因素直接影响系统的设计和调节,系统制造调试难度大,成本高。闭环系统主要用于一些精度很高的数控铣床、超精车床、超精磨床、大型数控机床等。

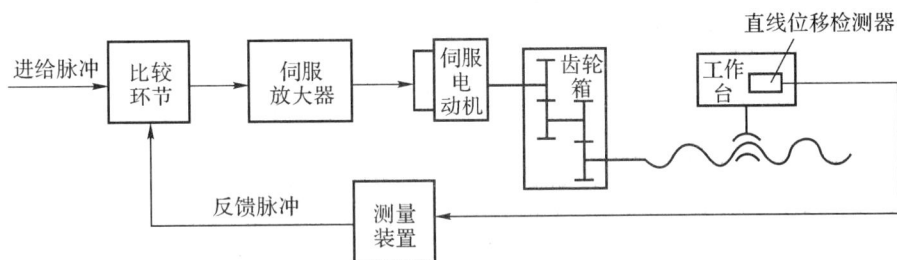

图 1-5 闭环控制的数控机床系统框图

(3)半闭环控制的数控机床

如图 1-6 所示,这类机床的检测元件不是装在传动系统的末端,而是装在电机轴或丝杠轴的端部,工作台的实际位置是通过测得的电机轴的角位移间接计算出来的,因而控制精度没有闭环系统高。这类控制系统的控制环内不包括机械传动环节,因此可以获得稳定的控制特性。目前,大多数中、小型数控机床都采用这种控制方式。

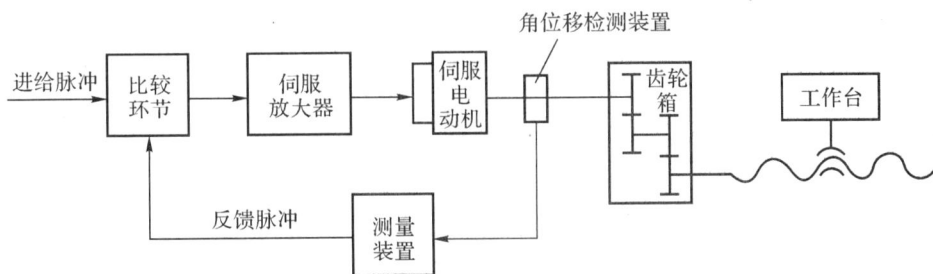

图 1-6 半闭环控制的数控机床系统框图

(4)混合控制数控机床

将以上三种数控机床的特点结合起来,就形成了混合控制数控机床。混合控制数控机床特别适用于大型或重型数控机床,因为大型或重型数控机床需要较高的进给速度和相当高的精度,其传动链惯量与力矩大,如果只采用全闭环控制,机床传动链和工作台全部置于控制闭环中,闭环调试比较复杂。混合控制方式又分两种形式:

1)开环补偿型。图 1-7 所示为开环补偿型控制方式,它的基本控制选用步进电机的开环伺服机构,另外还附加一个校正电路,用装在工作台的直线位移测量元件的反馈信号校正机械系统的误差。

2)半闭环补偿型。图 1-8 所示为半闭环补偿型控制方式,它是用半闭环控制方式取得高精度控制,再用装在工作台上的直线位移测量元件实现全闭环修正,以获得高速度与高精度的统一。图中 A 是速度测量元件(如测速发电机),B 为角度测量元件,C 是直线位移测量元件。

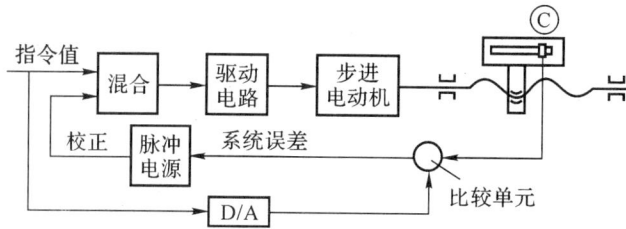

图 1-7　开环补偿型控制方式

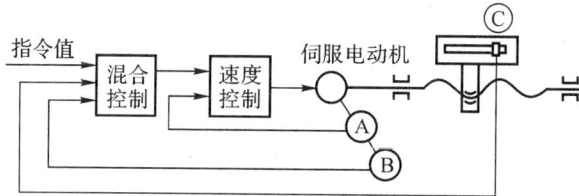

图 1-8　半闭环补偿型控制方式

3. 按功能水平分类

按数控系统的配置和功能不同,数控机床可以分为高级型、普通型和经济型。功能水平主要由主控机性能、分辨率、进给速度、伺服电机性能、联动轴数量和自动化程度等指标体现。

高级型数控机床普遍采用 32 位处理器,交流伺服电机,5 轴以上联动,分辨率达到 $0.1\mu m$ 以上,进给速度大于 24m/min,具有通信、联网及监控管理功能。

普通型可以是 16 位或 32 位处理器,交流或直流伺服电机,4 轴及以下联动,分辨率达 $1\mu m$ 级别,进给速度小于 24m/min,具有人机对话接口。

经济型是相对于普通型而言的,对不同时期、不同国家有不同的含义。

1.2.3　数控机床的特点

数控机床利用二进制数字方式输入,加工过程可任意编程,主轴及进给速度可按加工工艺需要变化,且能实现多坐标联动,易加工复杂曲面。对于加工对象具有"易变、多变、善变"的特点,换批调整方便,可实现复杂零件的多品种中小批柔性生产,适应社会对产品多样化的需求。但其价格较昂贵,需要正确分析其使用的经济合理性。

数控机床是以电子控制为主的机电一体化机床,它充分发挥了微电子、计算机技术特有的优点,易于实现信息化、智能化和网络化,可较容易地组成各种先进制造系统,如 FMS、FTL、FA 和 CIMS 等,能最大限度地提高工业生产效率。

与普通加工设备相比,数控机床的特点可大致归结为如下几点:

(1)数控机床有广泛的适应性和较大的灵活性

在汽车、轻工业产品等的生产方面,一直采用大量的组合机床自动线、流水线;在标准件等的大量生产中,采用凸轮或靠模控制的专用机床和自动机床。这些生产线适合于批量大、品种少的产品加工,其加工和调试过程很长,且投入资金大,一旦需要更换产品,则整个生产设备都要抛弃,必须重新建造新的生产线。因此,其产品的适应性和灵活性很差。而现今社会的市场需求变化很快,要求产品多样化且能快速地更新换代。传统的工艺装备已不能满足现今市场的需求,而数控机床以及以数控机床为基础的柔性制造系统则能很好地适应市场需求变化。在数控机床上更换加工零件时,只需要更换加工程序,不需要重新设计凸轮、靠模、样板等工艺装备,因而是产品更新换代频繁时代的首选柔性设备。

数控机床具有多轴联动功能,可按零件的加工要求变换加工程序,可解决单件、小批量生产的自动化问题。数控机床能完成很多普通机床难以胜任的零件加工工作,如叶轮等复杂曲面的加工,因此数控机床在航空航天领域获得了广泛的应用。

(2)数控机床的加工精度高,产品质量稳定

数控机床按照预先编制的程序自动加工,加工过程不需要人工干预,加工零件的重复精度高,零件的一致性好。而且数控机床本身的精度高,刚度好,精度的保持性好,能长期保持加工精度。数控机床有硬件和软件的误差补偿能力,因此能获得比机床本身精度还高的零件加工精度。

(3)自动化程度高,生产率高

数控机床能合理地选用切削用量,机加工时间短。数控机床定位精度高,停机检测次数少,加工准备时间短,再采用自动换刀、自动变换工件等功能,可进一步提高生产效率,降低工人的劳动强度。数控机床的生产率可比普通机床提高 2~3 倍。对某些复杂零件,其生产率可提高十几倍甚至几十倍。

(4)数控机床生产准备周期短,能实现多工序复合,节省厂房面积

数控机床在更换加工零件时,可以方便地保存原来的加工程序及相关的工艺参数,不需要更换凸轮、靠模等工艺装备,也就没有这类工艺装备需要保存,因此可缩短生产准备时间,大大节省占用厂房面积。加工中心采用多主轴、车铣复合、分度工作台或数控回转工作台等复合工艺,可实现一机多能,实现在一次零件定位装夹中完成多工位、多面、多刀加工,省去工序间工件运输、传递的过程,减少工件装夹和测量的次数和时间,既可以提高加工精度,又可以节省厂房面积,从而提高了生产效率。

(5)数控机床的管理水平高

数控机床具有通信接口,可连接计算机,也可以连接到局域网上,因此可实现生产过程的计算机管理和控制。

1.3 数控机床的产生与发展

1.3.1 数控技术的产生与发展

1. 数控技术的产生与发展

数控机床是机、电、液、气、光等多学科高科技的综合性组合的产品,特别是以电子、计算机技术为其发展的基石。数控技术的发展是以这些相关技术的相互配套和发展为前提的。综观数控技术的发展过程,可以把数控机床划分为五代产品。

1952 年,在美国飞机工业的零件制造中,为了能采用电子计算机对加工轨迹进行控制和数据处理,美国空军与麻省理工学院(MIT)合作,研制出第一台工业三坐标数控铣床,体现了机电一体化机床在控制方面的巨大创新。这是第一代数控系统,其采用的是电子管,体积庞大,功耗大。

随着晶体管的问世,电子计算机开始应用晶体管元件和印刷电路板,从而使数控系统进

入第二代。1959年,美国克耐·杜列克公司开始生产带刀库和换刀机械手的加工中心,从而把数控机床的应用推上了一个新的层次,为以后各类加工中心的发展打下了基础。

20世纪60年代,出现了集成电路,数控系统进入了第三代。这时的数控机床还都比较简单,以点位控制机床为多,数控系统还属于硬逻辑数控系统(NC)级别。1967年,在英国实现了用一台计算机控制多台数控机床的集中控制系统,它能执行生产调度程序和数控程序,具有工间传输、储存和检验自动化的功能,从而开辟了柔性制造系统(FMS)的先河。

随着计算机技术的发展,数控系统开始采用小型计算机,这种数控系统称为计算机数控系统(CNC),数控系统进入第四代。70年代,美国、日本等发达国家推出了以微处理器为核心的数控系统(MNC,统称为CNC),这是第五代数控系统。至此,数控系统开始蓬勃发展。进入80年代,微处理器及数控系统相关的其他技术都进入了更先进水平,促进数控机床向柔性制造系统(FMC)、计算机集成制造系统、自动化工厂等更高层次的自动化方向发展。

2. 数控技术的发展现状

(1)发达国家的数控技术概况

数控机床出现至今50年,随着现代科技,特别是微电子、计算机技术的进步而不断发展。发达国家普遍重视机床工业,不断研究机床的发展方向和提出科研任务,并为此网罗世界性人才和提供充足的经费。美、德、日三国是当今世界上在数控机床科研、设计、制造和使用上,技术最先进和经验最丰富的国家。

由于美国的汽车等制造业发达,其电子、计算机技术又处于世界领先地位,因此发展了大量大批量生产自动化所需的自动线。其数控机床的主机设计、制造及数控系统基础扎实,且一贯重视科研和创新,其高性能数控机床技术在世界也一直领先。当今美国不仅生产用于宇航产品加工的高性能数控机床,也为中小企业生产廉价实用的数控机床。

德国重视机床工业的重要战略地位。由于德国的数控机床质量及性能良好、先进实用,德国的数控机床,尤其是大型、重型、精密数控机床,在世界上享有盛誉。德国特别重视数控机床主机及配套件的先进和优质,其机、电、液、气、光、刀具、测量、数控系统和各种功能部件在质量、性能上居世界前列。如西门子公司的数控系统和Heidenhain公司的精密光栅均为世界闻名。

日本也和美、德两国相似,充分发展大批量生产自动线,继而全力发展中小批量柔性生产自动化的数控机床。在中档数控机床方面,日本的出口量占世界第一位。在20世纪80年代开始进一步加强科研,向高性能数控机床发展。日本突出发展数控系统,日本FANUC公司生产的数控系统,在技术上领先,在产量上居世界第一。

(2)我国数控技术现状及需求概况

我国机床工业厂多人多,生产数控机床的厂家约占机床厂总数的1/3。数控机床产量不断增长,但数控机床的需求量增长得更快,国产数控机床产量还满足不了社会发展的需求,大量的数控机床需要进口。

我国于1958年研制出第一台数控机床,到如今数控机床的发展大致可分为两大阶段:1958—1979年间为第一阶段,从1979年至今为第二阶段。第一阶段由于数控系统的稳定性、可靠性尚未很好地解决,限制了国产数控机床的发展。而数控线切割机床由于结构简单,得到了较快的发展。在第二阶段,通过引进先进的数控技术和合作生产等方式,解决了数控机床的可靠性、稳定性等问题,数控机床开始批量生产和使用。经过第二阶段的发展,我国数控机床的设计和制造技术有了较大提高,开发了立式、卧式加工中心,数控车床、数控铣床等多种数控机床;培训了一些数控机床设计、制造、使用维护方面的人才;通过利用国外的先进元器件及数控系统配套,能自行设计及制造高速、高性能、多面、五轴联动的数控机床,供应国内市场。在加工中心的基础上,研制了柔性制造单元,建造了柔性制造系统。到 20 世纪 80 年代末,我国还在一定范围内探索实施了 CIMS,取得了宝贵的经验,掌握了一定的技术。

虽然我国的数控技术有了一定的发展,但和其他先进国家相比,差距还很大。目前,我国数控机床的数量和品种尚不能完全满足国内市场需求,出口量少;设计制造水平还处于从学习、仿制走向自行开发阶段;严重缺乏各方面专家人才和熟练技术工人;重要功能部件、自动化刀具、数控系统主要依靠国外技术支撑;还需要提高关键技术的试验、消化、掌握及创新能力。

随着世界科技进步和机床工业的发展,数控机床作为机床工业的主流产品,已成为实现装备制造业现代化的关键设备,是国防军工装备发展的战略物资。我国航天航空、国防军工制造业需要大型、高速、精密、多轴、高效数控机床;汽车、摩托车、家电制造业需要高效、高可靠性、高自动化的数控机床和成套柔性生产线;电站设备、造船、冶金石化设备、轨道交通设备制造业需要高精度、重型为特征的数控机床;IT 和生物工程等高技术产业需要纳米级和亚微米级超精密加工数控机床;工程机械、农业机械等传统制造行业的产业升级,特别是民营企业的蓬勃发展,需要大量数控机床进行装备。因此,加快发展数控机床产业也是我国装备制造业发展的现实要求。

1.3.2 数控技术的发展趋势

现代数控机床是机电一体化的典型产品,是新一代生产技术(如 FMS 等)的技术基础。把握数控技术的发展趋向具有重要意义。现代数控机床的发展趋势是高速化、高精度化、高可靠性、多功能、复合化、智能化和采用具有开放式结构的数控装置。研制开发软、硬件都具有开放式结构的智能化全功能通用数控装置是主要的发展动向。数控机床整体性能是数控装置、伺服系统及其控制技术、机械结构技术、数控编程技术等多方面共同发展的结果。

1. 高速化和高精度化

高速化要求数控装置能高速地处理数据和计算,并要求伺服电机能高速地作出反应。目前高速主轴单元转速已能达到 15000～100000r/min 以上;进给运动部件不但要求高速度,且要求具有高的加、减速功能,其快速移动速度达到 60～240m/min,工作进给速度已达到 60m/min 以上。

在数控装置方面,要求数控装置能高速地处理输入的指令数据,计算出伺服机构的位移量。采用 32 位以及 64 位微处理器是提高 CNC 速度的有效手段。当今主要的数控装置生产厂家普遍采用 32 位微处理器,主频达到几百、上千赫兹,甚至更高。20 世纪 90 年代出现的精简指令集芯片的数控系统(如 FANUC-16 等),可进一步提高微处理器的运算速度。由于运算速度的极大提高,在分辨率为 $0.1\mu m$、$0.01\mu m$ 的情况下仍能获得很高的进给速度(100～240m/min)。

在数控设备高速化中,提高主轴转速占有重要地位。主轴高速化的手段是采用内装式主轴电机,使主轴驱动不必通过变速箱,而是直接把电机与主轴连接成一体后装入主轴部件,从而可将主轴速度大大提高。日本已生产出了主轴转速高达 50000r/min 的加工中心和主轴转速高达 100000r/min 的数控铣床。在工作台进给传动方法上,采用直线电机技术和直线滚珠导轨技术可显著提高进给速度和进给加速度。而且系统的刚度和磨损寿命高于传统的滚珠丝杠导轨系统。

高精度化要求主轴和进给系统在高速化的同时,能保持高的定位精度。提高数控设备的加工精度,一般是通过减少数控系统的控制误差和采用补偿技术来达到。

对于数控装置,可采用提高系统分辨率,以微小的程序段实现连续进给的方法,使 CNC 控制单位精细化。对于伺服系统,则主要是通过提高伺服系统的动、静态特性,采用高精度的检测装置,应用前反馈控制及机械静摩擦的非线性控制等新的控制理论等方法来减小和控制误差。高分辨率的脉冲编码器内置微处理器组成的细分电路,使得分辨率大大提高,增量位置检测可达 10000P/r(脉冲数/每转)以上;绝对位置检测可达 100000P/r 以上。在误差补偿方面,除采用齿隙补偿、丝杠螺距误差补偿和刀具补偿等技术外,近年来设备的热变形误差补偿和空间误差的综合补偿技术已成为研究的热点课题。目前,有的 CNC 已具有补偿主轴回转误差运动部件的颠摆角误差的功能。

2. 复合化和柔性化

复合化包括工序复合化和功能复合化。工件在一台设备上一次装夹后,通过自动换刀等各种措施,来完成多种工序和表面的加工。在一台数控设备上能完成多工序切削加工(如车、铣、镗、钻等)的加工中心,可以替代多机床和多夹具的加工,既能提高每台机床的加工能力,减少半成品库存,又能提高加工精度,打破了传统的工序界限。从发展趋势看,复合加工中心主要是通过主轴头的立卧自动转换和数控工作台来完成五面和任意方位上的加工。还可以采用多品种机床复合的方式,如出现了车削和磨削复合的加工中心。

柔性是指数控机床适应加工对象的变化能力,柔性的发展包括单元柔性和系统柔性。单元柔性主要通过增加不同容量的刀具库和自动换刀机械手,采用多主轴和交换工作台等方式实现。系统柔性指配以工业机器人和自动运输小车等组成柔性制造单元(FMC)或柔性制造系统(FMS)。

3. 智能化

模糊数学、神经网络、数据库、知识库、决策形成系统、专家系统、现代控制理论与应用等技术的发展,为数控机床智能化水平的提高建立了可靠的技术基础。数控机床的智能化主要体现在如下几个方面:

(1)应用自适应控制技术。数控系统能检测对其加工有影响的信息,并自动连续调整系统的有关参数,达到改进系统运行状态的目的。如通过监控切削过程中的刀具磨损、破损、切削力及加工质量等信息,自动调节切削参数,以提高加工精度和质量。

(2)引入专家系统指导加工。将切削专家的经验、切削加工的各种规律存入计算机中,以加工工艺参数数据库为支撑,建立具有人工智能的专家系统,使加工过程始终处于最优状态。目前已开发出带自学习功能的神经网络电火花专家系统。

(3)故障自诊断功能。故障诊断专家系统是诊断装置的最新发展方向。

(4)智能化交流伺服驱动装置。通过自动识别负载,智能伺服系统能自动调节参数,使系统处于最优工作状态。

4. 开放式体系结构

数控技术中大量采用计算机的新技术,国际上的主要数控系统和数控设备生产国及厂家瞄准通用个人计算机(PC机)所具有的开放性、低成本、高可靠性和软硬件资源丰富等特点,竞相开发基于 PC 的 CNC,并提出了开放式 CNC 体系结构的概念,开展了针对开放式 CNC 前后台标准的研究。先进的 CNC 系统还提供了强大的联网能力,系统除配置 RS232C 串口接口、RS422 等接口外,还有 DNC(直接数控,也称群控)接口。近年来多数控制系统具有与工业局域网(LAN)通信的功能,有的数控系统还带有 MAP(制造自动化协议)等高级工业控制网络接口,以满足不同厂家和不同类型的机床联网的需要。

5. 小型化

数控技术的发展提出了数控装置小型化的要求,以便机、电装置更好地糅合在一起。目前许多 CNC 装置采用最新的大规模集成电路(LSI),新型 TFT 彩色液晶薄型显示器和表面安装技术,消除了整个控制机架。机械结构小型化以缩小体积。同时,伺服系统和机床主体进行很好的机电匹配,提高数控机床的动态特性。

1.3.3 先进制造技术简介

计算机技术的迅速发展推动了 CAD、CAM 技术向更高层次和更高水平发展,而且进一步发展了计算机辅助工艺设计(CAPP)数据库、集成制造生产系统相关信息的自动生成、自动处理。数控技术既是联系 CAD、CAM 的纽带,也是进一步通向集成化 CAD/CAM 的桥梁。微电子技术和计算机技术成果渗透到机械制造的各个领域中,先后出现了计算机直接制造系统(DNC)、柔性制造系统(FMS)、计算机集成制造系统等高级自动化技术。这些高级自动化技术的一个共同点是都以数控机床作为其基本系统。

1. 计算机直接数控系统(DNC)

计算机直接控制数控系统就是使用一台通用计算机直接控制和管理一群数控机床,也称计算机群控系统。现代的 DNC 系统中,各台数控机床的数控装置全部保留,并与 DNC 系统的中央计算机组成计算机网络,实现分级控制管理。DNC 系统具有计算机集中处理和分级控制能力,还具有生产管理、作业调度、工况显示、监控等管理功能。它为柔性制造系统(FMS)的发展提供了基础。

2. 柔性制造单元(FMC)

柔性制造系统在规模上和自动化程度上已发展成不同的层次。带自动换刀装置的数控加工中心是柔性制造系统的硬件基础,是制造系统的基本级别。其后出现的柔性制造单元(Flexible Manufacturing Cell,FMC)是较高一级的柔性制造技术,如图 1-9 所示,它一般由加工中心机床和自动交换工件的托盘装置(AWC)所组成,同时系统还增加了自动监测和工况自动监控等功能。FMC 的结构形式多种多样,主要有托盘搬运式和机器人搬运式两大类型。FMC 可以作为独立运行的生产设备进行自动加工,也可以作为 FMS 的加工模块。FMC 具有规模小,成本低,便于扩充等特点,特别适合于中、小企业。

3. 柔性制造系统(FMS)

有关柔性制造系统的定义至今还无定论,一般认为 FMS 应具有如下特性:

(1)具有多台数控制造设备。这些设备既可以是切削加工设备,也可以是电加工、激光加工、热处理、冲压剪切、装配、检验等设备。一般认为 2~4 台设备就可以组成小规模 FMS。

(2)在制造设备上,利用交换工作台或工业机器人等装置实现零件的自动上下料。

(3)具有物料运输系统将所有设备连接起来,实现无固定加工顺序和无节拍的随机自动

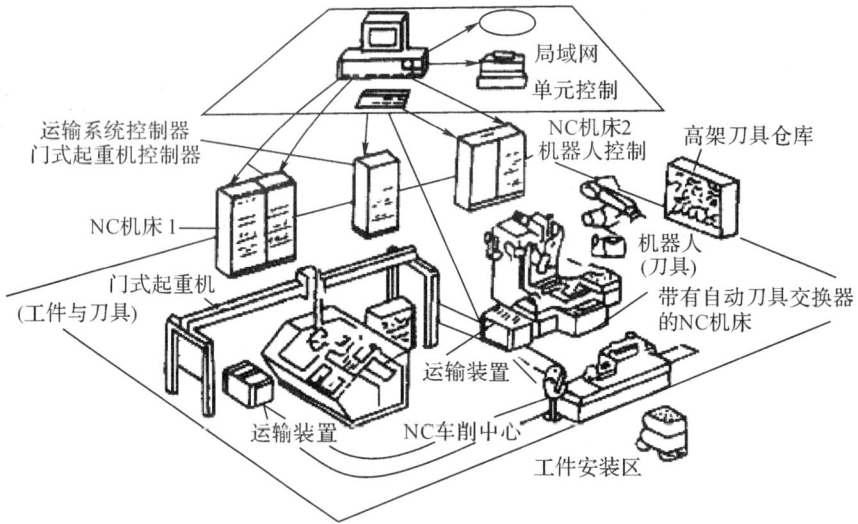

图 1-9　柔性制造单元示意图

制造,由计算机进行物料的自动控制。

（4）由计算机对整个系统进行高度自动化的多级控制与管理,实现一定范围内的多品种、中小批量零件的制造。

（5）配有管理信息系统（MIS）。能提供刀具与机床的相关报告,提供系统运行状态的报告以及生产控制的计划等。

（6）具有动态平衡功能,能进行最佳化调度。

FMS 一般由加工、物流和信息流三个子系统组成,每个子系统还有分系统,如图 1-10 所示。现有的 FMS 的加工系统由 FMC 组成的还较少,多数还是由 CNC 机床组成。物料流是区别 FMS 和 FMC 的主要标志。它包括存储、输送和搬运等子系统。FMS 的存储系统多用立体仓库并由计算机进行控制。输送设备有输送带、有轨小车、无轨小车以及行走机器人等形式。现阶段 FMS 多用结构简单的有轨小车或输送灵活的无轨小车进行输送。JCS-FMS-1 是我国第一条 FMS,由机械工业部北京机床研究所基于日本 FANUC 公司的 FMS 技术研制成功。它主要由加工系统、物流系统、中央管理系统和监控系统等组成。JCS-FMS-1 型柔性制造系统运行后带来了一定的经济效益,它的建立对我国柔性制造系统的研究与开发是一个良好的开端。

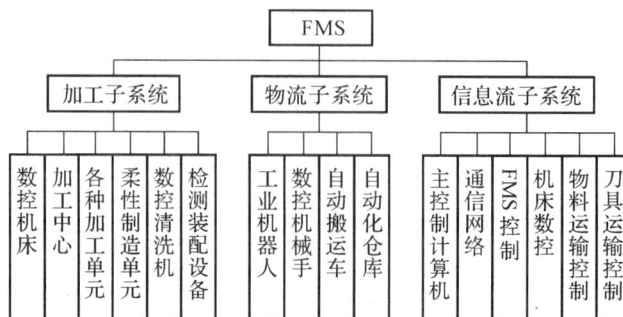

图 1-10　柔性制造系统的组成

4. 计算机集成制造系统(CIMS)

目前 CIMS 还没有一个完善的、被普遍接受的定义。从一般概念上,可以认为 CIMS 是在柔性制造技术、计算机技术、信息技术、自动化技术和现代管理科学的基础上,将制造工厂的全部生产、经营活动所需的各种分布式的自动化子系统,通过新的生产管理模式、工艺理论和计算机网络有机地集成起来,以获得适应于多品种、中小批量生产的高效益、高柔性和高质量的智能制造系统。

根据美国计算机自动化协会/制造工程师协会(CASA/SME)的定义,CIMS 的核心是一个公用数据库,对信息资源进行存储与管理,并与各个计算机系统进行通信。在此基础上,需要三个计算机系统,首先是进行产品设计与工艺设计的 CAD/CAM 系统。第二是生产计划与生产控制的 CAP/CAC 系统,FMS 是这个系统的主体。第三是工厂自动化系统,它可以实现产品的自动装配与测试,材料的自动运输与处理等。

CIMS 技术的开发研究最早的是美国,开始于 1977 年,我国在 80 年代末开始在 CIMS 方面进行跟踪研究和示范应用。目前有关 CIMS 技术还不够成熟,还处于发展阶段。可以预计,高级自动化技术将进一步证明数控机床的价值,并且正在更为广阔地开拓数控机床的应用领域。

1.4 我国数控技术人才现状概述

专家们预言:21 世纪机械制造业的竞争,其实质是数控技术的竞争。加入世贸组织后,中国正在逐步变成"世界制造加工中心"。数控技术的广泛应用是我国制造业发展壮大的重要前提和必然趋势。有关部门针对我国数控技术人才培养、设备使用情况以及数控技术人才需求情况进行了一系列调研。

1. 数控人才的市场需求

目前,我国机床市场消费额居世界第一位,但其中数控机床仅占 2%;而对于我国现有的有限数量的数控机床(大部分为进口产品)也未能充分利用。原因是多方面的,数控人才的匮乏无疑是主要原因之一。由于数控技术是最典型的、应用最广泛的机电光一体化综合技术,我国迫切需要大量的从研究开发到使用维修的各个层次的技术人才。

国有大中型企业,特别是目前经济效益较好的军工企业和国家重大装备制造企业是我国数控技术的主要应用对象。随着民营经济的飞速发展,在我国沿海经济发达地区(如广东、浙江、江苏、山东),数控人才更是供不应求,主要集中在模具制造企业和汽车零部件制造企业。

2. 数控人才的知识结构

现在处于生产一线的各种数控人才主要有两个来源:一个来源是大学、高职和中职的机电一体化或数控技术应用等专业的毕业生,他们都很年轻,具有不同程度的英语、计算机应用、机械与电气基础理论知识和一定的动手能力,容易接受新工作岗位的挑战。他们最大的不足就是缺少工程经历和工艺经验,同时,由于学校教育的专业课程分工过窄,仍然难以满足某些企业对加工和维修一体化的复合型人才的需求。

另一个来源就是从企业现有员工中挑选人员参加不同层次的数控技术的中、短期培训,以适应企业对数控人才的急需。这些人员一般具有企业所需的工艺和工程背景、比较丰富的实践经验,但是他们大部分是传统的机类或电类专业的各级毕业生,知识面较窄,特别是对计算机应用技术和计算机数控系统了解和掌握不够。

对于数控人才,有以下几个需求层次,所需掌握的知识结构也各有不同。

(1)数控操作技工

数控操作技工应该精通机械加工和数控加工工艺知识,熟练掌握数控机床的操作和手工编程,了解自动编程和数控机床的简单维护维修,主要适合由中职学校组织培养。数控操作技工在企业数控技术岗位中占70.13%,是目前需求量最大的数控技术人才。适合作为车间的数控机床操作技工。

(2)数控编程员

数控编程员应该掌握数控加工工艺知识和数控机床的操作,掌握复杂模具的设计和制造专业知识,熟练掌握三维CAD/CAM软件,如UG、Pro/E等,熟练掌握数控手工和自动编程技术;主要适合由高职、本科学校组织培养。数控编程员在企业数控技术岗位中占25.04%,适合作为工厂设计处和工艺处的数控编程员。其中数控编程工艺员占12.6%。在机械制造业,尤其在模具行业,对该类人员需求量大。

(3)数控机床维修员

数控机床维护、维修人员应该掌握数控机床的机械结构和机电联调,掌握数控机床的操作与编程,熟悉各种数控系统的特点、软硬件结构、PLC和参数设置,精通数控机床的机械和电气的调试和维修,主要适合由高职学校组织培养。数控机床维修员在数控企业技术岗位中占12.44%,适合作为工厂设备处工程技术人员。虽然该类人员需求量相对少一些,但由于对其知识、技能和实践经验均有很高要求,因而教育和培养的任务相当艰巨,目前该类人员非常紧缺。

(4)数控通才

数控通才应具备并精通数控操作技工、数控编程员和数控维护、维修人员所需掌握的综合知识,并已在实际工作中积累了大量实际经验,知识面很广。精通数控机床的机械结构设计和数控系统的电气设计,掌握数控机床的机电联调。能自行完成数控系统的选型、数控机床电气系统的设计、安装、调试和维修。能独立完成机床的数控化改造。这类数控通才在数控企业中仅占4.83%,是企业(特别是民营企业)的抢手人才,其待遇很高。其主要适合由本科、高职学校组织培养,但必须提供有效的实训措施和教师指导以促其成才。

思考题与习题

1-1　什么是数控机床?其基本原理是怎样的?

1-2　数控机床是如何分类的?

1-3　与普通机床相比,数控机床有哪些特点?

1-4　简述数控机床的发展过程和发展趋势。

1-5　对比发达国家的情况,简述我国数控技术现状。

1-6　什么是柔性制造系统?其特点如何?

第 2 章　数控原理与数控装置

本章学习要点：

1.熟悉数控装置硬件和软件的功用、结构和组成。

2.掌握数控插补原理和刀具补偿原理。

2.1　数控装置的基本结构与工作原理

2.1.1　数控装置的基本组成

1.数控机床的工作过程

数控机床加工零件,首先必须将被加工零件的几何数据和工艺数据按规定的代码和程序格式编写加工程序,然后将所编写程序指令输入到机床的数控装置中,数控装置再将程序(代码)进行译码、数据处理、插补运算,向机床各个坐标的伺服机构和辅助控制装置发出信息和指令,驱动机床各运动部件,控制所需要的辅助运动,最后加工出合格零件。这些信息和指令包括:各坐标轴的进给速度、进给方向和进给位移量、各状态的控制信号。

2.计算机数控装置

随着计算机技术的不断发展,硬件数控装置已经被计算机数控装置所取代,计算机数控(CNC)装置通过接口与其他各部分相连,如图 2-1 所示。现代数控装置一般包括微机基本系统、人机界面接口、位置控制接口、主轴控制接口和辅助功能控制接口等部分。随着对 CNC功能要求的不断提高,CNC 硬件结构从单 CPU 结构发展到多 CPU 结构。

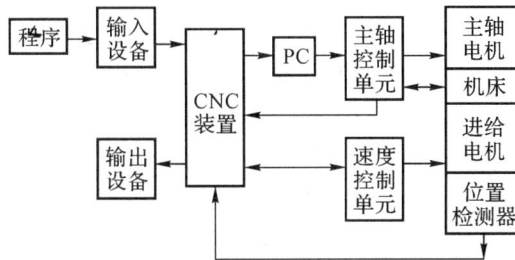

图 2-1　数控装置的基本组成

2.1.2　数控装置的基本结构

计算机数控装置由硬件和软件组成,其基本结构如图 2-2 所示。硬件部分包括计算机及其外围设备。外围设备主要有显示器、键盘、面板、机床 I/O 接口等。显示器用于显示信息和监控;键盘用于输入操作命令、输入和编辑加工程序、输入设定数据等;操作面板供操作人员改变工作方式、手动操作、运行加工等;机床 I/O 接口是数控装置与伺服系统及机床之间联系的桥梁。软件部分由管理软件和控制软件组成。管理软件主要包括输入输出、显示、自诊断等程序;控制软件主要包括译码、插补运算、刀具补偿、速度控制、位置控制等程序。

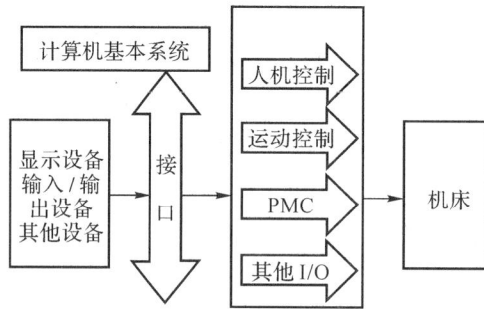

图 2-2　CNC 系统的基本结构

1. 数控装置硬件结构

(1)单微处理器结构

单微处理器数控装置由于其结构简单,价格低,在经济型数控装置中应用广泛。在单微处理器结构中,整个系统由一个微处理器来完成数据存储和处理、插补运算、输入输出控制、显示等功能,并对其进行控制和处理。该结构采用集中控制、分时处理的控制方式。单个微处理器通过总线与存储器、输入输出接口及其他接口相连,构成整个 CNC 系统。结构框图如图 2-3 所示。

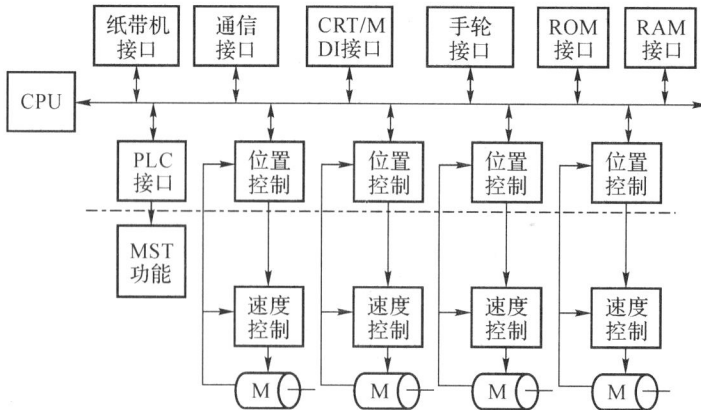

图 2-3　单微处理机数控装置的结构

(2)多微处理器结构

多微处理器数控装置可以满足现代数控机床高速度、高精度、多功能的要求。在多微处理器结构中有两个或两个以上微处理器。多微处理器 CNC 系统采用模块化技术,由多个功能模块组成。有管理模块、插补模块、位置控制模块、存储器模块、操作面板管理和显示模块以及 PLC 模块等。多微处理器 CNC 系统在结构上可分为共享存储器结构和共享总线结构，如图 2-4 和图 2-5 所示。

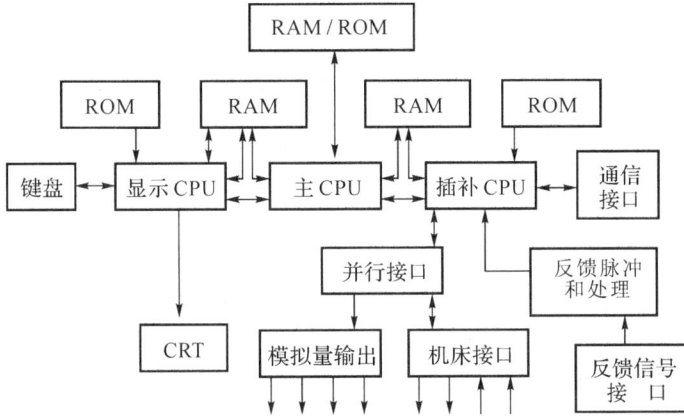

图 2-4　共享存储器结构 CNC 硬件结构

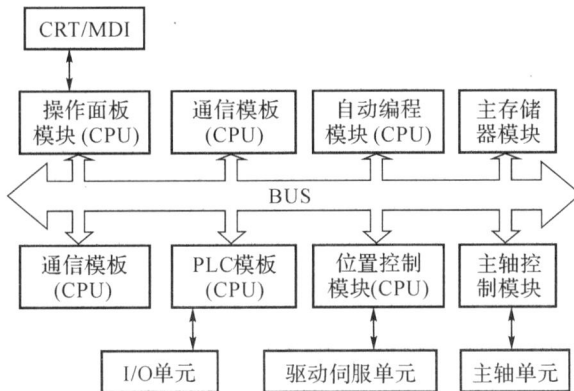

图 2-5　共享总线结构 CNC 硬件结构

2. 数控装置软件结构

CNC 系统是一个实时多任务系统，其控制软件设计中，采用了许多计算机软件结构设计的技术。在单微处理器数控装置中，常采用前后台型软件结构和中断型软件结构；在多微处理器数控装置中，由各个 CPU 分别承担一项或几项任务，CPU 之间通过通信协调完成控制任务。以下主要介绍多任务并行处理、前后台型软件结构和中断型软件结构。

（1）多任务并行处理

CNC 系统是一个独立的控制单元，在数控加工中，CNC 系统要完成管理和控制两大任务，如图 2-6 所示。管理软件要完成的任务包括输入输出处理、显示、通信、诊断等。控制软件要完成的任务包括译码、刀具补偿、速度控制、插补和位置控制、辅助功能控制等。

在大部分情况下，管理和控制中的某些工作必须同时进行。如显示必须与控制同时进行，以便操作人员了解系统的工作状态；零件的加工程序输入也要与加工控制同时运行；译码、刀具补偿和速度处理必须与插补运算同时进行，插补运算又必须与位置控制同时进行，使得刀具在各个程序段之间不会有停顿。数控加工的多任务常采用并行处理的方式来实现。

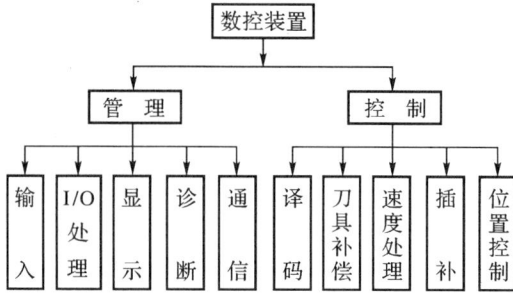

图 2-6　数控装置的任务

并行处理是指计算机在同一时刻或同一时间间隔内完成两种或两种以上性质相同或不同的工作。CNC 软件中并行处理常采用资源分时共享和资源重叠流水线处理技术。

资源分时共享是根据"分时共享"的原则,使多个用户按时间顺序使用同一设备,主要用于解决单 CPU 的 CNC 系统中多任务同时运行的问题。各任务使用 CPU 是采用循环轮流和中断优先相结合的形式来实现的,如图 2-7 所示。

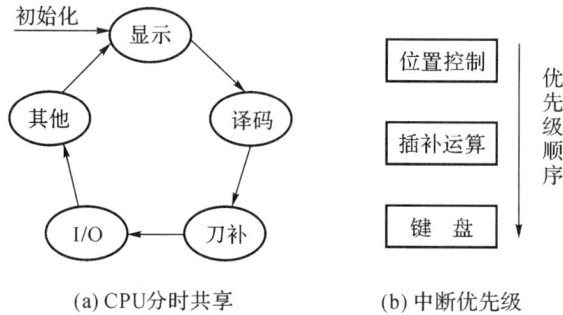

(a) CPU分时共享　　　　(b) 中断优先级

图 2-7　CPU 分时共享和中断优先级

资源重叠是根据流水线处理技术,使多个处理过程在时间上重叠,即在一段时间间隔内不是只处理一个子过程,而是处理两个或更多子过程。在单 CPU 的 CNC 系统中,流水处理时间重叠是在一段时间内,CPU 处理多个子过程,各子过程分时占用 CPU 时间。

(2)前后台型软件结构

前后台型软件结构如图 2-8 所示。前台程序是与机床控制直接相关的实时控制程序,完成实时控制功能,如插补、位置控制等。它是一个实时中断服务程序,以一定的时间间隔定时发生。后台程序是一个循环运行的程序,完成协调管理、数据译码、预计算数据和显示坐标等实时性要求不高的任务。在后台程序的运行过程,前台中断程序间隔一定时间插入运行,执行完毕后返回后台程序,通过前后台程序的相互配合,共同完成零件的加工。图 2-8 所示为前后台程序的运行关系。

(3)中断型软件结构

中断型结构是除初始化程序外,系统软件各个任务模块分别安排在不同级别的中断服务程序中。系统通过响应不同级别的中断来执行响应的中断服务程序,完成数控机床的各种功能。其管理功能依靠各级中断服务程序之间的通信来实现。整个软件相当于是一个大的中断系统,如图 2-9 所示。

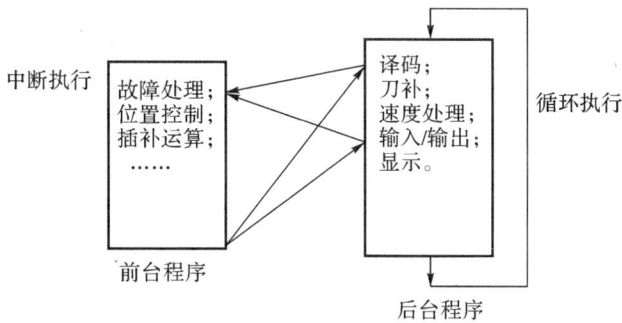

图 2-8　前后台型软件结构

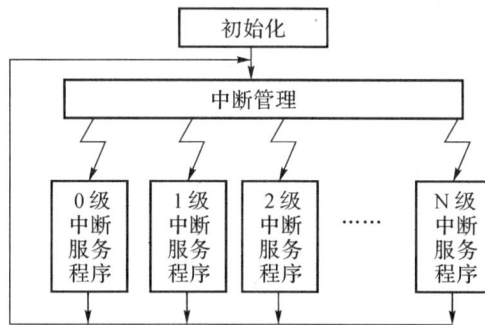

图 2-9　中断型结构数控软件

2.1.3　数控装置的工作过程

1. 加工程序的输入

数控加工程序的输入,可通过键盘、磁盘和 RS232C 接口等输入,这些输入方式一般采用中断的形式来完成,每一种输入方式对应一个中断服务程序。在加工程序输入过程中,首先输入零件加工程序,然后存放到缓冲器中,再经输入缓冲器存放到零件程序存储单元。

2. 译码

译码处理是以一个程序段为单位对零件数控加工程序进行处理,把输入的零件加工程序翻译成数控装置要求的数据格式。在译码过程中,首先对程序段的语法进行检查,若发现错误,立即报警。若没有错误,则把程序段中的零件轮廓信息(如起点、终点、直线或圆弧等)、加工速度信息(F 代码)和其他辅助信息(M、S、T 代码等)按照一定的语法规则解释成微处理器能够识别的数据形式,并以一定的数据格式存放在指定的内存单元,准备为后续程序使用。

3. 数据预处理

数据处理通常包括刀具长度补偿、刀具半径补偿、反向间隙补偿、丝杆螺距补偿、过象限及进给方向判断、进给速度换算、加减速控制及机床辅助功能处理等。

刀具补偿的作用是把零件轮廓轨迹转换成刀具中心轨迹,刀补处理程序主要要完成:1)计算本段零件轮廓的终点坐标值;2)根据刀具的半径值和刀具补偿方向,计算出本段刀具中心轨迹的终点位置;3)根据本段和下一段的转接关系进行段间处理。速度预处理程序主要完成本程序段总位移量和每个插补周期内的合成进给量的计算。

4. 插补和位置控制

（1）插补是在一条给定了起点、终点和形状的曲线上进行"数据点的密化"。根据给定的进给速度和曲线形状，计算一个插补周期内各坐标轴进给的长度。

插补处理要完成：1）根据速度倍率值计算本次插补周期的实际合成位移量；2）计算新的坐标位置；3）将合成位移分解到各个坐标方向，得到各个坐标轴的位置控制指令。

（2）位置控制是在伺服系统的每个采样周期内，将精插补计算出的理论位置与实际反馈位置信息进行比较，其差值作为伺服调节的输入，经伺服驱动器控制伺服电机。在位置控制中通常还要完成位置回路的增益调整、各坐标的螺距误差补偿和反向间隙补偿，以提高机床的定位精度。位置控制是强实时性任务，所有计算必须在位置控制周期（伺服周期）内完成。伺服周期可以等于插补周期，也可以是插补周期的整数分之一。

5. 诊断

诊断程序包括在系统运行过程中进行的检查与诊断和作为服务程序在系统运行前或故障发生停机后进行的诊断。诊断程序一方面可以防止故障的发生，另一方面在故障出现后，可以帮助用户迅速查明故障的类型和发生部位。

2.2　插补原理

2.2.1　概述

在数控机床中，刀具或工件的最小位移量称为分辨率（闭环系统）或脉冲当量（开环系统），又叫做最小设定单位。刀具或工件是一步一步地移动的，刀具的运动轨迹不可能严格地沿着刀具所要求的零件轮廓形状运动，只能用折线逼近所要求的轮廓曲线，而不是光滑的曲线。机床数控装置根据一定算法确定刀具运动轨迹，从而产生基本轮廓线形，如直线、圆弧等，这种方式称为"插补"。

"插补"是根据零件轮廓线形的信息（如直线的起点、终点，圆弧的起点、终点和圆心等），数控装置按进给速度、刀具参数和进给方向等要求，计算出轮廓曲线上一系列坐标值的过程。

数控机床上加工的工件，大部分轮廓都是由直线和圆弧组成的，若要加工其他二次曲线和高次曲线，可以由一小段直线或圆弧来拟合，因此 CNC 系统一般都具有直线插补和圆弧插补两种基本插补类型。在三坐标以上联动的 CNC 系统中，一般还具有螺旋线插补和其他类型的插补。为了方便对各种曲线、曲面的直接加工，在一些高档 CNC 系统中，已经出现了抛物线插补、渐开线插补、正弦线插补、样条曲线插补、球面螺旋线插补以及曲面直接插补等功能。

插补运算所采用的原理和方法很多，可分为脉冲增量插补和数据采样插补两大类型。

1. 脉冲增量插补

脉冲增量插补又称为基准脉冲插补或行程标量插补，其每次插补运算只产生一个行程增量。插补运算的结果是向各运动坐标轴输出一个控制脉冲，各坐标的移动部件只产生一个脉冲当量或行程增量的运动。脉冲的频率确定坐标运动的速度，而脉冲的数量确定运动位移的大小。这类插补运算简单，容易用硬件电路来实现，早期的硬件插补大都采用这类方法，在目前 CNC 系统中原来的硬件插补功能可以用软件来实现。这类插补适用于一些中等速度和中等精度的系统,主要用于步进电机驱动的开环系统。也有的数控装置将其用作数据采样插补中的精插补。

2. 数据采样插补

数据采样插补又称数字增量插补或时间分割插补,采用时间分割思想,其运算分两步完成。首先是根据编程的进给速度将轮廓曲线分割为每个插补周期进给的若干段微小直线段(又称轮廓步长),以此来逼近轮廓曲线。运算的结果是将轮廓步长分解成为各个坐标轴的在一个插补周期里的进给量,作为命令发送给伺服驱动系统。伺服系统按位移检测采样周期采集实际位移量,并反馈给插补器进行比较完成闭环控制。数据采样插补方法有直线函数法、扩展数字积分法和二阶递归算法等。

2.2.2　脉冲增量插补

1. 逐点比较法

如图 2-10 所示的直线 OA,刀具在起点 O,要沿轨迹走到 A。先从 O 点沿 $+X$ 向进给一步,刀具到达直线下方的 1 点,为逼近直线,第二步要向 $+Y$ 方向移动,到达直线上方的 2 点,再沿 $+X$ 向进给,到达 3 点,再继续进给,直到终点为止。

逐点比较法插补运算过程中,刀具每走一步都要和给定轨迹比较一次,根据比较结果来决定下一步的进给方向,使刀具向减小偏差并趋向终点的方向移动,刀具所走的轨迹接近规定轨迹。

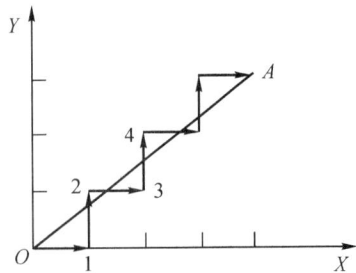

图 2-10　直线插补轨迹

逐点比较法插补算法的特点是:运算直观、容易理解、插补误差小于一个脉冲当量、输出脉冲均匀,因此在两坐标插补的开环系统中应用较多。

逐点比较法插补过程可按以下四个步骤进行。

1)偏差判别:根据偏差值判断刀具当前位置与给定线段的相对位置,以确定下一步的走向。

2)坐标进给:根据判别结果,让刀具向 X 或 Y 方向移动一步,使加工点接近给定线段。

3)偏差计算:计算新到达点与给定轨迹之间的偏差,作为下一步判别依据。

4)终点判别:判断刀具是否到达终点。未到终点,则继续进行插补。若已到达终点,则插补结束。

(1)逐点比较法直线插补

如图 2-11 所示第一象限直线 OE,取起点 O 为坐标原点,终点为 $E(X_e,Y_e)$。设 $P(X_i,Y_i)$ 为直线上的点,可得到式子:

$$\frac{Y_i}{X_i}=\frac{Y_e}{X_e}$$

即

$$X_eY_i-X_iY_e=0$$

直线 OE 为给定轨迹,$P(X_i,Y_i)$ 为刀具所在的动点,则动点 P 与直线的位置关系有三种情况：P 点在直线上方、直线上和直线下方。

　　1) 若动点在直线上方，即在 P_1 位置，则有

$$X_e Y_i - X_i Y_e > 0$$

　　2) 若动点在直线上，即在 P 位置，则有

$$X_e Y_i - X_i Y_e = 0$$

　　3) 若动点在直线下方，即在 P_2 位置，则有

$$X_e Y_i - X_i Y_e < 0$$

取判别式 F（称为偏差）函数

$$F = X_e Y_i - X_i Y_e \qquad (2\text{-}1)$$

根据 F 值就可以判断出动点与直线 OE 的相对
位置。

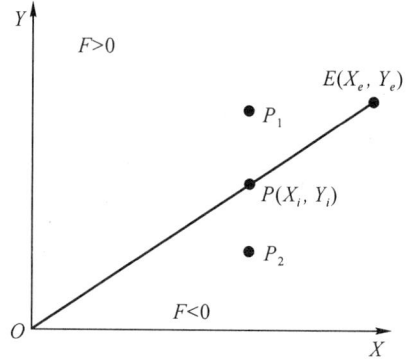

图 2-11　直线插补

　　对于第一象限直线，其偏差符号与进给方向的关系为

　　当 $F = 0$ 时，表示动点在 OE 上，可向 $+X$ 向进给，也可向 $+Y$ 向进给。

　　当 $F > 0$ 时，表示动点在 OE 上方，应向 $+X$ 向进给。

　　当 $F < 0$ 时，表示动点在 OE 下方，应向 $+Y$ 向进给。

　　为控制方便，将 $F = 0$ 和 $F > 0$ 两种情况合为 $F \geqslant 0$ 一种方式判别，进给方向为 $+X$。

　　插补运算从起点开始，判别一次，走一步，算一步，再判别一次，再走一步，当沿两个坐标方向走的步数分别等于 X_e 和 Y_e 时，则为到达终点，停止插补。

　　为了简化式(2-1)的计算，通常采用偏差函数的递推式。

　　设动点 $P(X_i, Y_i)$ 的偏差为 F_i，则有

$$F_i = X_e Y_i - X_i Y_e$$

　　若 $F_i \geqslant 0$，说明 $P(X_i, Y_i)$ 点在 OE 直线上方或在直线上，应沿 $+X$ 向进给一步，设坐标值的单位为脉冲当量，进给后到达点的坐标值为 (X_{i+1}, Y_{i+1})，则有 $X_{i+1} = X_i + 1$，$Y_{i+1} = Y_i$，新到达点的偏差为

$$\begin{aligned}
F_{i+1} &= X_e Y_{i+1} - X_{i+1} Y_e \\
&= X_e Y_i - (X_i + 1) Y_e \\
&= X_e Y_i - X_i Y_e - Y_e \\
&= F_i - Y_e
\end{aligned}$$

即　　　　$$F_{i+1} = F_i - Y_e \qquad (2\text{-}2)$$

　　若 $F_i < 0$，说明 $P(X_i, Y_i)$ 点在 OE 的下方，应向 $+Y$ 方向进给，进给后到达点的坐标值为 (X_{i+1}, Y_{i+1})，则有 $X_{i+1} = X_i$，$Y_{i+1} = Y_i + 1$，新到达点的偏差为

$$\begin{aligned}
F_{i+1} &= X_e Y_{i+1} - X_{i+1} Y_e \\
&= X_e (Y_i + 1) - X_i Y_e \\
&= X_e Y_i - X_i Y_e + X_e \\
&= F_i + X_e
\end{aligned}$$

即　　　　$$F_{i+1} = F_i + X_e \qquad (2\text{-}3)$$

　　开始时，刀具位于起点 O，处于直线 OE 上，偏差为 $F_0 = 0$。在刀具移动过程中，每一次进给到达点的偏差都可由前一点偏差和终点坐标相加或相减得到。插补过程中用式(2-2)和式(2-3)进行偏差计算，可使计算大为简化。

插补过程中常用的终点判别方法,是用长度计数。刀具从直线的起点走到终点,沿 X 轴走的步数应为 X_e,沿 Y 轴走的步数应为 Y_e,则 X 和 Y 两坐标进给步数总和为 $n=|X_e|+|Y_e|$。当 X 或 Y 坐标进给时,计数长度减一,当计数长度减到零时,即 $n=0$ 时,表明已经到达终点,停止插补。

逐点比较法插补流程如图 2-12 所示。

例 2-1 设有第一象限直线 OA,起点 O 为坐标原点,终点为 $A(4,3)$。用逐点比较法对该段直线进行插补,并画出插补轨迹。

插补开始点在直线的起点,故 $F_0=0$。终点判别寄存器里存 X 和 Y 两个坐标方向的总步数 $n=4+3=7$,每进给一步减 1。当 $n=0$ 时,停止插补。插补运算如表 2-1 所示,插补轨迹如图 2-13 所示。

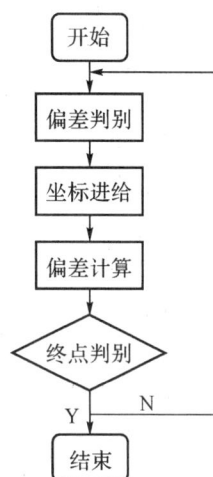

图 2-12 逐点比较法插补流程图

表 2-1 直线插补运算过程

序号	偏差判别	坐标进给	偏差计算	终点判别
起点			$F_0=0$	$n=7$
1	$F_0=0$	$+X$	$F_1=F_0-Y_e=-3$	$n=6$
2	$F_1<0$	$+Y$	$F_2=F_1+X_e=1$	$n=5$
3	$F_2>0$	$+X$	$F_3=F_2-Y_e=-2$	$n=4$
4	$F_3<0$	$+Y$	$F_4=F_3+X_e=2$	$n=3$
5	$F_4>0$	$+X$	$F_5=F_4-Y_e=-1$	$n=2$
6	$F_5<0$	$+Y$	$F_6=F_5+X_e=3$	$n=1$
7	$F_6>0$	$+X$	$F_7=F_6-Y_e=0$	$n=0$

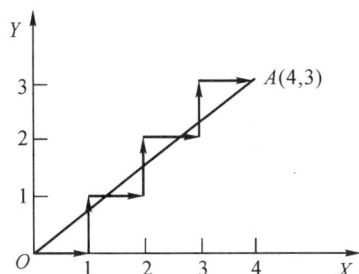

图 2-13 直线插补轨迹

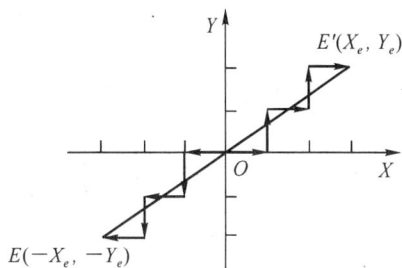

图 2-14 第三象限直线插补

(2)四象限的直线插补

图 2-14 中的直线 OE 为第三象限直线,起点在原点 O,终点坐标为 $E(-X_e,-Y_e)$,直线 OE' 为第一象限直线,其终点坐标为 $E'(X_e,Y_e)$,两条直线的终点坐标的绝对值相同,符号相反。在按第一象限直线进行插补运算时,若把沿 X 轴正向进给改为 X 轴负向进给,沿 Y 轴

正向进给改为 Y 轴负向进给,这时实际走出的是第三象限直线。由此可见,第三象限直线插补的偏差计算公式与第一象限直线的偏差计算公式相同,仅仅是进给方向不同。同理,第二象限直线和第四象限直线插补的偏差计算公式也与第一象限直线的偏差计算公式相同,只是进给方向与第一象限直线有所不同,第二象限直线 X 坐标方向应向 $-X$ 进给,第四象限直线 Y 坐标方向应向 $-Y$ 进给。

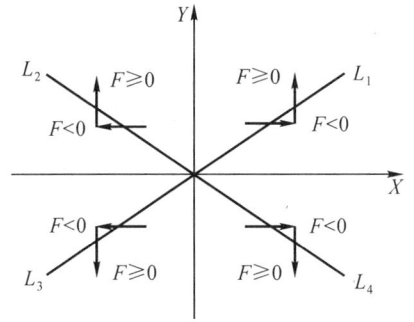

图 2-15　四象限直线进给方向

四个象限直线插补的进给方向如图 2-15 所示,靠近 Y 轴区域偏差大于零,靠近 X 轴区域偏差小于零。$F \geqslant 0$ 时,进给都沿 X 轴,X 坐标的绝对值增大;$F < 0$ 时,进给都沿 Y 轴,Y 坐标的绝对值增大。

由此可得四象限直线插补流程图,如图 2-16 所示。

(3)逐点比较法圆弧插补

在逐点比较法圆弧插补中,以圆弧的圆心为原点建立坐标系。用动点到圆心的距离来描述刀具位置与被加工圆弧之间的关系。设圆弧圆心 O 为坐标原点,已知圆弧起点 $A(X_a, Y_a)$,终点 $B(X_b, Y_b)$,圆弧半径为 R。动点 P 与圆弧的相对位置有三种情况,即 P 在圆弧上、圆弧外和圆弧内。

当 $P(X, Y)$ 位于圆弧上时,OP 长度等于圆弧半径 R,即

$$X^2 + Y^2 - R^2 = 0$$

P 点在圆弧外时,OP 长度大于圆弧半径 R,即

$$X^2 + Y^2 - R^2 > 0$$

P 点在圆弧内时,OP 长度小于圆弧半径 R,即

$$X^2 + Y^2 - R^2 < 0$$

用 F 表示 P 点的偏差值,圆弧偏差函数判别式为

$$F = X^2 + Y^2 - R^2 \tag{2-4}$$

一般将 $F > 0$ 和 $F = 0$ 合并考虑,即将 $F = 0$ 和 $F > 0$ 两种情况合为 $F \geqslant 0$ 一种方式进行判别。

图 2-17 中 AB 为第一象限逆时针圆弧 NR1。若 $F \geqslant 0$,则表明 P 点在圆弧上或圆弧外,应向 $-X$ 方向进给一步;若 $F < 0$,表明 P 点在圆内,则向 $+Y$ 方向进给一步。

圆弧插补偏差计算公式也可以采用递推公式简化计算。对于第一象限逆圆弧,当 $F_i \geqslant 0$ 时,动点 $P(X_i, Y_i)$ 应向 $-X$ 向进给,新的动点坐标为 (X_{i+1}, Y_{i+1}),有 $X_{i+1} = X_i - 1$,$Y_{i+1} = Y_i$,因而新点的偏差值为

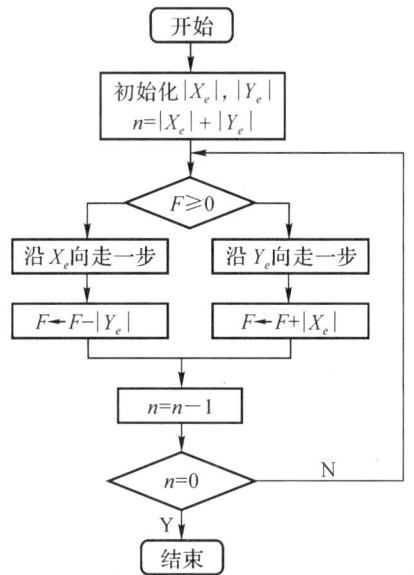

图 2-16　四象限直线插补流程图

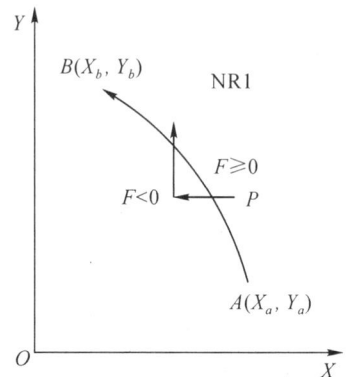

图 2-17　第一象限逆圆弧

$$F_{i+1} = X_{i+1}{}^2 + Y_{i+1}{}^2 - R^2$$
$$= (X_i - 1)^2 + Y_i^2 - R^2$$

即

$$F_{i+1} = F_i - 2X_i + 1 \qquad\qquad (2\text{-}5)$$

当 $F_i < 0$ 时,动点 $P(X_i, Y_i)$ 应向 $+Y$ 向进给,新的动点坐标为 (X_{i+1}, Y_{i+1}),有 $X_{i+1} = X_i$, $Y_{i+1} = Y_i + 1$,则新点的偏差值为

$$F_{i+1} = X_{i+1}{}^2 + Y_{i+1}{}^2 - R^2$$
$$= X_i^2 + (Y_i + 1)^2 - R^2$$

即

$$F_{i+1} = F_i + 2Y_i + 1 \qquad\qquad (2\text{-}6)$$

进给后新点的偏差计算公式除与前一点偏差值有关外,还与动点坐标有关,动点坐标值随着插补的进行是变化的,所以在圆弧插补的同时,还必须修正新的动点坐标。

圆弧插补终点判别:将 X、Y 轴走的步数总和存入一个计数器,$n = |X_b - X_a| + |Y_b - Y_a|$,每走一步 n 减去 1,直到当 $n = 0$ 时插补运算结束。第一象限逆圆弧插补流程如图 2-18 所示。

例 2-2 现欲加工第一象限逆圆弧 AB,起点 A(5,0),终点 B(0,5),试用逐点比较法进行插补,并画出插补轨迹。

插补开始点在圆弧的起点,故 $F_0 = 0$。终点判别寄存器里存 X 和 Y 两个坐标方向的总步数 $n = |0-5| + |5-0| = 10$,每进给一步减去 1,直到 $n = 0$ 时停止插补。插补运算过程如表 2-2 所示,插补轨迹如图 2-19 所示。

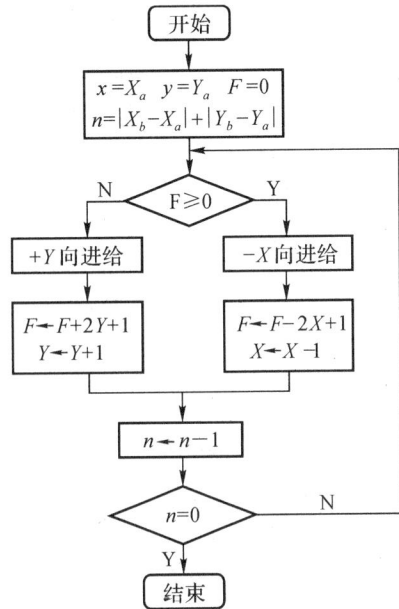

图 2-18 第一象限逆圆弧插补流程图

表 2-2 第一象限逆圆弧插补过程

步数	偏差判别	坐标进给	偏差计算	坐标计算	终点判别
起点			$F_0 = 0$	$X_0 = 5, Y_0 = 0$	$n = 10$
1	$F_0 = 0$	$-X$	$F_1 = F_0 - 2X_0 + 1 = -9$	$X_1 = 4, Y_1 = 0$	$n = 9$
2	$F_1 < 0$	$+Y$	$F_2 = F_1 + 2Y_1 + 1 = -8$	$X_2 = 4, Y_2 = 1$	$n = 8$
3	$F_2 < 0$	$+Y$	$F_3 = F_2 + 2Y_2 + 1 = -5$	$X_3 = 4, Y_3 = 2$	$n = 7$
4	$F_3 < 0$	$+Y$	$F_4 = F_3 + 2Y_3 + 1 = 0$	$X_4 = 4, Y_4 = 3$	$n = 6$
5	$F_4 = 0$	$-X$	$F_5 = F_4 - 2X_4 + 1 = -7$	$X_5 = 3, Y_5 = 3$	$n = 5$
6	$F_5 < 0$	$+Y$	$F_6 = F_5 + 2Y_5 + 1 = 0$	$X_6 = 3, Y_6 = 4$	$n = 4$
7	$F_6 = 0$	$-X$	$F_7 = F_6 - 2X_6 + 1 = -5$	$X_7 = 2, Y_7 = 4$	$n = 3$
8	$F_7 < 0$	$+Y$	$F_8 = F_7 + 2Y_7 + 1 = 4$	$X_8 = 2, Y_8 = 5$	$n = 2$
9	$F_8 > 0$	$-X$	$F_9 = F_8 - 2X_8 + 1 = 1$	$X_9 = 1, Y_9 = 5$	$n = 1$
10	$F_9 > 0$	$-X$	$F_{10} = F_9 - 2X_9 + 1 = 0$	$X_{10} = 0, Y_{10} = 5$	$n = 0$

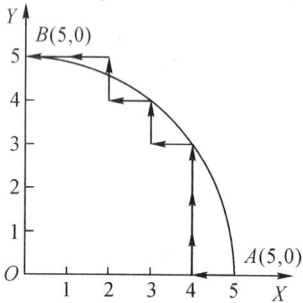

图 2-19 第一象限逆圆弧插补实例

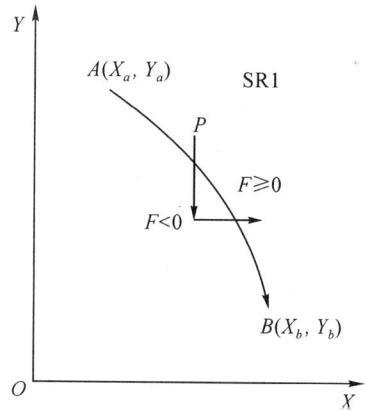

图 2-20 第一象限顺圆弧插补

第一象限顺圆弧的偏差判别式与第一象限逆圆的偏差判别式不同。图 2-20 中，AB 为第一象限顺圆弧，动点 P 的坐标在进给过程中，X 坐标绝对值增加，Y 坐标绝对值减小。当动点 P 在圆弧上或圆弧外时，偏差 $F_i \geq 0$，需沿 Y 轴负向进给，动点新的偏差函数为

$$F_{i+1} = F_i - 2Y_i + 1 \tag{2-7}$$

$F_i < 0$ 时，需沿 X 轴正向进给，动点新的偏差函数为

$$F_{i+1} = F_i + 2X_i + 1 \tag{2-8}$$

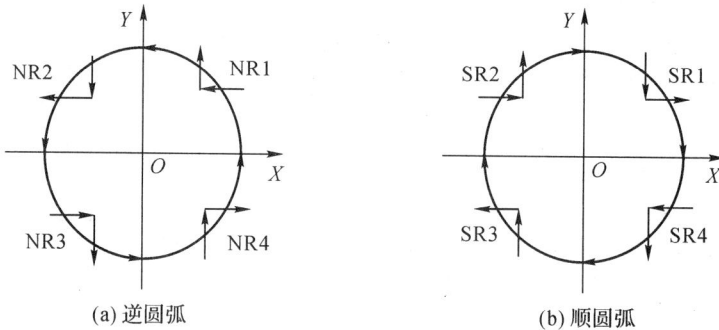

(a) 逆圆弧

(b) 顺圆弧

图 2-21 四个象限圆弧进给方向

由上述第一象限圆弧的原理，可得到另外象限的圆弧的偏差判别式和进给方向。四个象限圆弧的进给方向如图 2-21 所示。

如果圆弧的起点和终点不在同一象限内，需进行圆弧过象限处理。当 $X=0$ 或 $Y=0$ 时为过象限界线。如图 2-22 所示圆弧 AC，插补时需将圆弧 AC 分成两段圆弧 AB 和 BC，到 $X=0$ 时，进行处理，对应调用逆圆 Ⅰ（NR1）和逆圆 Ⅱ（NR2）的插补程序。

2. 数字积分法

数字积分法又称 DDA 法，是在数字积分器的基础上建立起来的一种插补算法。数字积分器是把求积分的过程用数的累加来近似实现。数字积分法的特点是：运算速度快，容易实现多坐标联动，较容易实现二次曲线、高次曲线的插补，且脉冲输出均匀。

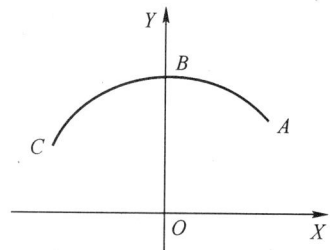

图 2-22 跨象限圆弧

(1)DDA 直线插补

设在 XY 平面中有一直线 OE,如图 2-23 所示,其起点为坐标原点 O,终点为 $E(X_e,Y_e)$。有一动点 $P(x,y)$ 以速度 V 匀速由起点移向终点,V 在 X、Y 坐标方向的速度分量为 V_x,V_y,则有

$$\frac{V}{OE}=\frac{V_x}{X_e}=\frac{V_y}{Y_e}=k$$

k 为比例系数。

由上式可得

$$V_x=kX_e$$

$$V_y=kY_e$$

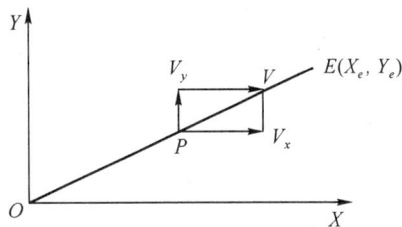

图 2-23　DDA 直线插补

两个坐标方向的位移为

$$x=V_x t=kX_e t$$

$$y=V_y t=kY_e t$$

对 t 求微分,可得

$$\mathrm{d}x=kX_e\mathrm{d}t$$

$$\mathrm{d}y=kY_e\mathrm{d}t$$

求积分,得

$$x=\int kX_e\mathrm{d}t$$

$$y=\int kY_e\mathrm{d}t$$

当时间间隔 Δt 取得足够小的时候,上述积分式子可用求和的形式表示为

$$x=\sum_{i=1}^{m}kX_e\Delta t$$

$$y=\sum_{i=1}^{m}kY_e\Delta t$$

动点 P 由起点向终点移动中 X、Y 坐标方向的位移可写为

$$x=\sum_{i=1}^{m}kX_e\Delta t_i$$

$$y=\sum_{i=1}^{m}kY_e\Delta t_i$$

取 $\Delta t_i=1$(一个单位时间间隔),则有

$$\left.\begin{array}{l} x=kX_e\sum_{i=1}^{m}\Delta t_i=kmX_e \\[2mm] y=kY_e\sum_{i=1}^{m}\Delta t_i=kmY_e \end{array}\right\} \tag{2-9}$$

设经过 m 次累加后动点 P 到达终点,则 P 在 X,Y 方向所经过的距离即为 X_e 和 Y_e,下式成立:

$$x=kmX_e=X_e$$

$$y=kmY_e=Y_e \tag{2-10}$$

可得到累加次数与比例系数之间关系:

$$km = 1 \text{ 或 } m = 1/k$$

m 是累加次数,应取整数,则 k 取小数。

数字积分器通常由函数寄存器和累加器等组成,其结构框图如图 2-24 所示。

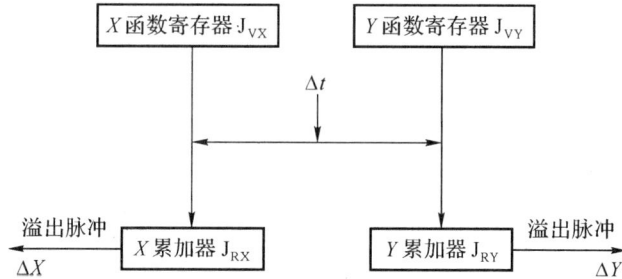

图 2-24　DDA 直线插补

把 kX_e 和 kY_e 值放入到 J_{VX} 和 J_{VY},每隔 Δt 时间发一个累加脉冲,函数寄存器中的值送累加器里累加一次,累加器的容量为一个单位长度,当累加和超过累加器的容量时,便会产生溢出脉冲,每个溢出脉冲使各坐标方向的移动部件移动一个单位的距离。经数字积分器 m 次累加后,动点 P 到达终点。累加过程中产生的溢出脉冲总数等于所求的长度,也就是所求的积分值。

DDA 插补运算中,为了保证插补精度,沿坐标轴的进给脉冲每次不能超过一个,故累加器里的数值不能大于 1,即

$$\Delta x = kX_e < 1$$
$$\Delta y = kY_e < 1$$

如果数据以二进制形式存放,寄存器位数是 n,则其对应最大允许数字为 $2^n - 1$,也就是可存放的 X_e,Y_e 最大数值为 $2^n - 1$,即有

$$k(2^n - 1) < 1$$

$$k < \frac{1}{2^n - 1}$$

取 $k = \frac{1}{2^n}$ 代入得

$$\frac{2^n - 1}{2^n} < 1$$

累加次数 $m = \frac{1}{k} = 2^n$

上式表明,若寄存器位数是 n,则直线的整个插补过程要进行 2^n 次累加才能到达终点。

例 2-3　设有 XY 平面内的直线 OE,起点坐标 $O(0,0)$,终点坐标为 $E(4,3)$,累加器和寄存器的位数为 3 位,试采用 DDA 法对其进行插补。

寄存器的位数为 3 位,其可寄存最大数值为 7。用二进制数表示时,起点坐标为 $O(000,000)$,终点坐标为 $E(100,011)$,当累加结果大于等于 1000 时有溢出。

其 DDA 插补运算过程见表 2-3。轨迹如图 2-25 所示。

表 2-3　DDA 直线插补运算过程

累加次数	X 积分器			Y 积分器			终点计数器
(Δt)	J_{VX}	J_{RX}	ΔX	J_{VY}	J_{RY}	ΔY	J_E
0	100	000		011	000	000	
1	100	000+100=100		011	000+011=011		001
2	100	100+100=1000	1	011	011+011=110		010
3	100	000+100=100		011	110+011=1001	1	011
4	100	100+100=1000	1	011	001+011=100		100
5	100	000+100=100		011	100+011=111		101
6	100	100+100=1000	1	011	111+011=1010	1	110
7	100	000+100=100		011	010+011=101		111
8	100	100+100=1000	1	011	102+011=1000	1	100

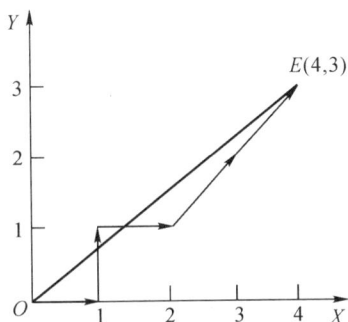

图 2-25　DDA 直线插补实例

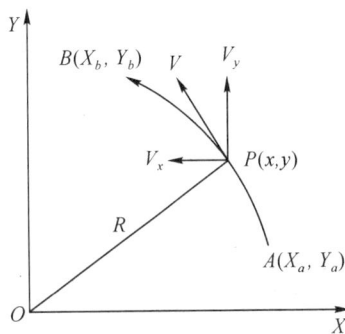

图 2-26　DDA 圆弧插补

(2)DDA 圆弧插补

XY 平面第一象限逆圆弧如图 2-26 所示,以圆弧的圆心为坐标原点 O,起点为 $A(X_a,Y_a)$,终点为 $B(X_b,Y_b)$。圆弧插补时,动点 $P(X,Y)$ 沿圆弧切线作速度为 V 的等速运动,V 在两个坐标方向的分速度为 V_x,V_y,根据其几何关系,可得到下式:

$$\frac{V}{R}=\frac{V_x}{Y}=\frac{V_y}{X}=k$$

两个坐标方向的分速度为

$$V_x=kY$$

$$V_y=kX$$

在时间间隔 Δt 内,动点 P 在 X,Y 坐标轴的位移增量分别为

$$\left.\begin{array}{l}\Delta x=-V_x\Delta t=-kY\Delta t\\\Delta y=V_y\Delta t=kX\Delta t\end{array}\right\}\quad(2-11)$$

可用两个积分器来实现圆弧插补,如图 2-27 所示。

DDA 圆弧插补与直线插补的主要区别为:

(1)圆弧插补中被积函数寄存器寄

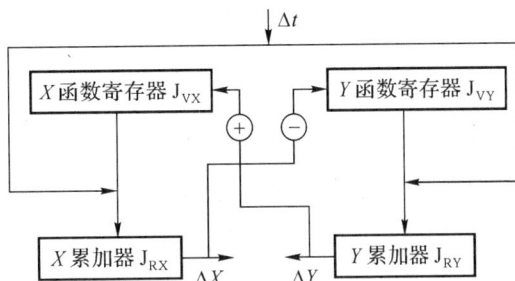

图 2-27　第一象限顺圆弧插补器

存的坐标值与对应坐标轴积分器的关系恰好相反。

（2）圆弧插补中被积函数是变量，直线插补的被积函数是常数。

（3）圆弧插补终点判别需采用两个终点计数器。

例 2-4　设有 XY 平面第一象限逆圆弧 AB，起点 $A(5,0)$，终点 $B(0,5)$，所选寄存器位数 $n=3$。若用二进制计算，起点坐标 $A(101,000)$，终点坐标 $B(000,101)$，试用 DDA 法对此圆弧进行插补。

其插补运算过程见表 2-4 所示，插补轨迹如图 2-28 所示。

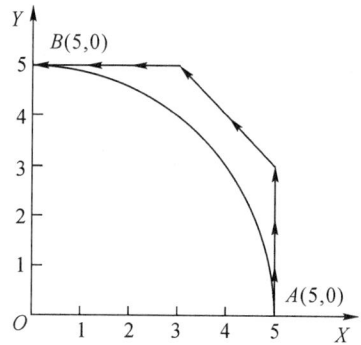

图 2-28　DDA 圆弧插补实例

表 2-4　DDA 圆弧插补运算过程

累加次数 (Δt)	X 积分器			Y 积分器		
	$J_{VX}(Y)$	J_{RX}	ΔX	$J_{VY}(X)$	J_{RY}	ΔY
0	000	000		101		
1	000	000＋000＝000		101	000＋101＝101	
2	000	000＋000＝000		101	101＋101＝1010	1
	001					
3	001	001＋000＝001		101	101＋010＝111	
4	001	001＋001＝010		101	101＋111＝1100	1
	010					
5	010	010＋010＝100		101	101＋100＝1001	1
	011					
6	011	011＋100＝111		101	101＋001＝110	
7	011	011＋111＝1010	1	101	101＋110＝1011	1
	100			100		
8	100	100＋010＝110		100	100＋011＝111	
9	100	100＋110＝1010	1	100	100＋111＝1011	1
	101			011		
10	101	101＋010＝111		011		
11	101	101＋111＝1100	1	011		
	101			010		
12	101	101＋100＝1001	1	010		
				001		
13	101	101＋001＝110		001		
14	101	101＋110＝1011	1	001		
				000		

对于不同象限直线和圆弧的 DDA 插补,累加时用绝对值,进给方向根据象限确定。

DDA 插补四个象限直线进给方向如图 2-29 所示,四象限圆弧插补进给方向如图 2-30 所示。

圆弧插补时被积函数是动点坐标,在插补过程中要进行坐标修正。

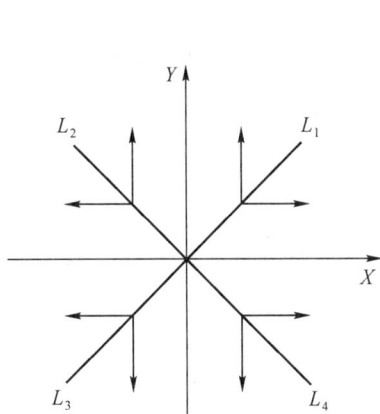

图 2-29　四象限直线插补进给方向　　　　　图 2-30　四象限圆弧插补进给方向

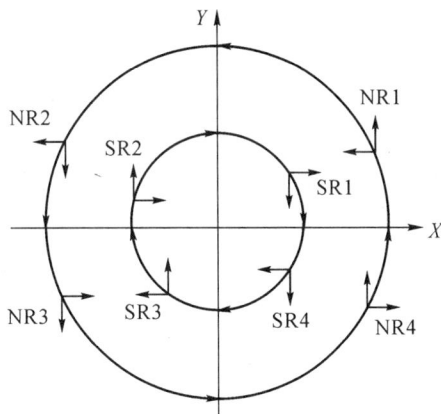

数字积分法运算中,脉冲源每产生一个脉冲,做一次累加计算。对于直线插补,如果寄存器位数为 n,无论直线长短都需迭代 2^n 次到达终点。

如图 2-31 所示为对直线 L_1 和 L_2 进行插补,如果寄存器位数是 n,加工直线 L_1、L_2 都要经过 $m = 2^n$ 次累加运算,完成两条直线插补的时间是一样的。因 L_1 直线短,故进给慢,速度低;L_2 直线长,进给快,速度高。对于圆弧,则是半径小时进给速度慢,半径大时进给速度快。由此可知,DDA 插补各程序段的进给速度不一样,这样会影响加工的表面质量。为了解决这一问题,使溢出脉冲均匀,提高溢出脉冲的速度,可采用的方法之一是"左移规格化"。

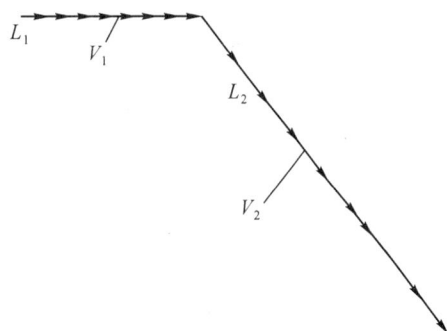

图 2-31　进给速度与直线长度的关系

"左移规格化"就是将被积函数寄存器中存放数值的前面零移去。

直线插补时,当被积函数寄存器中所存放最大数的最高位为 1 时,称为规格化数,反之,若最高位为零,称为非规格化数。处理方法是:将 X 轴与 Y 轴被积函数寄存器里的数值同时左移(最低位移入零),直到其中之一最高位为 1 时为止。

若被积函数左移 i 位成为规格化数,其函数值扩大 2^i 倍,为了保持溢出的总脉冲数不变,就要减少累加次数。即

$$k = \frac{1}{2^n} 2^i = \frac{1}{2^{n-i}}$$
$$m = 2^{n-i}$$

被积函数扩大一倍,累加次数减少一倍。圆弧插补左移规格化与直线不同之处是:被积函数寄存器存放最大数值的次高位是 1 为规格化数。直线和圆弧插补时规格化数处理方式不同,但均能提高溢出速度,并能使溢出脉冲变得比较均匀。

2.2.3　数据采样插补

1.数据采样插补原理

数据采样插补又称为时间分割法,与基准脉冲插补法不同,数据采样插补法得出的不是进给脉冲,而是用二进制数表示的进给量。根据程编进给速度 F,将给定轮廓曲线按插补周期 T(某一单位时间间隔)分割为若干条插补进给段(轮廓步长),即用一系列微小线段来逼近给定曲线。每经过一个插补周期就进行一次插补计算,算出插补周期内各坐标轴的进给量,得出下一个插补点的指令位置。

数控装置在进行轮廓插补控制时,除完成插补计算外,数控装置还必须处理一些其他任务,如显示、监控、位置采样及控制等。因此,插补周期应大于插补运算时间和其他实时任务所需时间之和。但插补周期越长,插补计算误差越大,所以插补周期也不能太长。

数控装置定时对坐标的实际位置进行检测采样,采样数据与指令位置进行比较,得出位置误差用来控制电动机,使实际位置跟随指令位置。对于数控装置,插补周期和采样周期是固定的,通常插补周期大于等于采样周期,一般要求插补周期是采样周期的整数倍。如FANUC-7M 系统中插补周期为 8ms,采样周期为 4ms。

对于直线插补,不会造成轨迹误差。在圆弧插补中,会带来轨迹误差。图 2-32 所示为用弦线逼近圆弧,其最大径向误差为

$$e_r = \frac{(TF)^2}{8R}$$

插补误差 e_r 与程编进给速度 F 的平方、插补周期 T 的平方成正比,与圆弧半径 R 成反比。

下面介绍直线函数法数据采样插补。

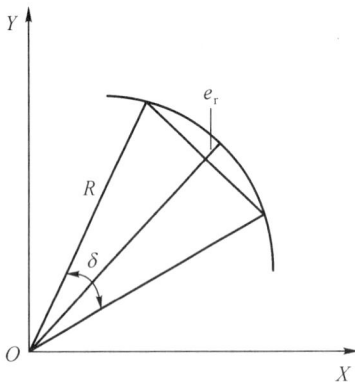

图 2-32　弦线逼近圆弧

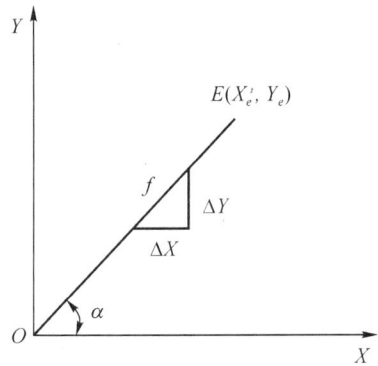

图 2-33　直线插补原理

2.直线函数法数据采样插补

(1)直线函数法直线插补

设要加工图 2-33 所示 XY 平面内直线 OE,起点在坐标原点 O,终点为 $E(X_e, Y_e)$,直线与 X 轴夹角为 α,X 和 Y 轴的位移增量为 ΔX 和 ΔY,则有

$$\tan\alpha = \frac{Y_e}{X_e} \qquad \cos\alpha = \frac{1}{\sqrt{1+\tan^2\alpha}}$$

根据指令中的进给速度 F 计算出轮廓步长 f 为

$$f = \frac{F}{60} \times \frac{\Delta t}{1000}$$

可求得本次插补周期内各坐标轴进给量为

$$\Delta X = f\cos\alpha$$

$$\Delta Y = \frac{Y_e}{X_e}\Delta X \tag{2-12}$$

（2）直线函数法圆弧插补

圆弧插补中,要先根据指令中的进给速度
F,计算出轮廓步长 f,以弦线逼近圆弧。如图
2-34 所示,$A(X_i, Y_i)$ 为当前点,$B(X_{i+1}, Y_{i+1})$ 为
插补后到达的点。图中 AB 弦是圆弧插补时在
一个插补周期的步长 f,现需计算 x 轴和 y 轴
的进给量 $\Delta X = X_{i+1} - X_i$,$\Delta Y = Y_{i+1} - Y_i$。AP
是 A 点的切线,M 是弦的中点,$OM \perp AB$,ME
$\perp AG$,E 为 AG 的中点。圆心角 $\beta_{i+1} = \beta_i + \theta$,$\theta$
是轮廓步长所对应的圆心角增量,也称为角步
距。

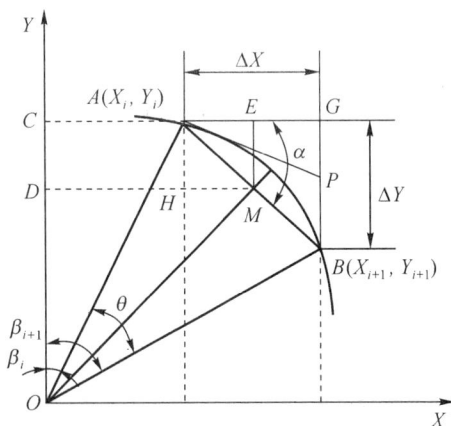

图 2-34　圆弧插补

由几何关系,可得

$$\angle PAB = \angle AOM = \frac{1}{2}\angle AOB = \frac{1}{2}\theta$$

$$\alpha = \angle GAP + \angle PAB = \beta_i + \frac{1}{2}\theta$$

$\triangle MOD$ 中有

$$\tan\left(\beta_i + \frac{1}{2}\theta\right) = \frac{DM}{OD} = \frac{DH + HM}{OC - CD}$$

因 $HM = \frac{1}{2}f\cos\alpha = \frac{1}{2}\Delta X$

$$CD = \frac{1}{2}f\sin\alpha = \frac{1}{2}\Delta Y$$

则有

$$\tan\alpha = \tan\left(\beta_i + \frac{1}{2}\theta\right) = \frac{X_i + \frac{1}{2}f\cos\alpha}{Y_i - \frac{1}{2}f\sin\alpha} = \frac{X_i + \frac{1}{2}\Delta X}{Y_i - \frac{1}{2}\Delta Y}$$

又因 $\tan\alpha = \dfrac{\Delta Y}{\Delta X}$,由此可得

$$\frac{\Delta Y}{\Delta X} = \frac{X_i + \frac{1}{2}\Delta X}{Y_i - \frac{1}{2}\Delta Y} = \frac{X_i + \frac{1}{2}f\cos\alpha}{Y_i - \frac{1}{2}f\sin\alpha} \tag{2-13}$$

式 (2-13) 反映了圆弧上任意相邻两插补点坐标之间的关系,只要求得 ΔX 和 ΔY,就可
以计算出新的插补点 $B(X_{i+1}, Y_{i+1})$。式 (2-13) 中,$\sin\alpha$ 和 $\cos\alpha$ 均为未知,求解比较困难。可
采用近似算法,用 $\sin 45°$ 和 $\cos 45°$ 代替 $\sin\alpha$ 和 $\cos\alpha$,即

$$\tan\alpha' = \frac{X_i + \frac{1}{2}f\cos45°}{Y_i - \frac{1}{2}f\sin45°}$$

$\tan\alpha'$ 与 $\tan\alpha$ 不同，从而造成了 α 的偏差，α 在 $\alpha=0$ 处偏差较大。如图 2-34 所示，由于角 α 成为 α'，因而影响到 ΔX 值，使之为 $\Delta X'$，即

$$\Delta X' = f\cos\alpha'$$

为保证下一个插补点仍在圆弧上，$\Delta Y'$ 的计算应按下式进行：

$$X_i^2 + Y_i^2 = (X_i + \Delta x')^2 + (Y_i + \Delta Y')^2$$

经展开整理得

$$\Delta Y' = \frac{\left(Y_i + \frac{1}{2}\Delta X'\right)\Delta X'}{Y_i - \frac{1}{2}\Delta X'} \tag{2-14}$$

由式(2-14)可用迭代法解出 $\Delta Y'$。

采用近似算法能保证每次插补点均在圆弧上，这种算法仅造成每次插补进给量的微小变化，而使进给速度有偏差，实际进给速度的变化小于指令进给速度的 1%，这在加工中是允许的。

2.3　刀具补偿原理

2.3.1　概述

如图 2-35 所示，在铣床上用半径为 r 的刀具加工外形轮廓为 A 的工件时，刀具中心沿着与轮廓 A 距离为 r 的轨迹 B 移动。我们要根据轮廓 A 的坐标参数和刀具半径 r 值计算出刀具中心轨迹 B 的坐标参数，然后再编制程序进行加工，因控制系统控制的是刀具中心的运动。在轮廓加工中，由于刀具总有一定的半径，如铣刀半径或线切割机的钼丝半径等。刀具中心(刀位点)的运动轨迹并不等于所加工零件的实际轨迹(直接按零件廓形编程所得轨迹)，数控装置的刀具半径补偿就是把零件轮廓轨迹转换成刀具中心轨迹。

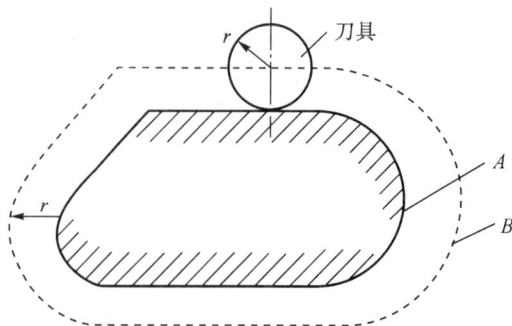

图 2-35　刀具半径补偿

当实际刀具长度与编程长度不一致时，利用刀具长度补偿功能可以实现对刀具长度差额的补偿。

加工中心:一个重要组成部分就是自动换刀系统,在一次加工中使用多把长度不同的刀具,需要有刀具长度补偿功能。

轮廓铣削加工:为刀具中心沿所需轨迹运动,需要有刀具半径补偿功能。

车削加工:可以使用多种刀具,数控装置具备了刀具长度和刀具半径补偿功能,使数控程序与刀具形状和刀具尺寸尽量无关,可大大简化编程。

如果具有刀具补偿功能,在编制加工程序时,就可以按零件实际轮廓编程,加工前测量实际的刀具半径、长度等,作为刀具补偿参数输入数控装置,可以加工出合乎尺寸要求的零件轮廓。

刀具补偿功能还可以满足加工工艺等其他一些要求,可以通过逐次改变刀具半径补偿值大小的办法,调整每次进给量,以达到利用同一程序实现粗、精加工循环。另外,因刀具磨损、重磨而使刀具尺寸变化时,若仍用原程序,势必造成加工误差,用刀具长度补偿可以解决这个问题。

刀具补偿一般分为刀具长度补偿和刀具半径补偿。铣刀主要是刀具半径补偿;钻头只需长度补偿;车刀需要两坐标长度补偿和刀具半径补偿。

2.3.2　刀具长度补偿

以数控车床为例,数控装置控制的是刀架参考点的位置,实际切削时是利用刀尖来完成,刀具长度补偿是用来实现刀尖轨迹与刀架参考点之间的转换。如图 2-36 所示,P 为刀尖,Q 为刀架参考点,假设刀尖圆弧半径为零。利用刀具长度测量装置测出刀尖点相对于刀架参考点的坐标 (x_{pq}, z_{pq}),存入刀补内存表中。

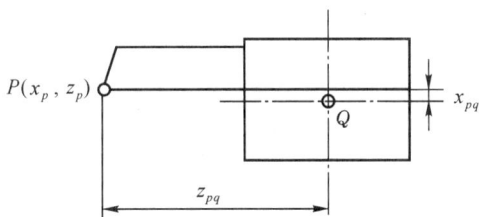

图 2-36　刀具长度补偿

零件轮廓轨迹是由刀尖切出的,编程时以刀尖点 P 来编程,设刀尖 P 点坐标为 (x_p, z_p),刀架参考点坐标 $Q(x_q, z_q)$ 可由下式求出:

$$x_q = x_p - x_{pq}$$
$$z_q = z_p - z_{pq}$$

零件轮廓轨迹通过补偿后,就能通过控制刀架参考点 Q 来实现。

加工中心上常用刀具长度补偿,首先将刀具装入刀柄,再用对刀仪测出每个刀具前端到刀柄基准面的距离,然后将此值按刀具号码输入到控制系统的刀补内存表中,进行补偿计算。刀具长度补偿是用来实现刀尖轨迹与刀柄基准点之间的转换。

在数控立式镗铣床和数控钻床上,因刀具磨损、重磨等而使长度发生改变时,不必修改程序中的坐标值,可通过刀具长度补偿,伸长或缩短一个偏置量来补偿其尺寸的变化,以保证加工精度。

2.3.3　刀具半径补偿

ISO 标准规定,当刀具中心轨迹在编程轨迹(零件轮廓 ABCD)前进方向的左侧时,称为左刀补,用 G41 表示。反之,当刀具处于轮廓前进方向的右侧时称为右刀补,用 G42 表示,如图 2-37 所示。G40 为取消刀具补偿指令。

1. 刀具半径补偿过程

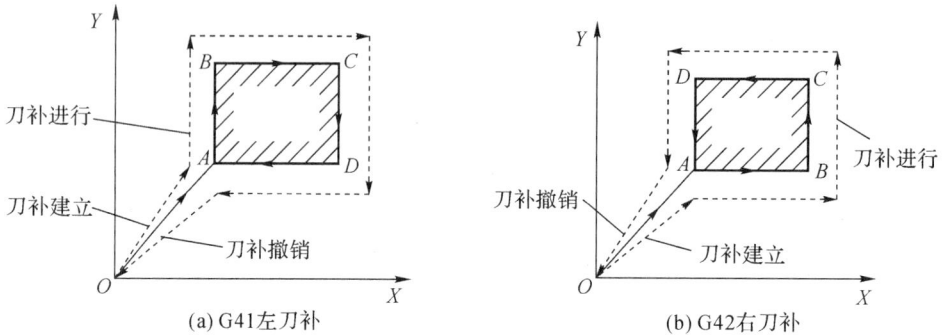

(a) G41左刀补　　　　　(b) G42右刀补

图 2-37　刀具补偿方向

在切削过程中,刀具半径补偿的补偿过程分为三个步骤:

(1)刀补建立

刀具从起刀点接近工件,在原来的程序轨迹基础上偏移一个刀具半径值,即刀具中心从与编程轨迹重合过渡到与编程轨迹距离一个刀具半径值。在该段中,动作指令只能用 G00 或 G01。

(2)刀具补偿进行

刀具补偿进行期间,刀具中心轨迹始终偏离编程轨迹一个刀具半径的距离。在此状态下,G00、G01、G02、G03 都可使用。

(3)刀补撤销

刀具中心轨迹从与编程轨迹相距一个刀具半径值过渡到与编程轨迹重合。此时也只能用 G00、G01。

2. 刀具半径算法

刀具半径补偿计算:根据零件尺寸和刀具半径值计算出刀具中心轨迹。对于一般的 CNC 系统,所能实现的轮廓仅限于直线和圆弧。刀具半径补偿分 B 功能刀补与 C 功能刀补,B 功能刀补能根据本段程序的轮廓尺寸进行刀具半径补偿,不能解决程序段之间的过渡问题,编程人员必须先估计刀补后可能出现的间断点和交叉点等情况,进行人为处理。B 功能刀补计算如下:

(1)直线刀具补偿计算

对直线而言,刀具补偿后的轨迹是与原直线平行的直线,只需要计算出刀具中心轨迹的起点和终点坐标值。

如图 2-38 所示,被加工直线段的起点在坐标原点 O,终点坐标为 A。假定上一程序段加工完后,刀具中心在 O' 点。O' 点的坐标是已知的。设刀具半径为 r,需要计算出刀具右补偿后直线段 $O'A'$ 的终点 A' 点的坐标。设刀具补偿矢量 AA' 在坐标轴上的投影为 ΔX 和 ΔY,则

$$X' = X + \Delta X$$
$$Y' = Y + \Delta Y$$
$$\angle XOA = \angle A'AK = \alpha$$
$$\Delta X = r\sin\alpha = r\frac{Y}{\sqrt{X^2+Y^2}}$$

$$\Delta Y = -r\cos\alpha = -r\frac{X}{\sqrt{X^2+Y^2}}$$

$$X' = X + \frac{rY}{\sqrt{X^2+Y^2}}$$

$$Y' = Y - \frac{rX}{\sqrt{X^2+Y^2}}$$

（2）圆弧刀具半径补偿计算

对于圆弧而言，刀具补偿后的刀具中心轨迹是一个与圆弧同心的一段圆弧。只需计算刀补后圆弧的起点坐标和终点坐标值。如图 2-39 所示，被加工圆弧的圆心坐标在坐标原点 O，圆弧半径为 R，圆弧起点 A，终点 B，刀具半径为 r。

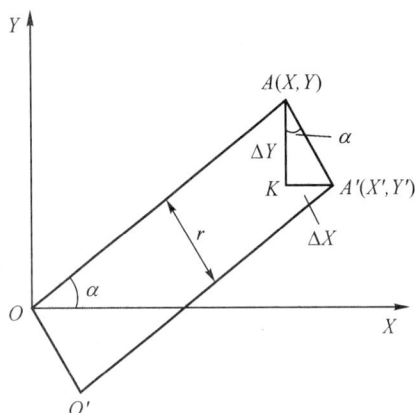

图 2-38　直线刀具补偿

假定上一个程序段加工结束后刀具中心为 A'，其坐标已知。那么圆弧刀具半径补偿计算的目的，就是计算出刀具中心轨迹的终点坐标 B' (X_b',Y_b')。设 BB' 在两个坐标上的投影为 ΔX，ΔY，则

$$X_b' = X_b + \Delta X$$

$$Y_b' = Y_b + \Delta Y$$

$$\angle BOX = \angle B'BK = \beta$$

$$\Delta X = r\cos\beta = r\frac{X_b}{R} \qquad X_b' = X_b + \frac{rX_b}{R}$$

$$\Delta Y = r\sin\beta = r\frac{Y_b}{R} \qquad Y_b' = Y_b + \frac{rY_b}{R}$$

$$(2-15)$$

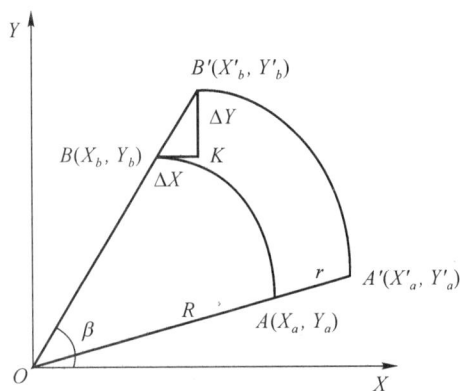

图 2-39　圆弧刀具半径补偿

加工如图 2-40 所示外部轮廓零件 $ABCD$ 时，由 AB 直线段开始，接着加工直线段 BC，根据给出的两个程序段，按 B 刀补处理后可求出相应的刀具中心轨迹 A_1B_1 和 B_2C_1。

加工完第一个程序段，刀具中心落在 B_1 点上，而第二个程序段的起点为 B_2，两个程序段之间出现了间断点，只有刀具中心走一个从 B_1 至 B_2 的附加程序，即在两个间断点之间增加一个半径为刀具半径的过渡圆弧 B_1B_2，才能正确加工出整个零件轮廓。

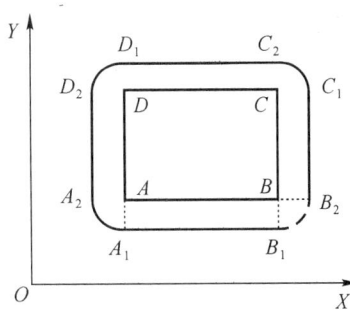

图 2-40　B 刀补示例

可见，B 刀补采用了读一段，算一段，再走一段的控制方法，这样，无法预计到由于刀具半径所造成的下一段加工轨迹对本程序段加工轨迹的影响。为解决下一段加工轨迹对本段加工轨迹的影响，在计算本程序段轨迹后，提前将下一段程序读入，然后根据它们之间转接的具体情况，再对本段的轨迹作适当修正，得到本段正确加工轨迹，这就是 C 功能刀具补偿。C 功能刀补更为完善，这种方法能根据相邻轮廓段的信息自动处理两个程序段刀具中心轨迹的转换，并自动在转接点处插入过渡圆弧或直线从而避免刀具干涉和产生间断点情况

的发生。

图 2-41(a)给出了普通数控装置的工作方法,在系统内,数据缓冲寄存区 BS 用以存放下一个加工程序段的信息,设置工作寄存区 AS,存放正在加工的程序段的信息,其运算结果送到输出寄存区 OS,直接作为伺服系统的控制信号。

图 2-41(b)为 CNC 系统中采用 C 刀补方法的原理框图,与图 2-41(a)不同的是,CNC 系统内部又增设了一个刀补缓冲区 CS。当系统启动后,第一个程序段先被读入 BS,在 BS 中算得第一段刀具中心轨迹,被送到 CS 中暂存后,又将第二个程序段读入 BS,算出第二个程序段的刀具中心轨迹。接着对第一、第二两段刀具中心轨迹的连接方式进行判别,根据判别结果,再对第一段刀具中心轨迹进行修正。

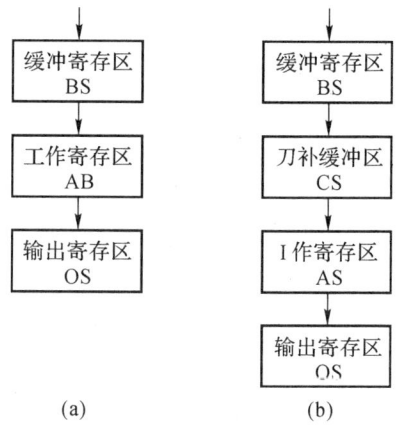

图 2-41　两种数控装置的工作流程

修正结束后,顺序地将修正后的第一段刀具中心轨迹由 CS 送入 AS 中,第二段刀具中心轨迹由 BS 送入 CS 中。然后,由 CPU 将 AS 中的内容送到 OS 中进行插补运算,运算结果送到伺服系统中予以执行。当修正了的第一段刀具中心轨迹开始被执行后,利用插补间隙,CPU 又命令第三段程序读入 BS,随后,又根据 BS 和 CS 中的第三、第二段轨迹的连接情况,对 CS 中的第二程序段的刀具中心轨迹进行修正。依此下去,可见在刀补工作状态,CNC 内部总是同时存在三个程序段的信息。

在 CNC 系统中,处理的基本廓形是直线和圆弧,它们之间的相互连接方式有:直线与直线相接、直线与圆弧相接、圆弧与直线相接、圆弧与圆弧相接。在刀具补偿执行的三个步骤中,都会有转接过渡,以直线与直线转接为例来讨论刀补建立、刀补进行过程中可能碰到的三种转接形式。刀补撤销是刀补建立的逆过程,可参照刀补建立。

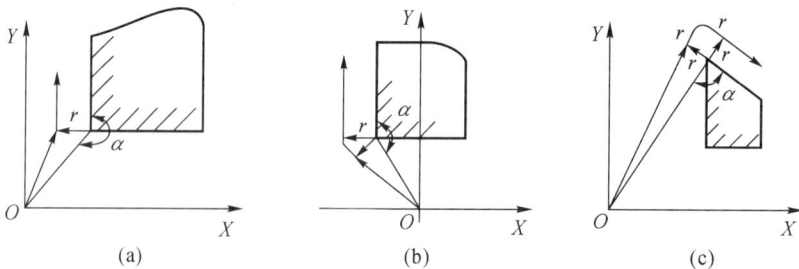

图 2-42　G41 刀补建立示意图

图 2-42 和 2-43 表示了两个相邻程序段为直线与直线,左刀补 G41 的情况下,刀具中心轨迹在连接处的过渡形式。图中 α 为工件侧转接处两个运动方向的夹角,其变化范围为 $0°\sim360°$,对于轮廓段为圆弧时,只要用其在交点处的切线作为角度定义的对应直线即可。

在图 2-43(a)中,编程轨迹为 FG 和 GH,刀具中心轨迹为 AB 和 BC,相对于编程轨迹缩短一个 BD 与 BE 的长度,这种转接为缩短型。

图 2-43(b)中,刀具中心轨迹 AB 和 BC 相对于编程轨迹 FG 和 GH 伸长一个 BD 与 BE 的长度,这种转接为伸长型。图 2-43(c)中,若采用伸长型,刀心轨迹为 AM 和 MC,相对

于编程轨迹 FG 和 GH 来说,刀具空行程时间较长,为减少刀具非切削的空行程时间,可在中间插入过渡直线 BB_1,并令 BD 等于 B_1E 且等于刀具半径 r,这种转接为插入型。根据转接角 α 不同,可以将 C 刀补的各种转接过渡形式分为三类:

(1)当 $180°<\alpha<360°$ 时,属缩短型,见图 2-42(a)和 2-43(a)所示。

(2)当 $90°\leqslant\alpha<180°$ 时,属伸长型,见图 2-42(b)和 2-43(b)所示。

(3)当 $0°<\alpha<90°$ 时,属插入型,见图 2-42(c)和 2-43(c)所示。

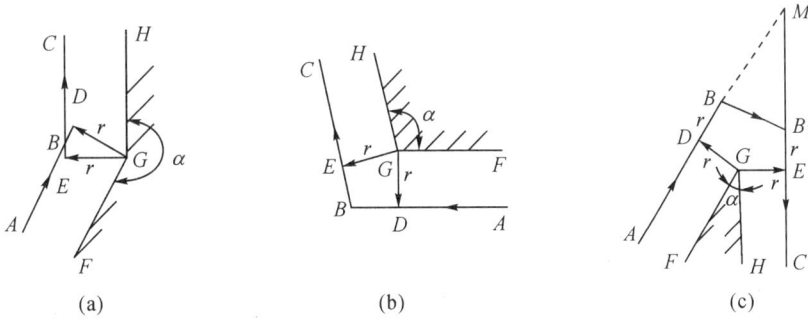

(a)　　　　　(b)　　　　　(c)

图 2-43　刀补进行直线与直线转接情况

2.4　辅助机能控制与 PLC

现代数控装置中采用可编程逻辑控制器(PLC)来实现开关量及其逻辑关系的控制。PLC 的最大特点是,其输入输出量之间的逻辑关系是由软件决定的,因此改变控制逻辑时,只要修改控制程序即可,是一种柔性的逻辑控制装置。PLC 能够控制的开关量数量多,能实现复杂的控制逻辑,大大减少硬件线路,提高控制系统的可靠性。数控机床的 M、S、T 功能和外部开关信号控制等,一般由 PLC 来完成。

数控装置中的 PLC 有两种类型:内装型 PLC 和独立型 PLC。内装型 PLC 是指 PLC 包含在数控装置当中,PLC 与数控功能模块间的信号传送在数控装置内部实现,PLC 与机床间的信号传送则通过输入/输出接口电路实现,如图 2-44 所示。内装型 PLC 与数控装置一起设计制造的,其功能针对性强,技术指标合理、实用。

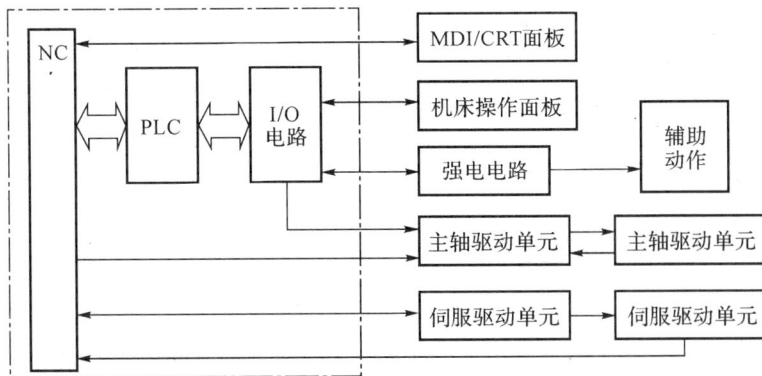

图 2-44　内装型 PLC 结构图

　　独立型 PLC 又称通用型 PLC,PLC 设计成独立的模块。独立型 PLC 与数控装置的关系如图 2-45 所示。独立型 PLC 多采用积木式结构,安装方便、功能易于扩展。

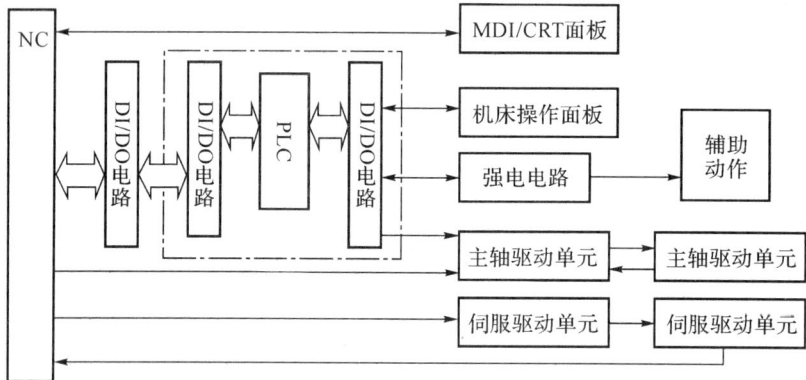

图 2-45　独立型 PLC 结构图

思考题与习题

2-1　单微处理器 CNC 和多微处理器 CNC 有何特点?

2-2　计算机数控装置软件一般由哪些模块组成?

2-3　试述脉冲增量插补和数据采样插补的特点。

2-4　数字积分法插补时为什么要进行左移规格化?

2-5　如要加工第一象限直线 OA,起点坐标 $O(0,0)$,终点坐标 $A(3,4)$,用逐点比较法进行插补运算,并画出插补轨迹。设寄存器为 3 位,试用 DDA 法进行插补运算,并画出插补轨迹。

2-6　有第一象限圆弧 AB,起点 $A(4,0)$,终点 $B(0,4)$,圆心 $O(0,0)$,写出逐点比较法插补运算过程,并画出插补轨迹。

2-7　第二象限圆弧 AB,起点 $A(0,6)$,终点 $B(-6,0)$,圆心 $O(0,0)$,写出 DDA 法插补运算过程,并画出插补轨迹。

2-8　什么是刀具长度补偿? 什么是刀具半径补偿?

2-9　简述 C 功能刀具补偿的优点。

第3章 数控加工与编程基础

本章学习要点：

1. 了解数控加工工艺分析，熟悉数控加工工艺路线设计及工序设计。

2. 掌握数控编程的基本概念、编程步骤及数控程序的构成。

3. 熟悉数控机床坐标系统，掌握刀具补偿及基本数值计算方法。

3.1 数控加工工艺

3.1.1 数控加工工艺特点与内容

工艺设计是数控加工的前期工艺准备工作。数控加工工艺设计的原则和内容在很多方面与普通机床加工工艺设计相同或相似。但由于数控机床是一种自动化程度很高的高效加工机床，数控加工的工艺设计要比普通机床工艺设计具体、严密和复杂得多。工艺设计是否合理、先进、准确、周密，不但影响编程的工作量，还将极大地影响加工质量、加工效率和设备的安全运行。

1. 数控加工工艺的基本特点

数控加工工艺问题的处理与普通加工工艺基本相同，在设计零件的数控加工工艺时，首先要遵循普通加工工艺的基本原则和方法，同时还必须考虑数控加工本身的特点和零件编程要求。数控加工工艺的基本特点如下：

(1)内容十分明确而具体；

(2)工艺工作要求相当准确而严密；

(3)采用多坐标联动自动控制加工复杂表面；

(4)采用先进的工艺装备；

(5)采用工序集中。

2. 数控加工工艺的主要内容

根据实际应用中的经验，概括起来数控加工工艺主要包括如下内容：

(1)选择适合在数控机床上加工的零件，确定工序内容。

(2)分析被加工零件的图纸，明确加工内容及技术要求。

(3)确定零件的加工方案，制定数控加工工艺路线。如划分工序、安排加工顺序，处理与非数控加工工序的衔接等。

（4）加工工序的设计。如选取零件的定位基准、夹具方案的确定、划分工步、选取刀辅具、确定切削用量等。

（5）数控加工程序的调整。选取对刀点和换刀点，确定刀具补偿，确定加工路线。

（6）分配数控加工中的容差。

（7）处理数控机床上的部分工艺指令。

（8）数控加工工艺文件编写。

虽然数控加工工艺内容较多，但有些内容与普通机床加工工艺非常相似。

3.1.2　数控加工工艺分析

在数控机床上加工零件时，要把被加工的全部工艺过程、工艺参数等编制成程序，整个加工过程是自动进行的，因此程序编制前的工艺分析是一项十分重要的工作。

1. 数控加工内容的选择

在分析零件精度、形状及其他技术条件基础上，考虑零件是否适合于在数控机床上进行加工以及应该选择什么类型的数控机床进行加工。

通常，考虑是否选择在数控机床上加工的因素是零件的技术要求能否保证，对提高生产率是否有利，经济上是否合适。一般说来，如果零件的复杂程度高、精度要求高，属于多品种、小批量的生产，则采用数控机床加工能获得较高的经济效益。

当选择并决定某个零件进行数控加工后，并不是要把所有的加工内容都包下来，而可能只是对其中的一部分进行数控加工，因此必须要对所要加工的零件进行仔细的工艺分析，选择那些适合于进行数控加工的内容和工序。选择数控加工内容时，应注意以下几点：

（1）优先选择普通机床上无法加工的内容，作为数控加工的内容。

（2）重点选择普通机床难加工、质量也难以保证的内容，作为数控加工的内容。

（3）普通机床加工效率低、工人操作劳动强度大的内容，可考虑在数控机床上加工。

与上述内容比较，下列一些内容则不宜选择采用数控机床加工：

（1）需要通过较长时间占机调整的内容，如以毛坯的粗基准定位来加工第一个精基准的工序等。

（2）必须按专用工装协调的孔及其他加工内容。主要原因是采集编程用的资料有困难，协调效果也不一定理想。

（3）不能在一次装夹中加工完成的其他零星部位，采用数控加工很麻烦，不能发挥数控加工的优势，可安排在普通机床上进行补加工。

此外，在选择数控加工内容时，也要考虑生产批量、生产周期和工序间周转情况等因素；还要注意充分发挥数控机床的效益，防止把数控机床当作普通机床使用。

2. 零件数控加工的工艺性分析

零件的加工工艺性的优劣与加工工艺方法及规范选择是否得当、零件的技术要求是否合理、材料选用是否正确、结构设计是否便于加工（通常称为结构工艺性）等内容密切相关。这里所论及的加工工艺方法，主要是指切削加工工艺类型中的工艺方法。

关于数控加工的工艺性问题，其涉及面很广，这里仅从数控加工的可能性与方便性两个角度提出一些必须分析和检查的主要内容。

(1)零件图尺寸的标注方法

在数控编程中,所有点、线、面的尺寸和位置都是以编程原点为基准的。因此,零件图中最好直接给出坐标尺寸,或尽量以同一基准引注尺寸。这种标注法,既便于编程,也便于尺寸之间的相互协调,在保持设计、工艺、检测基准与编程原点设置的一致性方面带来很大方便。由于零件设计人员往往在尺寸标注中较多地考虑装配等使用特性,而不得不采取局部分散的标注方法,这样会给工序安排与数控加工带来诸多不便。事实上,由于数控加工精度及重复定位精度都很高,不会因产生较大的累积误差而破坏使用性能,因而改局部的分散标注法为集中引注或坐标式尺寸是完全可以的。

(2)构成零件轮廓的几何元素条件

在程序编制中,编程人员必须充分掌握构成零件轮廓的几何要素参数及各几何要素间的关系。因为在自动编程时要对构成零件轮廓的所有几何元素进行定义,手工编程时要计算出每一个基点或节点的坐标,无论哪一点不明确或不确定,编程都无法进行。

(3)零件的结构工艺性

1)零件的内腔与外形应尽量采用统一的几何类型和尺寸。尤其是加工面转接处的凹圆弧半径,一根轴上直径差不大的各轴肩处的退刀槽宽度等最好统一尺寸。这样可以减少刀具规格和换刀次数,方便编程,提高生产效率。

2)内槽及缘板之间的转接圆角半径不应过小。这是因为此处圆角半径大小决定了刀的直径,而刀具直径的大小与被加工工件轮廓的高低影响着工件加工工艺性的好坏。如图 3-1 所示,图(b)与图(a)相比,转接圆弧半径 R 大,则可采用较大直径的铣刀来加工,加工其腹板面时,进给次数也相应减少,表面加工质量也好一些,所以工艺性较好。反之,工艺性较差。通常当 $R < 0.2H$(H 为被加工工件轮廓面的最大高度)时,可以判定零件的该部位工艺性不好。

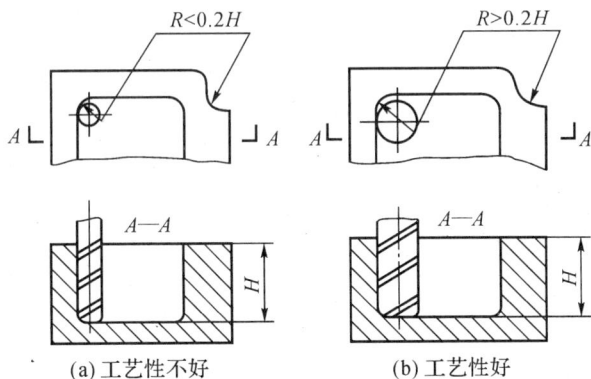

图 3-1 数控加工工艺性对比

3)铣削零件底平面时,槽底圆角半径 r 不应过大。如图 3-2 所示,圆角半径 r 越大,铣刀端刃铣削平面的能力就越差,效益也越低。当 r 大到一定程度时,甚至必须用球头铣刀加工,这是应该尽量避免的。因为铣刀与铣削平面接触的最大直径 $d = D - 2r$(D 为铣刀直径)。当 D 一定时,r 越大,铣刀端刃铣削平面的面积越小,加工表面的能力越差,工艺性也越差。

(4)数控加工的定位基准

由于数控机床具有高效率、高精度和高度自动化等特点,所以数控加工特别强调定位加工,零件的加工定位基准必须准确可靠。与普通机床加工一样,定位基准应力求与设计基准重合。

在数控加工中,加工工序往往较集中,可对零件进行双面、多面的顺序加工,以同一基准定位十分必要,否则很难保证两次安装加工后两个面上的轮廓位置及尺寸协调。所以,如果零件本身有合适的孔,最好就用它来作定位基准孔,即使零件上没有合适的孔,也要设法专门设置工艺孔作为定位基准。如果零件上确实无法制出工艺孔,可以考虑采用以零件轮廓的基准边定位或在毛坯上增加工艺凸耳,制出工艺孔,在完成定位加工后再除去的方法。

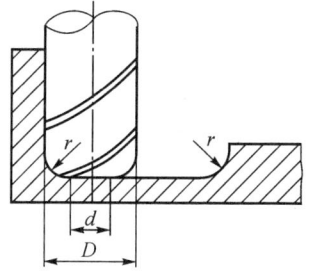

图 3-2　零件底面圆弧半径对工艺性的影响

例如,为了使加工如图 3-3 所示凸轮外轮廓时定位准确可靠,特意增设了一个 $\phi 6$ 的辅助定位工艺孔;图 3-4 所示轮架,则增设了工艺凸台(使定位稳定可靠)和辅助定位工艺孔(使定位准确)。

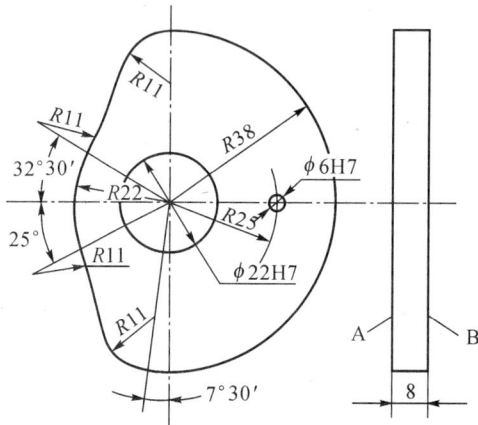

图 3-3　凸轮零件

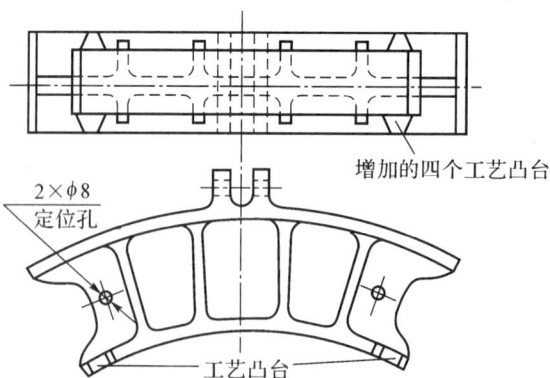

图 3-4　轮架零件

(5)分析零件的加工精度与尺寸公差

数控机床尽管比普通机床加工精度高,但其与普通加工一样,在加工过程中都会遇到受力变形的困扰。因此,对于薄壁件、刚性差的零件加工,一定要注意加强零件加工部位的刚性,防止变形的产生。因此需要审查和分析零件所要求的加工精度、尺寸公差是否都可以得到保证。

3.1.3　数控加工工艺路线设计

同常规工艺路线拟定过程相似,在设计数控加工工艺路线时,首先也需要找出所有加工的零件表面并逐一确定各表面的加工获得过程,加工获得过程中的每一步骤相当于一个工步;然后将所有工步内容按一定原则排列成先后顺序;再确定哪些相邻工步可以划为一个工序,即进行工序的划分;最后再将需要的其他工序如常规工序、辅助工序、热处理工序等插入,衔接于数控加工工序序列之中,就得到了要求的工艺路线。如图 3-5 所示。

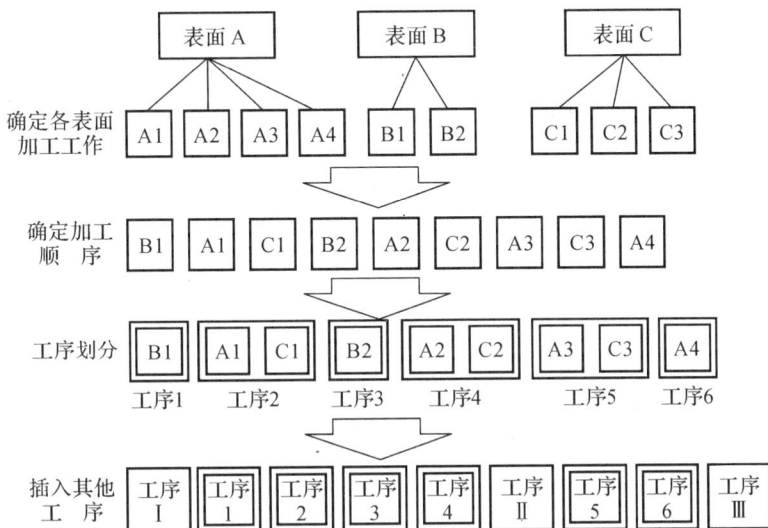

图 3-5　数控加工工艺路线设计过程

数控加工的工艺路线设计与用通用机床加工的工艺路线设计的主要区别在于它不是指从毛坯到成品的整个工艺过程,而仅是几道数控加工工序工艺过程的具体描述。数控加工工序一般都穿插在零件的整个工艺过程中间,因此在进行数控加工工艺过程设计时,一定要通盘考虑,不但要考虑数控加工工序的正确划分、顺序安排和彼此间的协调,还要考虑数控加工工序与其他工序之间的配合协调。

1. 数控加工方法的选择

(1)旋转体零件的加工

这类零件一般在数控车床上加工,其毛坯多采用棒料或锻坯,零件的形状往往是阶梯形或圆柱形的,其特点是加工余量大且不均匀。在编写加工程序时主要考虑的问题是粗车时的加工路线。

图 3-6 所示为手柄零件的加工,其轮廓由三个圆弧组成。由于加工余量大且不均匀,因此,比较合理的加工方案是选用直线、斜线程序车削掉图中虚线之外所示的加工余量,再用圆弧程序精加工成形。

影响旋转体零件加工质量的因素还有刀具的角度、受力与强度、排屑与冷却等,必须根据具体情况,酌情合理选择。

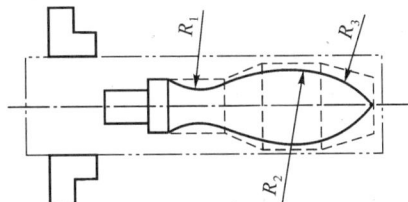

图 3-6　旋转体零件的加工

（2）孔系零件的加工

在零件上进行孔系加工时，由于孔与孔之间的位置精度要求较高，宜用点位直线控制的数控钻镗床或数控加工中心加工。这样不仅可以减轻工人的劳动强度，提高生产率，而且还易于保证精度。加工这类零件时，孔系的定位多用快速运动，有两坐标联动的数控机床，可以指令两轴同时运动。对没有联动的数控机床，则只能指令两个坐标轴依次运动。此外，在编制加工程序时，还可以采用子程序调用或循环指令的方法来减少程序段的数量，以减少加工程序的长度和提高加工的可靠性。

（3）平面和曲面轮廓零件的加工

图 3-7 所示为铣削平面轮廓实例。图中工件轮廓由直线和圆弧组成，点划线为刀具中心的运动轨迹。这类零件一般在两坐标的数控铣床上加工。

加工曲面轮廓的零件，多采用三个或三个以上坐标联动的数控铣床或加工中心加工。为了保证加工质量和刀具受力状态良好，加工中应尽量使刀具回转中心线与加工表面处处垂直或相切。为此，加工这类零件常采用具有旋转坐标的四坐标、五坐标联动的数控铣床加工。

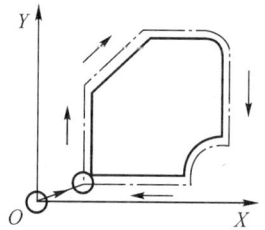

图 3-7　平面轮廓零件的加工

（4）模具型腔的加工

该类零件通常型腔表面复杂、不规则，尺寸精度及表面质量要求高，且加工材料硬度高、韧性大，此时可考虑选用数控电火花机床进行成形加工。用该法加工零件时，由于电极与工件不接触，没有机械加工时的切削力，故特别适宜加工低刚度工件和进行细微加工。

（5）平板形零件的加工

该类零件可考虑选择数控线切割机床加工。这种加工方法除了内侧角部的最小半径受金属丝直径限制外，任何复杂的内外侧形状都可以加工，且加工余量少，加工精度高，而无需考虑工件的硬度如何，只要是导体或半导体材料都能加工。

2. 工序划分

工序划分的原则有两种：工序集中原则和工序分散原则。

在数控机床上加工零件时，一般采用工序集中的原则安排工序，同时考虑到数控机床的特点及保持数控机床的精度，延长数控机床的使用寿命，降低数控机床的使用成本，零件的粗加工应尽可能安排在普通机床上完成，然后再装夹到数控机床上进行加工。

根据数控加工的特点，数控加工工序的划分有以下几种方式。

（1）按定位方式划分工序

由于每个零件结构形状不同，各表面的技术要求也有所不同，故加工时，其定位方式则各有差异。一般加工外形时，以内形定位；加工内形时又以外形定位。因而可根据定位方式的不同来划分工序。

这种方法一般适合于加工内容不多的工件，加工完后就能达到待检状态。通常是以一次安装、加工作为一道工序。如图 3-3 所示的片状凸轮，按定位方式可分为两道工序。第一道工序可在普通机床上进行，以外圆表面和 B 平面定位加工端面 A 和 $\phi22H7$ 的内孔，然后再加工端面 B 和 $\phi6H7$ 的工艺孔；第二道工序以已加工过的两个孔和一个端面定位，在数控铣床上铣削凸轮外表面曲线。

（2）按所用刀具划分工序

有些零件虽然能在一次安装中加工出很多待加工面，但为了减少换刀次数，压缩空程时间，减少不必要的定位误差，可按刀具集中工序的方法加工零件，即在一次装夹中，尽可能用同一把刀具加工出可能加工的所有部位，然后再换另一把刀加工其他部位。即以同一把刀具完成的那一部分工艺过程为一道工序。此种方法适用于零件结构较复杂、工件的待加工表面较多、机床连续工作时间过长（如在一个工作班内不能完成）、加工程序的编制和检查难度较大等情况。在专用数控机床和加工中心中常采用这种方法划分工序。

（3）按粗精加工划分工序

在考虑工件的加工精度要求、刚度和变形等因素来划分工序时，可按粗、精加工分开的原则来划分工序，即先粗加工后精加工。此时可用不同的机床或不同的刀具进行加工。这样，一方面可使粗加工引起的各种变形得到恢复，另一方面能及时发现毛坯的各种缺陷，并能发挥粗加工的效率。在粗加工后精加工之前，最好有一段时间间隔或安排时效处理后再进行后续工序，以消除由于粗加工时工件产生的内应力，提高零件的加工精度。

一般来说，在一次安装中不允许将工件的某一表面粗、精加工不分地加工至精度要求后，再加工工件的其他表面。如图 3-8 所示的工件，应先切除整个工件的大部分余量，再将其各表面精车至要求的加工精度和表面粗糙度要求。

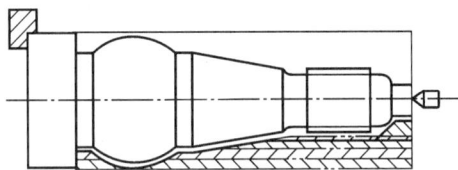

图 3-8　平面轮廓零件的加工

这种划分方法适用于加工后变形较大，需粗、精加工分开的零件，如毛坯为铸件、焊接件或锻件。

（4）按加工部位划分工序

即以完成相同型面的那一部分工艺过程为一道工序。对于加工表面多而复杂的零件，可按其结构特点分成几个加工部分（如内形、外形、曲面和平面等），每一部分作为一道工序。一般先加工平面、定位面，后加工孔；先加工简单几何形状，再加工复杂的几何形状；先加工精度较低的部位，再加工精度要求较高的部位。

3. 数控加工余量的选择

加工余量的大小对零件的加工质量和制造的经济性有较大的影响。余量过大会浪费原材料及机械加工的工时，增加机床、刀具及能源的消耗；余量过小则不能消除上工序留下的各种误差、表面缺陷和本工序的装夹误差，容易造成废品。因此，应根据影响余量的因素合理地确定加工余量。影响加工余量的因素分析详见有关机械制造工艺学教材。

目前，确定加工余量的方法有如下几种：

（1）查表法；

（2）经验估算法；

（3）分析计算法。

在确定加工余量时，要分别确定加工总余量（毛坯余量）和工序余量。加工总余量的大小与所选择的毛坯制造精度有关。用查表法确定工序余量时，粗加工工序余量不能用查表法得到，而是由总余量减去其他各工序余量而得。

4. 加工顺序安排

在选定加工方法、划分工序后，工艺路线拟定的主要内容就是合理安排这些加工方法和加工工序的顺序。零件的加工工序通常包括切削加工工序、热处理工序和辅助工序,这些工序的顺序直接影响到零件的加工质量、生产效率和加工成本。因此,在设计工艺路线时,应合理安排好切削加工、热处理和辅助工序的顺序,并解决好工序间的衔接问题。

（1）切削加工顺序的安排原则

1）基面先行原则;

2）先粗后精原则;

3）先主后次原则;

4）先面后孔原则;

5）先内后外原则;

6）上道工序的加工不能影响下道工序的定位与夹紧;

7）以相同安装方式或用同一刀具加工的工序,最好连续进行,以减少重复定位次数;

8）在同一次安装中进行的多道工序,应先安排对工件刚性破坏较小的工序。

在安排加工顺序时,要注意退刀槽、倒角等的加工工序的安排。

（2）数控加工工序与普通工序的衔接

这里所说的普通工序是指常规的加工工序、热处理工序和检验等辅助工序。有些零件的加工是由普通机床和数控机床共同完成的,数控机床加工工序前后一般都穿插有其他普通工序,如果衔接不好就容易产生矛盾,因此要解决好数控工序与普通工序之间的衔接问题。较好的解决办法是建立工序间的相互状态要求。例如,要不要为后道工序留加工余量,留多少;定位孔与面的精度与形位公差是否满足要求;对校形工序的技术要求;对毛坯的热处理要求等等,都需要前后兼顾,统筹衔接。

3.1.4　数控加工工序设计

工序设计时,所用机床不同,工序设计的要求也不一样。对普通机床的加工工序,加工细节问题可不必考虑,由操作者在加工过程中处理。而对数控机床的加工工序,针对数控机床加工自动化、自适应性差的特点,要充分考虑到加工过程中的每一个细节,工序设计十分严密。

数控加工工序设计的主要任务是进一步将本工序的工艺装备、定位夹紧方式、加工路线的确定和工步顺序的安排、切削用量的选择等具体确定下来,为编制加工程序做好充分准备。

1. 机床的选择

当工件表面的加工方法确定之后,机床的种类就基本上确定了。但是,每一类机床都有不同的型式,它们的工艺范围、技术规格、加工精度和表面粗糙度、生产率和自动化程度都各不相同,要根据实际需要具体选择。

2. 工件安装与夹具选择

（1）定位安装的基本原则

在数控机床上加工零件时,定位安装的基本原则与普通机床相同,也要合理选择定位基准和夹紧方案。为了提高数控机床的效率,在确定定位基准与夹紧方案时应注意下列三点:

1）力求设计、工艺与编程计算的基准统一。

2）尽量减少装夹次数。尽可能在一次定位装夹后就能加工出全部或大部分待加工表面,以减少装夹误差,提高加工表面之间的相互位置精度,并充分发挥数控机床的效率。

3)避免采用占机人工调整式方案,以免占机时间太多,影响加工效率。

(2)夹具选择的基本原则

数控加工的特点对夹具提出了两个基本要求:一是要保证夹具的坐标方向与机床的坐标方向相对固定;二是要能协调零件与机床坐标系的尺寸关系。除此之外,还要考虑以下几点:

1)当零件加工批量不大时,应尽量采用组合夹具、可调夹具和其他通用夹具,以缩短准备时间,节省生产费用。

2)在成批生产时才考虑采用专用夹具,并力求结构简单,夹具结构应有足够的刚度和强度。

3)因为在数控机床上通常一次装夹完成工件的全部工序,因此应防止工件夹紧引起的变形造成工件加工不良。夹紧力应靠近主要支承点,力求靠近切削部位。

4)夹具上各零部件应不妨碍机床对零件各表面的加工,即夹具要开敞,加工部位开阔,夹具的定位、夹紧机构元件不能影响加工中的进给(如产生碰撞等)。

5)装卸零件要快速、方便、可靠,以缩短准备时间。批量较大时应考虑气动或液压夹具、多工位夹具。

3. 数控刀具选择

刀具的合理选择和使用,对提高数控加工效率、降低生产成本、缩短交货期及加快新产品开发等方面有十分重要的作用。国外有资料表明,刀具费用一般占制造成本的 2.5%～4%,但它却直接影响占制造成本 20% 的机床费用和 38% 的人工费用。如果进给速度和切削速度提高 15%～20%,则可降低制造成本 10%～15%。这说明使用好刀具会增加成本,但效率提高则会使机床费用和人工费用有很大的降低,这正是工业发达国家制造业所采用的加工策略之一。

应根据机床的加工能力、工件材料的性质、加工工序、切削用量以及其他相关因素正确选择刀具及刀柄。刀具选择的总原则是:安装调整方便,刚性好,耐用度和精度高。在满足加工要求的前提下,尽量选择较短的刀柄,以提高刀具加工时的刚性。

一般优先采用标准刀具,必要时也可采用各种高生产率的复合刀具及其他一些专用刀具。此外,应结合实际情况,尽可能选用各种先进刀具,如可转位刀具、整体硬质合金刀具、陶瓷刀具等。刀具的类型、规格和精度等应符合加工要求,刀具材料应和工件材料相适应。

数控加工刀具从切削工艺上可分为:

(1)车削刀具。分外圆、内孔、外螺纹、内螺纹、车槽、切入、切割等多种。

(2)钻削刀具。分小孔、短孔、深孔、攻螺纹、铰孔等。

(3)镗削刀具。分粗镗、精镗等刀具。

(4)铣削刀具。分面铣、立铣、三面刃铣等刀具。

4. 工步划分与进给路线确定

划分工步主要从加工精度和效率两方面考虑。合理的工艺不仅要保证加工出符合图样要求的工件,同时应使机床的功能得到充分发挥,因此,在一个工序内往往需要采用不同的刀具和切削用量,对不同的表面进行加工。为了便于分析和描述较复杂的工序,在工序内又细分为工步。下面以加工中心为例来说明工步划分的原则。

　　1)同一加工表面按粗加工、半精加工、精加工依次完成,或全部加工表面按先粗后精加工分开进行。若加工尺寸精度要求较高时,考虑到零件尺寸、精度、刚性等因素,可采用前者。若加工表面位置精度要求较高时,建议采用后者。

　　2)对于既有铣面又有镗孔的零件,可以采用"先面后孔"的原则划分工步,先铣面可提高孔的加工精度。因为铣削时切削力较大,工件易发生变形,而先铣面后镗孔,则可使其变形有一段时间恢复,减少由于变形引起的对孔的精度的影响。反之,如果先镗孔后铣面,则铣削时极易在孔口产生飞边、毛刺,从而破坏孔的精度。

　　3)按所用刀具划分工步。某些机床工作台回转时间比换刀时间短,可采用刀具集中工步,以减少换刀次数,减少空移时间,提高加工效率。

　　4)在一次安装中,尽可能完成所有能够加工的表面。

　　在数控加工中,刀具刀位点相对于工件的运动轨迹和方向称为进给路线,也称为走刀路线或加工路线。进给路线不但包括了工步的内容,也反映出各工步顺序。进给路线是编写程序的依据之一,因此,在确定进给路线时最好画一张工序简图,将已经拟定出的进给路线画上去(包括进、退刀路线),这样可为编程带来不少方便。工步的划分与安排一般可随进给路线来进行,在确定进给路线时,主要考虑下列几点:

　　1)进给路线应保证被加工工件的精度和表面粗糙度;

　　2)应使进给路线最短,以减少空行程时间,提高加工效率;

　　3)在满足工件精度、表面粗糙度、生产率等要求的情况下,尽量简化数学处理时的数值计算工作量,以简化编程工作;

　　4)当某段进给路线重复使用时,为了简化编程,缩短程序长度,应使用子程序。

　　此外,在确定进给路线时,还要考虑工件的形状与刚度、加工余量大小,机床与刀具的刚度等情况,确定是一次进给还是多次进给来完成加工,以及设计刀具的切入与切出方向和在铣削加工中是采用顺铣还是逆铣等。

　　在不同数控机床上加工零件时,确定进给路线所考虑的内容不完全一致。下面对车削加工及铣削加工中进给路线的确定作一简单介绍。

　　(1)车削加工的进给路线

　　在数控车床上加工旋转体零件时,往往由于加工余量大和各旋转面间余量不均匀,不是一刀就能加工出最终形状来的,而是经过几次进给,先进行粗加工,最后沿着零件轮廓进行精加工,得到零件最终形状。这时确定进给路线所考虑的重点是:在保证加工质量的前提下,如何使加工程序具有最短的进给路线。这样不仅可以节省整个加工过程的执行时间,还能减少一些不必要的刀具损耗以及机床进给机构滑动部件的磨损等。

　　图3-9所示为粗车零件外形时几种不同切削进给路线的安排示意图。其中,图3-9(a)表示利用复合循环功能使车刀沿着工件轮廓进行进给的路线,图3-9(b)为利用其程序循环功能安排的"三角形"进给路线,图3-9(c)为利用其矩形循环功能而安排的"矩形"进给路线。

　　对以上三种切削进给路线,经分析后可知矩形循环进给路线的进给长度总和最短。因此,在同等条件下,其切削所需时间最短,刀具的损耗自然最少。

　　选择切削进给路线为最短,可有效地提高生产效率,降低刀具的损耗等。在安排粗加工或半精加工的切削进给路线时,应同时兼顾到工件刚性及加工的工艺性等要求,不要顾此失彼。

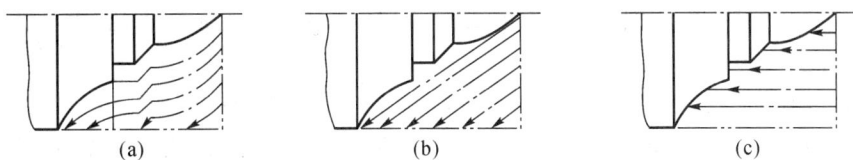

图 3-9 粗车进给路线示例

（2）铣削内外轮廓的进给路线

采用立铣刀侧刃切削加工零件外轮廓时，铣削过程中铣刀应沿外轮廓的延长线的方向切入切出，如图 3-10 所示，避免铣刀从零件轮廓的法线方向切入切出而产生刀具刻痕。同样，在铣削封闭内表面时，也应从轮廓的延长线切入切出，如图 3-11(a)所示；如果轮廓线无法外延，则刀具应尽量在轮廓曲线上两几何元素交点处沿轮廓法向切入切出，如图 3-11(b)所示。

图 3-12 表示铣削内轮廓表面的三种进给路线示意图。图 3-12(a)表示采用行切法的进给

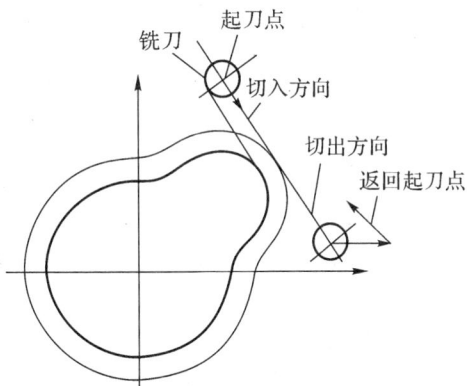

图 3-10 铣削外轮廓刀具切入切出方式

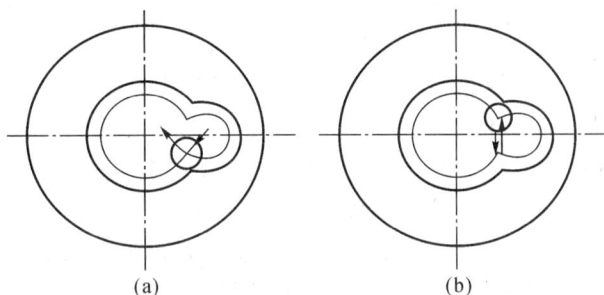

图 3-11 铣削内轮廓刀具切入切出方式

路线；图 3-12(b)表示采用环切法的进给路线；图 3-12(c)表示先采用行切法，最后一刀用环切法的进给路线。图 3-12(a)方案中由于表面不是连续加工完成的，在两次接刀之间表面会留下刀痕。所以表面质量较差，但加工路线较短；图 3-12(b)方案中克服了表面加工不连续的缺点，但进给路线太长，效率较低；图 3-12(c)方案克服了前两种方案的不足，先采用行切法，最后环切一刀，光整表面轮廓，获得较好的效果。

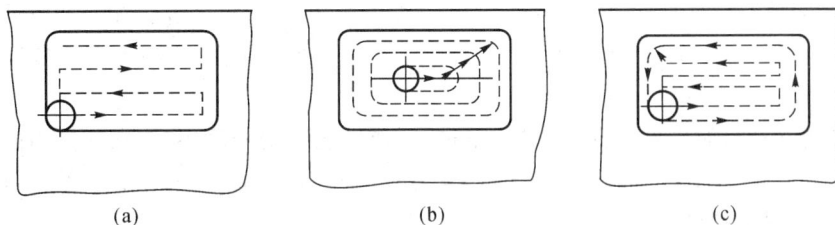

图 3-12 内轮廓表面铣削

5. 切削用量选择

数控加工切削用量包括主轴转速 n（切削速度 v_c）、背切削量（背吃刀量）a_p 和进给量 f

(或进给速度 v_f),其确定原则与普通机械加工相似。对于不同的加工方法,需要选择不同的切削用量,并编入程序单内。

合理选择切削用量的原则是:粗加工时,一般以提高生产率为主,但也应考虑经济性和加工成本;半精加工和精加工时,应在保证加工质量的前提下,兼顾切削效率、经济性和加工成本。具体数值应根据机床说明书,参考切削用量手册,并结合经验而定。

(1)确定背切削量 a_p(mm)

主要依据机床、夹具、刀具和工件的刚度来决定。在刚度允许的情况下,a_p 相当于加工余量,应以最少的进给次数切除这一加工余量,最好一次切净余量,以提高生产效率。为了保证加工精度和表面粗糙度,一般都要留一点余量最后精加工。在数控机床上,精加工余量可小于普通机床。

(2)确定主轴转速 n(r/min)

主要根据允许的切削速度 v_c(m/min)选取

$$n = 1000v_c/\pi D \tag{3-1}$$

其中:v_c——切削速度;

    D——工件或刀具的直径(mm)。

切削速度高,也能提高生产率,但是应先考虑尽可能采用大的背吃刀量来提高生产率。因为切削速度 v_c 与刀具耐用度关系比较密切,随着 v_c 的加大,刀具耐用度将急剧降低,故 v_c 的选择主要取决于刀具耐用度。

主轴转速 n 要根据计算值在编程中给予规定。有的数控机床控制面板上备有转数倍率开关,由操作者随时调整具体的主轴转速。

(3)进给量(或进给速度 v_f)f(mm/r 或 mm/min)的选择

f 是数控机床切削用量中的重要参数,主要根据零件的加工精度和表面粗糙度要求以及刀具和工件材料来选择。当加工精度要求高,表面粗糙度值要求低时,进给量数值应选择小些。最大进给量则受机床刚度和进给系统性能限制,并与脉冲当量有关。一般数控机床进给量是连续变化的,各挡进给量可在一定范围内进行无级调整,也可在加工过程中根据控制面板上的进给速度倍率开关由操作者设定。

特别需要指出的是,加工圆弧及带拐角的轮廓面时,进给速度选择过大时,容易产生过切现象,如图 3-13 所示。解决过切的办法有三种:一是在接近拐角时降低进给速度;二是像如图 3-13 所示那样,将加工面 NP 分成 NM、MP 两段编程,NM 段采用正常速度插补,MP 部分用低进给速度插补;第三种是应用延时指令,应用这种方法简单方便。延时指令可以使刀具在执行完前一程序段后进给速度降到零之后才执行下一程序段。在一些较高档的自动编程系统中,有超程校验功能,一旦检测出超程误差超过允许值,便能自动设置适当的减速或暂停程序段加以控制。

在切削过程中,如果切削深度、进给量过大,或工艺系统刚度不足,在切削力的作用下会产生欠切现象,使工件上本该切去的材料少切去了一些,从而产生欠切误差,如图 3-14 所示。解决欠切现象的办法与解决过切相同。

对于能自动换刀的数控机床,在选择切削用量时除应考虑上述原则外,还应保证在一个零件加工过程中刀具能完成它所承担的加工内容,或保证工作一至两个班次,以免中途换刀或停顿造成接刀痕或接刀台阶。

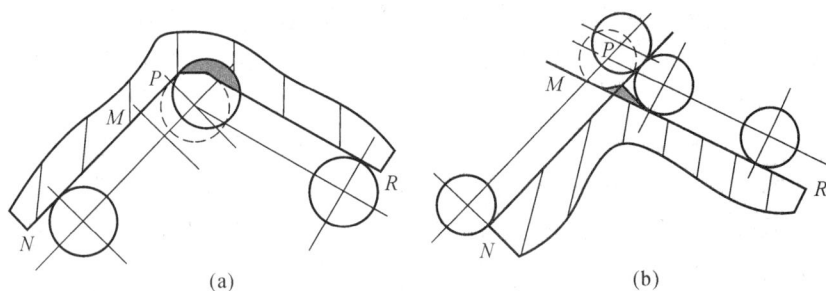

图 3-13　过切及控制方法

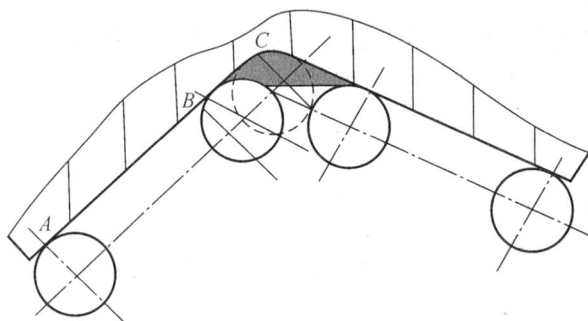

图 3-14　欠切及控制方法

6. 对刀点与换刀点的确定

对于数控机床来说,在加工开始时,确定刀具与工件的相对位置是很重要的,这是通过对刀点来实现的。对刀点是指通过对刀确定刀具与工件相对位置的基准点。或者说通过对刀标定工件坐标系原点在机床坐标系中的位置。一般情况下,对刀点也是刀具相对工件运动的起点,这个起点也是编程时程序的起点。因此,"对刀点"也称"程序起点"或"起刀点"。

在编程时应正确选择对刀点的位置,选择的原则是:

(1)选定的对刀点位置应便于数学处理和使程序编制简单;

(2)在机床上容易找正;

(3)加工过程中便于检查;

(4)引起的加工误差小。

对刀点可以选在工件上(如工件的设计基准或定位基准),也可选在夹具或机床上(夹具或机床上应设相应的对刀装置)。若对刀点选择在夹具或机床上,则必须与工件的定位基准有一定的尺寸关系,以保证机床坐标系与工件坐标系的关系,如图 3-15 所示。

为了提高加工精度,对刀点应尽量选在零件的设计基准或工艺基准上,如以孔定位的工件,可选择孔的中心作为对刀点。刀具的位置则以此孔来找正,使"刀位点"与"对刀点"重合。所谓"刀位

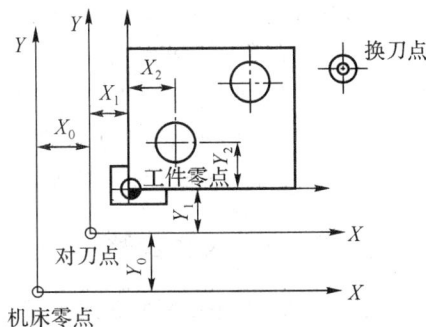

图 3-15　对刀点与换刀点的设定

点"，是指刀具的定位基准点，如立铣刀、面铣刀刀头底面的中心，车刀、镗刀的刀尖，钻头的钻尖，球头铣刀的球头中心等。为保证对刀精度，常采用千分表、对刀测头或对刀仪进行找正对刀。

零件安装后，工件坐标系与机床坐标系就有了确定的尺寸关系。在工件坐标系设定后，从对刀点开始的第一个程序段的坐标值为对刀点在机床坐标系中的坐标值$(X_0，Y_0)$。对刀点既是程序的起点，也是程序的终点。因此，在成批生产中要考虑对刀点的重复精度，并在加工中可用坐标值$(X_0，Y_0)$来校核。

如果在加工过程中需要换刀，就应规定换刀点。所谓"换刀点"是指刀架转位换刀时的位置（参见图3-15）。该点可以是某一固定点（如加工中心，其换刀机械手的位置是固定的），也可以是任意的一点（如数控车床）。换刀点应根据工序内容来安排。为了防止换刀时刀具碰伤工件及其他部件，换刀点往往设在工件或夹具的外部，其设定值可用实际测量方法或计算确定。

3.2　数控加工编程的步骤与方法

3.2.1　数控编程概念

在普通机床上加工零件时，一般是由工艺人员按照设计图样事先制订好零件的加工工艺规程。在工艺规程中制订出零件的加工工序、切削用量、机床的规格及刀具、夹具等内容。操作人员按工艺规程的各个步骤操作机床，加工出图样给定的零件。也就是说零件的加工过程是由人来操作机床完成。例如开车、停车、改变主轴转速、改变进给速度和方向、切削液开、关等都是由工人手工操纵的。

数控加工是指在数控机床上进行零件加工的一种工艺方法，它是按照事先编制好的加工程序对被加工零件进行加工。在数控机床上加工零件时，首先根据零件图，将零件的加工工艺路线、工艺参数、刀具的运动轨迹、位移量、切削参数（主轴转数、进给量、背吃刀量等）以及辅助功能（换刀、主轴正转、反转、切削液开、关等），按照数控机床规定的指令代码及程序格式编写成加工程序单，再把这一程序单中的内容记录在控制介质上，然后输入到数控机床的数控装置。数控装置再将输入的信息进行运算处理后，转换成驱动伺服机构的指令信号，最后由伺服机构控制机床的各种动作，自动地加工出零件来。这种从零件图的分析到制成控制介质的全部过程叫数控程序的编制，简称数控编程。

从以上分析可以看出，数控机床与普通机床加工零件的区别在于数控机床是按照程序自动加工零件，而普通机床要由人来操作，我们只要改变控制机床动作的程序就可以达到加工不同零件的目的。因此，数控机床特别适用于加工小批量、形状复杂且精度要求高的零件。

3.2.2　数控编程步骤

现代数控机床都是按照事先编制好的零件数控加工程序自动地对工件进行加工的高效自动化设备。理想的加工程序不仅应保证加工出符合图样要求的合格零件，同时应能使数控机床的功能得到合理的应用与充分的发挥，以使数控机床能安全可靠及高效地工作。

一般来说，数控编程过程主要包括分析零件图样、工艺处理、数学处理、编写程序单、输入数控系统及程序检验,如图 3-16 所示。

数控编程的具体步骤与要求如下:

(1)分析零件图样和工艺处理

这一步骤的内容包括对零件图样进行分析以明确加工的内容及要求、确定加工方案、选择合适的数控机床、设计夹具、选择刀具、确定合理的走刀路线及选择合理的切削用量等。

(2)数学处理

在完成了工艺处理的工作之后,下一步需

图 3-16　数控编程过程

根据零件的几何尺寸、加工路线和刀具半径补偿方式计算刀具运动轨迹,以获得刀位数据。

(3)编写零件加工程序单、输入数控机床及程序检验

在完成上述工艺处理和数值计算之后,编程员使用数控系统的程序指令,按照规定的程序格式,逐段编写零件加工程序单。编程员应对数控机床的性能、程序指令及代码非常熟悉,才能编写出正确的零件加工程序。对于形状复杂(如空间自由曲线、曲面)、工序很长、计算烦琐的零件需采用计算机辅助数控编程。

程序编写好之后,可通过键盘直接将程序输入数控系统,比较老一些的数控机床需要制作控制介质(穿孔带),再将控制介质上的程序输入数控系统。对有图形显示功能的数控机床,可进行图形模拟加工,检查刀具轨迹是否正确。对无此功能的数控机床可进行空运转检验。但这种检验方法只能检验刀具运动轨迹的正确性,不能检验对刀误差和某些计算误差引起的加工误差以及加工精度。

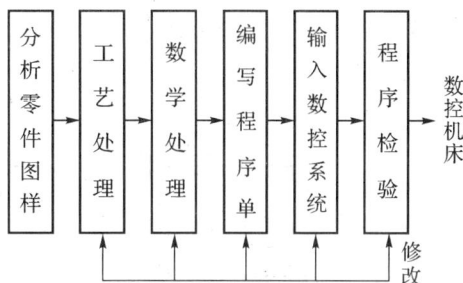

3.2.3　数控编程方法

1. 手工编程

手工编程是指编制零件数控加工程序的各个步骤,即从零件图样分析、工艺处理、确定加工路线和工艺参数、几何计算、编写零件的数控加工程序单直至程序的检验,均由人工来完成,如图 3-17 所示。

对于点位加工和几何形状不太复杂的零件,数控编程计算比较简单,程序段不多,手工编程即可实现。但对轮廓形状不是由简单的直线、圆弧组成的复杂零件,特别是空间复杂曲面零件,以及几何元素虽不复杂,但程序量很大的零件,计算及编写程序则相当烦琐,工作量大,容易出错,且很难校对,采用手工编程是难以完成的。因此,为了缩短生产周期,提高数控机床的利用率,有效地解决各种模具及复杂零件的加工问题,采用手工编程已不能满足要求,而必须采用自动编程方法。

2. APT 语言自动编程

APT 是一种自动编程工具(Automatically Programmed Tool)的简称,是一种对工件、刀具的几何形状及刀具相对于工件的运动等进行定义时所用的一种接近于英语的符号语言。把用 APT 语言书写的零件加工程序输入计算机,经计算机的 APT 语言编程系统编译产生刀位文件(CLDATA File),然后进行数控后置处理,生成数控系统能接受的零件数控加工程序的过程,称为 APT 语言自动编程。

采用 APT 语言自动编程,由于计算机(或编程机)自动编程代替程序编制人员完成了

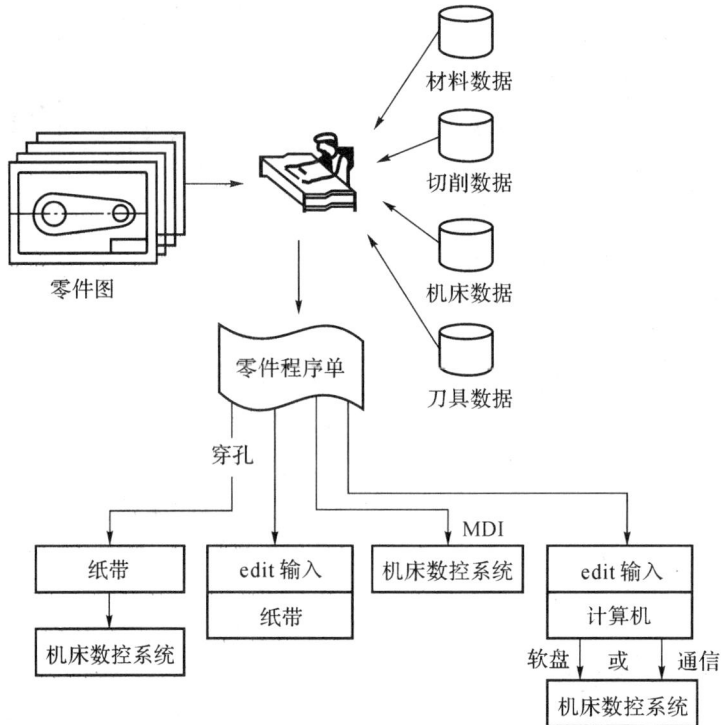

图 3-17 手工编程过程

烦琐的数值计算工作,并省去了编写程序单的工作量,因而可将编程效率提高数倍,同时解决了手工编程中无法解决的许多复杂零件的编程难题。

3. CAD/CAM 集成系统数控编程

CAD/CAM 集成系统数控编程是以待加工零件 CAD 模型为基础的一种集加工工艺规划(process planning)及数控编程为一体的自动编程方法。其中零件 CAD 模型的描述方法多种多样,适用于数控编程的主要有表面模型(surface model)和实体模型(solid model),其中以表面模型在数控编程中应用较为广泛。以表面模型为基础的 CAD/CAM 集成数控编程系统习惯上又称为图像数控编程系统。

CAD/CAM 集成系统数控编程的主要特点是零件的几何形状可在零件设计阶段采用CAD/CAM 集成系统的几何设计模块在图形交互方式下进行定义、显示和修改,最终得到零件的几何模型(可以是表面模型,也可以是实体模型)。数控编程的一般过程包括:刀具的定义或选择、刀具相对于零件表面的运动方式的定义、切削加工参数的确定、走刀轨迹的生成、加工过程的动态图形仿真显示、程序验证直到后置处理等,一般都是在屏幕菜单及命令驱动等图形交互方式下完成的,具有形象、直观和高效等优点。

3.3 数控程序的构成

国际标准化组织(International Standards Organization,ISO)对数控机床的坐标轴和运动方向、数控程序的编码字符和程序段格式、准备功能和辅助功能等制定了若干标准和规范。但由于新型数控系统和数控机床的不断出现,许多先进的数控系统中的很多功能实际上超出了目前国际上通用的标准,其指令格式也更加灵活,不受 ISO 标准的约束。此外,即使是同一功能,不同厂商的数控系统采用的指令格式也有一定的差异。尽管如此,基本的编码字符、准备功能和辅助功能代码,对于绝大多数数控系统来说均是相同的,且符合 ISO 标准。对于那些不常用的编码字符和编程指令,读者应参考所使用的数控机床的编程手册。

3.3.1　数控程序结构

一个完整的程序由程序号、程序主体和程序结束三部分组成。

例如：　O 00001

　　　　N0l G92 X40 Y30;

　　　　N02 G90 G00 X28 T0l S800 M03;

　　　　N03 G01 X-8 Y8 F200;

　　　　N04 X0 Y0;

　　　　N05 X28 Y30;

　　　　N06 G00 X40;

　　　　N07 M02;

(1)程序号

程序号即为程序的开始部分,如 O 00001。为了区别存储器中的程序,每个程序都要有程序编号,在编号前采用程序编号地址码。如在 FANUC6 系统中,一般采用英文字母 O 作为程序编号地址,而其他系统有的采用"P"、"%"以及":"等。

(2)程序主体

程序主体部分是整个程序的核心,它由许多程序段组成,如 N01~N06。每个程序段由一个或多个指令构成,它表示数控机床要完成的某一个完整的加工工步或动作。

(3)程序结束

程序结束是以程序结束指令 M02 或 M30 作为整个程序结束的符号,来结束整个程序。

3.3.2　程序段格式

每个程序段是由"字"(word)和";"(按机床控制器上的 EOB 键,则出现";",这表示程序段结束,其英文为 End of Block)所构成。

例如:X100.0 Y50.0;

　　　word word EOB

每个程序字表示一个功能指令,因此又称为功能字。字又是由地址符和数值所构成,如 X(地址符)100.0(数值)、Y(地址符)50.0(数值)。在程序中能作指令的最小单位是字。仅用地址符或仅用数值是不能作为指令的。

所谓程序段格式,即一个程序段中字的排列、书写方式和顺序,以及每个字和整个程序段的长度限制和规定。不同的数控系统往往有不同的程序段格式,格式不符合规定,数控系统便不能接受。

程序段格式主要有三种,即固定顺序程序段格式、使用分隔符的程序段格式和字地址程序段格式。现代数控系统广泛采用的程序段格式都是字地址程序段格式。前面举例介绍的程序就是这种格式。程序段中每个字都以地址符开始,其后再跟符号和数字,代码字的排列顺序没有严格的要求,不需要的代码字以及与上段相同的续效字可以不写,这种格式的特点是:程序简单,可读性强,易于检查。

字地址程序段格式如下:

N— G— X— Y— Z— F— S— T— M—;

例如:N20 G01 X25 Y－36 F100 S300 T02 M03;

3.3.3 数控编程的基本指令

在数控编程中使用的功能指令主要有以下几种。

(1)程序号

程序号是用英文字母 O 加 4 位以内数值来表示,必须加在每个程序之首,用以区别各程序。其后可在括号内加程序名或注释。

例如: O   2010   (EXAMPLE)

　　　地址符   程序号   程序名或注释

(2)程序段号

程序段号是用 N 加 5 位以内数字构成的,放在程序段前,用以区别各程序段。程序段号不是必需的,可在需要时用,数值号码的顺序也是任意的,可以每段都加也可只加在需要的地方。

(3)准备功能(也称 G 功能)

准备功能是指令数控机床动作方式的功能,由 G 加两位以内的数值所构成的指令。主要指令有:

1)动作指令,如 G01(直线插补)、G02(圆弧插补);

2)平面指令,如 G17(XOY 平面);

3)刀补指令,如 G41(左刀补);

4)钻孔循环指令,如 G81。

G 代码及功能可参见表 3-1。

G 代码根据分组不同而有两种形式,一种叫做一次性(One Shot)代码,它只在所在的程序段中有效。

例如:N10 G04 P1.0;   (延时 1s)

　　　N11 G00 X－100.0 F100;   (X 负向移动 100mm)

在上例 N10 程序段中 G04 是一次性 G 代码,所以并不影响 N11 程序段的移动。

另一种叫做模态(Modal)代码,它是一种一旦被执行,则一直到同一组的代码出现或被取消为止都有效的代码。

例   G01 X—;

　　　　Y—;   (G01 有效)

　　 G00 X—;

　　　　Y—;   (G00 有效)

另外,不同组的 G 代码放在同一程序段中,而且与顺序无关。

表 3-1 G 代码一览表

代码	分组	意 义	代码	分组	意 义
G00	01	快速进给、定位	G53	00	机械坐标系选择
G01		直线插补	G54	12	工件坐标系 1 选择
G02		圆弧插补 CW(顺时针)	G55		工件坐标系 2 选择
G03		圆弧插补 CCW(逆时针)	G56		工件坐标系 3 选择
G04	00	暂停	G57		工件坐标系 4 选择
G07		假想轴插补	G58		工件坐标系 5 选择
G09		准确停止	G59		工件坐标系 6 选择
G10		数据设定	G60	00	单方向定位
G15	18	极坐标指令取消	G61	15	准确停止状态
G16		极坐标指令	G62		自动转角速率
G17	02	XY 平面	G63		攻螺纹状态
G18		ZX 平面	G64		切消状态
G19		YZ 平面	G65	00	宏调用
G20	06	英制输入	G66	14	宏模态调用 A
G21		米制输入	G66.1		宏模态调用 B
G22	04	存储行程检查功能 ON	G67		宏模态调用 A/B 取消
G23		存储行程检查功能 OFF	G68	16	坐标旋转
G27	00	回归参考点检查	G69		坐标旋转取消
G28		回归参考点	G73	09	深孔钻削固定循环
G29		由参考点回归	G74		左螺纹攻螺纹固定循环
G30		回归程第 2、第 3、第 4 参考点	G76		精镗固定循环
G40	07	刀径补偿取消	G80		固定循环取消
G41		左刀径补偿	G81		钻削固定循环、钻中心孔
G42		右刀径补偿	G82		钻削固定循环、锪孔
G43	08	刀具长度补偿＋	G83		深孔钻削固定循环
G44		刀具长度补偿－	G84		攻螺纹固定循环
G45	00	刀具位置补偿伸长	G85		削镗固定循环
G46		刀具位置补偿缩短	G86		退刀形镗削固定循环
G47		刀具位置补偿 2 倍伸长	G87		削镗固定循环
G48		刀具位置补偿 2 倍缩短	G88		削镗固定循环
G49	08	刀具长度补偿取消	G89		削镗固定循环
G50	11	比例缩放取消	G90	03	绝对方式指定
G51		比例缩放	G91		相对方式指定
G50.1	19	程序指令镜像取消	G92	00	工件坐标系的变更
G51.1		程序指令镜像	G98	10	返回固定循环初始点
G52	00	局部坐标系设定	G99		返回固定循环 R 点

例如:G91　G00　G17　G40　G49　G80

　　 03 组　01 组　02 组　07 组　08 组　09 组

但在同一程序段中出现 2 个以上同一组的 G 代码指令时,则只有最后的 G 代码有效。

例如:G00 G01 G02 G03 G00 X100.05;此时只有 G00 起作用。

（4）尺寸字

它主要包括以下几项：

1）坐标轴的移动指令，如 X35.418。指令值的范围为 0～±99999.999mm。

2）附加轴的移动指令，如回转轴的转动：A45。指令值范围为 0～±99999.999°。

3）圆弧圆心坐标，它是在圆弧插补时用来指定圆弧圆心的值，用 I,J,K 表示。有的控制装置还有圆弧半径指定功能，用 R 表示。

（5）进给功能

用 F 表示切削中的进给速度。如 F100 表示进给速度为 100mm/min。

（6）主轴功能

用 S 表示主轴回转转速。如 S300 表示主轴转速为 300r/min。

（7）刀具功能

用 T 表示选择刀具。

（8）辅助功能

辅助功能即 M 功能，由该功能指令的作用是控制机床或系统的辅助功能动作及其状态，如冷却泵的开、关；主轴的正、反转；程序结束等。M 指令由字母 M 和其后两位数字组成。FANUC 数控系统的常用辅助功能指令参见表 3-2。

表 3-2　FANUC 系统的 M 代码及功能

代　码	功能说明	代　码	功能说明
M00	程序停止	M09	切削液停止
M01	选择停止	M21	X 轴镜像
M02	程序结束	M22	Y 轴镜像
M03	主轴正转起动	M23	镜像取消
M04	主轴反转起动	M30	程序结束
M05	主轴停止转动	M98	调用子程序
M08	切削液打开	M99	子程序结束

M 指令与插补运算无直接关系，一般写在程序段的后部。当同一程序段中有多个同组 M 指令时，最后指定的有效。M 指令有前作用和后作用两类。为免混淆，除了 M06 指令外，最好将 M 指令单独作为一个程序段。

常用辅助功能的简要说明如下。

1）程序停止指令 M00

执行完含有该指令的程序后，主轴的转动、进给、切削液都将停止，以便进行某一手动操作，如换刀、工件重新装夹、测量工件尺寸等，重新启动机床后，继续执行后面的程序。

2）选择停止指令 M01

执行过程与 M00 相同，不同的是只有按下机床控制面板上的"任选停止"开关时，该指令才有效，否则机床继续执行后面的程序。该指令常用于抽查工件的关键尺寸。

3）程序结束指令 M02

执行该指令后，表示程序内所有指令均已完成，因而切断机床所有动作，主轴停止、进给停止、切削液关闭,机床处于复位状态,机床 CRT 显示程序结束。但程序结束后,不返回到程序开头的位置。M02 指令写在最后一个程序段中,是非模态后作用 M 指令。

4)纸带结束指令 M30

执行该指令后,除完成 M02 的内容外,还自动返回到程序开头的位置。为加工下一个工件做好准备,机床 CRT 显示程序开始。

5)主轴控制指令 M03、M04、M05

M03 指令启动主轴顺时针方向(CW,往 Z 轴正向看)旋转;M04 指令启动主轴逆时针方向旋转(CCW);M05 指令使主轴停止旋转。M03、M04 是模态前作用 M 指令,M05 是模态后作用 M 指令。

(9)刀补功能

用 D 和 H 加数值分别指定刀具直径和长度补偿量的号码。补偿量是按号码存在内存中的。

(10)暂停功能

用 P 或 X 加数值构成,可以按指令所给时间延时执行下一段程序。如 P1000 表示 1s 的暂停。

(11)程序号指令

用 P 加四位以内数值指定子程序号码。

3.4　数控机床的坐标系统

数控机床的坐标系统,包括坐标系、坐标原点和运动方向,对于数控加工及编程,是一个十分重要的概念。统一规定数控机床坐标轴及运动方向,可准确描述数控机床的运动,简化编程,并使所编程序对同类机床有互换性,也使数控系统规范化并可以精确控制机床移动部件的运动。关于数控机床坐标轴和运动方向命名的详细内容,可参阅 JB/T3051—1999 部颁标准(等同 ISO841—74)。

3.4.1　标准坐标系与运动方向

一个直线进给运动或一个圆周进给运动定义一个坐标轴。标准中规定直线进给运动用右手直角笛卡儿坐标系表示,其基本坐标轴为 X,Y,Z 轴,各轴与机床的主要导轨相平行。图 3-18 中大拇指的指向为 X 轴的正方向,食指指向为 Y 轴的正方向,中指指向为 Z 轴的正方向。围绕 X,Y,Z 轴旋转的圆周进给坐标轴分别用 A,B,C 表示,根据右手螺旋定则,以大拇指指向 $+X,+Y,+Z$ 方向,则食指、中指等的指向是圆周进给运动的 $+A,+B,+C$ 方向。

X,Y,Z 为主坐标系,或称第一坐标系。若有平行于 X,Y,Z 的第二组坐标和第三组坐标则分别指定为 U,V,W 和 P,Q,R。靠近主轴的直线运动为第一坐标系,稍远的为第二坐标系。

数控机床的进给运动,有的是由刀具向工件运动来实现;有的是由工作台带工件向刀具运动来实现。为了使编程人员能够在不知道刀具与工件之间如何作相对运动的情况下,依据零件图纸来确定加工过程和编制加工程序,假定工件不动,规定数控机床的坐标运动是刀具相对静止工件的运动。标准规定增大工件与刀具之间距离的方向是坐标运动正方向。如果是工件相对于刀具运动,则用加"′"的字母表示,按相对运动关系,工件运动的正方向恰好与刀具运动的正方向相反,如图 3-18 所示。

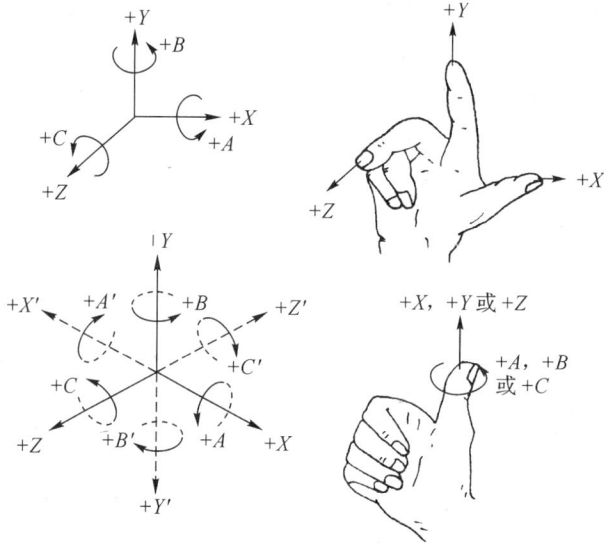

图 3-18　右手直角笛卡儿坐标系

Z 轴为平行于机床主轴的坐标轴,其正方向为刀具离开工件的方向,如图 3-19 所示。如果机床有一系列主轴,则选尽可能垂直于工件装夹面的主要轴为 Z 轴。对于没有主轴的机床,则规定 Z 轴垂直于工件装夹表面。

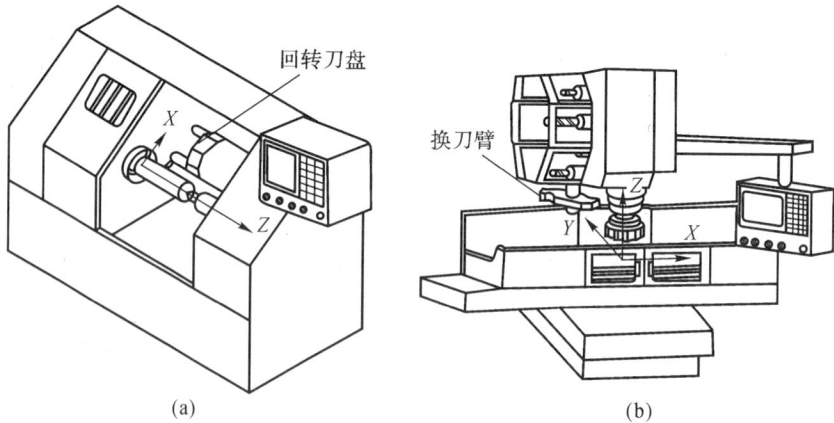

图 3-19　机床坐标系

X 轴平行于工件主要的切削方向且垂直于 Z 轴,是刀具或工件定位平面内运动的主要坐标。对于工件旋转的机床(如数控车床),取横向离开工件旋转中心的方向为 X 轴的正方向,如图 3-19(a)所示。对于刀具旋转运动的机床(如铣床、镗床),当 Z 轴为水平时,则由主轴向工件看时,右方为 X 轴正向,当 Z 轴为垂直时,则由主要主轴向立柱(对双立柱机床应为左侧立柱)看时右方为 X 轴正向,如图 3-19(b)所示;在没有旋转的刀具或工件(如牛头刨床)上,X 轴平行于主要切削方向。

Y 坐标轴垂直于 X 及 Z 坐标,当 $+X$,$+Z$ 确定后,按右手直角坐标系确定。

主轴顺时针旋转运动方向(正转)是按照右旋螺纹旋入工件的方向。

3.4.2 机床坐标系与工件坐标系

1. 机床坐标系与工件坐标系定义

在数控机床中,根据坐标原点不同,同时存在着机床坐标系和工件坐标系(编程坐标系)。为确定各种坐标系下的坐标值,必须先明确一些"点"的概念,包括机床零点、机床参考点、工件零点和刀架相关点。图 3-20 所示为立式铣床及加工中心各点的关系,图 3-21 所示为车床各点的关系。图中 M 为机床零点、R 为机床参考点、W 为工件零点、C 为刀架相关点、P 为刀尖;X_{MW},Z_{MW} 为工件零点到机床零点的坐标;而 X_{MR},Z_{MR} 为机床参考点到机床零点的坐标;X_{CR},Z_{CR} 为机床参考点到刀架相关点的坐标;X_{CP},Z_{CP} 为刀尖到刀架相关点的坐标。图 3-20 中主轴上的 R 点实际上即为刀架相关点(图中已与参考点重合)。

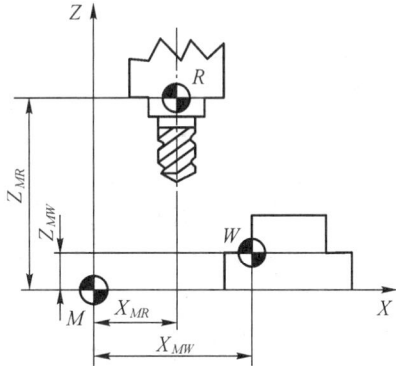

图 3-20 立式加工中心各点的关系示意图

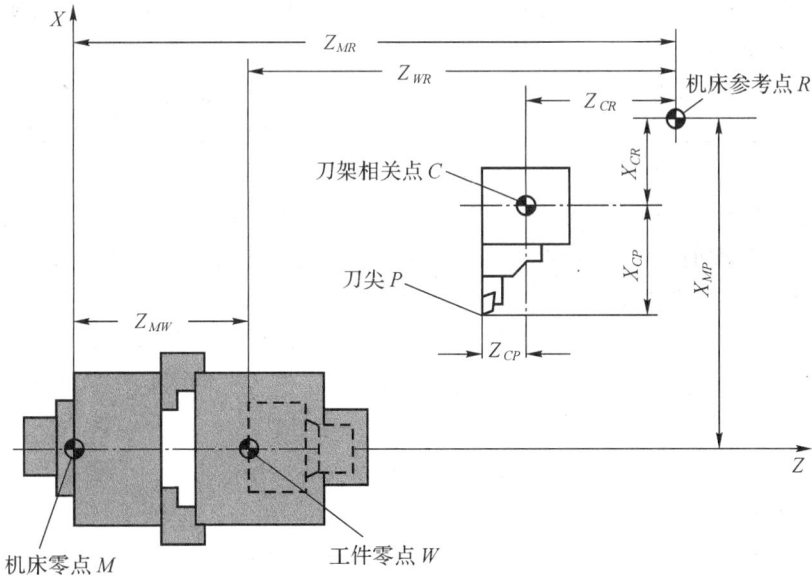

图 3-21 数控车床各点的关系示意图

机床坐标系是机床上固有的坐标系,设有固定的坐标原点,称为机床零点(或称为机械原点、机床原点)。机床零点 M 是机床制造商设置在机床上的一个物理位置,其作用是使机床与控制系统同步,建立测量机床运动坐标的起始点,也是其他坐标系与坐标值的基准点。

机床参考点 R 是机床制造厂在机床上设置的,通过末端行程开关粗测定,又用测量系统精测定的一个固定点。它通常位于工作台运行范围的一个角上,即设置在机床各轴靠近正向极限的位置上。它相对机床零点的坐标位置在机床出厂前已精确地确定,是 CNC 装置确定机床零点的参考点。通过"回参考点"运行,可手动或由程序控制,以 0.1～1μm 的精度到达参考点;有些数控系统开机后能自动回参考点,并使当前实际坐标值也置为参考点相对机床零点的确定值。

为了简便,在数控编程时采用工件上的局部坐标系(也称为工件坐标系或编程坐标系),即以工件图纸上某一点(称为工件原点或编程原点)为坐标系原点进行编程。数控程序中的加工刀位点坐标均以编程坐标系为参照进行计算。在确定工件坐标时,应尽可能将工件原点选择在工艺定位基准上,这样对保证加工精度有利。如果设计基准与工艺基准不重合,要分析由不重合产生的误差。

刀架相关点 C 是机床制造厂在刀架上设置的一个位置点,当机床回参考点运行后,它与机床参考点 R 重合,从而使数控系统识别到刀架相关点在机床坐标系中的位置。在工件的实际加工中,几乎都要使用多把刀具,如粗加工刀具、精加工刀具及孔加工刀具等,各刀具的切削点相对刀架相关点的偏离位置将被测出,作为刀具参数,在加工开始前输入系统,用于加工轨迹的相应校正。可采用机上或机外刀具测量的方法测得每把刀具的补偿量。

2. 机床坐标系与工件坐标系的建立

(1)机床坐标系的建立

数控机床接通电源后通常都要做回零操作,通过让机床的各运动轴都回到一个设定的固定点——机床参考点,根据机床参考点相对机床零点的坐标值来间接确定机床零点。当然许多机床将机床参考点坐标值设为零,此时机床参考点也就是机床坐标系的原点(或叫零点)。回零操作又称为返回参考点操作。

当返回参考点的工作完成后,显示器即显示出机床参考点在机床坐标系中的坐标值,表明机床坐标系已经建立。

(2)工件坐标系的建立

在数控加工中,工件安装在机床上以后,需要测量工件原点相对机床参考点的偏移量(通过测量某些基准面、线之间的距离来确定),并将该偏移量输入到数控系统。数控系统通过原点偏置将此偏移量自动加入到刀位点坐标中,使刀位点在编程坐标系下的坐标值转化为机床坐标系中的坐标值,从而控制刀具进行切削运动。现代 CNC 系统一般都配有工件测量头,在手动操作下能准确地测量工件原点偏移量。在没有工件测量头的情况下,工件原点偏移量的测量要靠碰刀方式进行。

在数控系统中,工件坐标系的建立有两种方式。

1)使用 G92 指令建立单一工件坐标系

图 3-22 所示描述了一个一次装夹加工三个相同零件的多程序原点与机床参考点之间的关系及偏移计算方法,采用 G92 实现原点偏移的有关指令如下:

N1 G90;　　　　　　　　　／＊绝对坐标编程,刀具位于机床参考点
N2 G92 X6.0 Y6.0 Z0;　　　／＊将程序原点定义在第一个零件上的工件原点 W_1
　……　　　　　　　　　　／＊加工第一个零件
N8 G00 X0 Y0;　　　　　　／＊快速回程序原点
N9 G92 X4.0 Y3.5;　　　　／＊将程序原点定义在第二个零件上的工件原点 W_2
　……　　　　　　　　　　／＊加工第二个零件
N13 G00 X0 Y0;　　　　　　／＊快速回程序原点

N14 G92 X4.5 Y−1.2；　　　　/＊将程序原点定义在第三个零件上的工件原点 W_3

　　……　　　　　　　　　　/＊加工第三个零件

2)使用 G54～G59 建立多工件坐标系

采用 G54 到 G59 实现原点偏移的有关指令如下。

首先设置 G54 到 G56 原点偏置寄存器：

对于零件 1：G54 X−6.0 Y−6.0 Z0

对于零件 2：G55 X−10.0 Y− 9.5 Z0

对于零件 3：G56 X−14.5 Y−8.3 Z0

然后调用：

N1 G90 G54；

　　……　　　　　　　/＊加工第一个零件

N7 G55；

　　……　　　　　　　/＊加工第二个零件

N10 G56；

　　……　　　　　　　/＊加工第三个零件

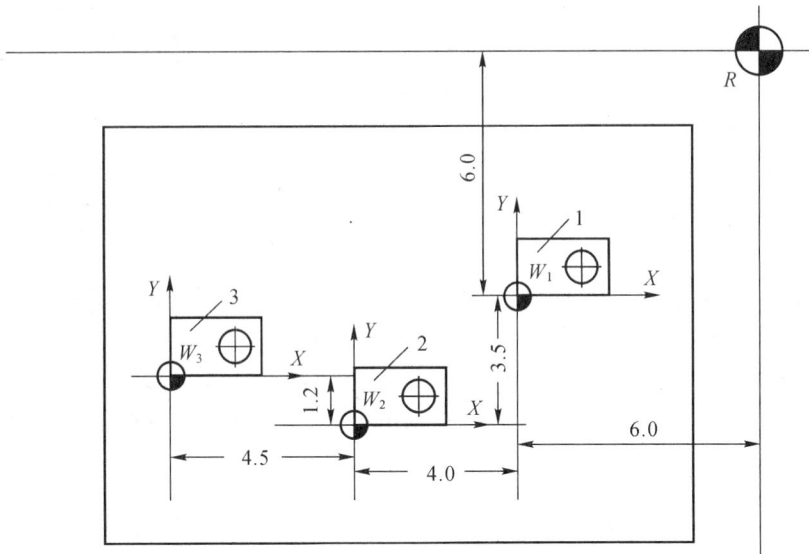

图 3-22　机床参考点向多程序原点的偏移

　　与 G92 不同,G54～G59 是通过指定工件坐标系原点在机床坐标系中的坐标值来完成的。另一点不同之处在于 G92 指定工件坐标值是通过程序完成的,而 G54～G59 是通过偏置画面中参数设定,编程时再直接指定 G54～G59 来完成的。采用 G54～G59 有以下两方面的优点：

　　1)对同一张图纸可规划多个坐标系,使尺寸就近组成体系,不必进行麻烦的坐标换算。

　　2)工件较小,工作台较大时,在同一工作台可装夹数个相同或不同的工件,用 G54～G59 进行工件坐标系建立,对每个工件进行编程加工,待全部加工完成后,再安装,提高利用率。

　　对于编程员而言,一般只要知道工件上的程序原点就够了,与机床原点、机床参考点及装夹原点无关,也与所选用的数控机床型号无关(注意与数控机床的类型有关)。但对于机床操作者来说,必须十分清楚所选用的数控机床上述各原点及其之间的偏移关系(必须参考机床用户手册和编程手册)。数控机床的原点偏移,实质上是机床参考点向编程员定义在工件上的程序原点的偏移。

3.4.3 绝对坐标编程与相对坐标编程

移动量的给出方法有下述两种方式。

(1)绝对指令方式:终点的位置是由所设定的坐标系的坐标值所给定的,代码为 G90。

(2)增量指令方式:终点的位置是相对前一位置的增量值及移动方向所给定的,代码为 G91。

图 3-23 所示给出了 Z 轴由原点按顺序向 1,2,3 点移动时,两种不同指令的区别。

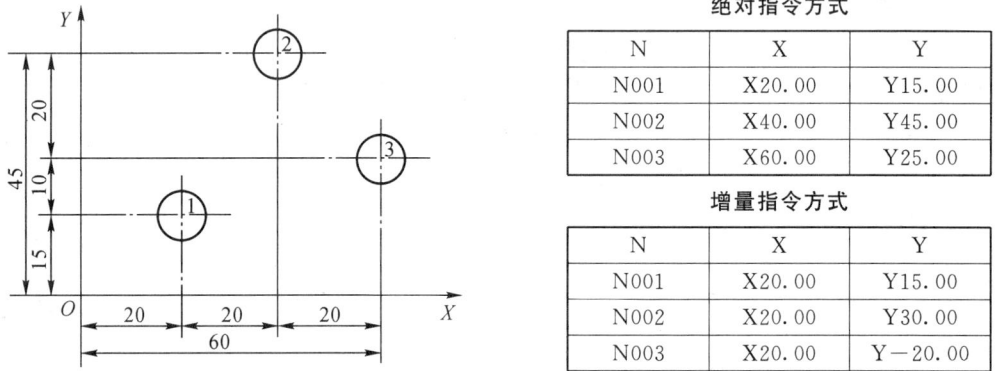

绝对指令方式

N	X	Y
N001	X20.00	Y15.00
N002	X40.00	Y45.00
N003	X60.00	Y25.00

增量指令方式

N	X	Y
N001	X20.00	Y15.00
N002	X20.00	Y30.00
N003	X20.00	Y−20.00

图 3-23 两种指令方式

在编程时,可根据具体机床的坐标系,从编程方便(如根据图纸尺寸的标注方式)及加工精度要求选用坐标系的类型。

例如,当加工尺寸如图 3-24(a)所示,由一个固定基准给定时,显然采用绝对指令方式是方便的。而当加工尺寸是以图 3-24(b)所示的形式,给出了各孔之间的间距时,采用增量指令方式则是方便的。

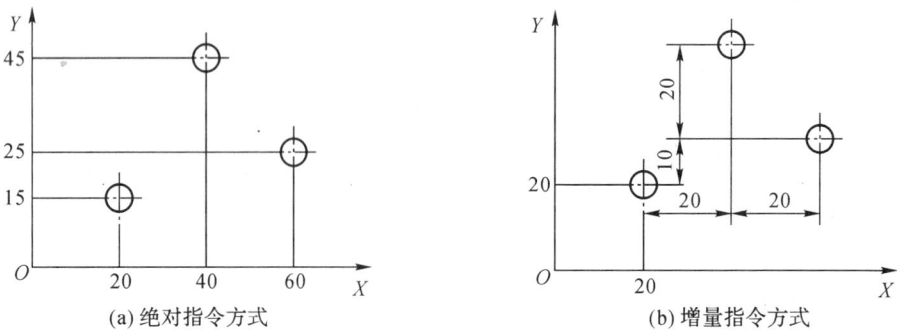

(a)绝对指令方式

(b)增量指令方式

图 3-24 指令方式的选择

3.5　数控加工的刀具补偿

由于 CNC 系统通过控制刀架的相关点实现加工轨迹,但实际上切削时是使用刀尖或刀刃边缘完成,这样就需要在刀架相关点与刀具切削点之间进行位置偏置,从而使数控系统的控制对象由刀架相关点变换到刀尖或刀刃边缘。这种变换的过程就称之为刀具补偿。刀具补偿一般分成刀具长度补偿和刀具半径补偿。

为了简化零件的数控加工编程,使数控程序与刀具形状和刀具尺寸尽量无关,CNC 系统一般都具有刀具长度和刀具半径补偿功能。前者可使刀具垂直于走刀平面(比如 XY 平面,由 G17 指定)偏移一个刀具长度修正值;后者可使刀具中心轨迹在走刀平面内偏移零件轮廓一个刀具半径修正值,两者均是对二坐标数控加工情况下的刀具补偿。

在现代 CNC 系统中,有的已具备三维刀具补偿功能。对于四、五坐标联动数控加工,还不具备刀具半径补偿功能,必须在刀位计算时考虑刀具半径。

刀具长度补偿也要视情况而定,一般而言,刀具长度补偿对于二坐标和三坐标联动数控加工是有效的,但对于刀具摆动的四、五坐标联动数控加工,刀具长度补偿则无效,在进行刀位计算时可以不考虑刀具长度,但后置处理计算过程中必须考虑刀具长度。

3.5.1　刀具半径补偿

1. 铣削加工刀具半径补偿

在二维轮廓数控铣削加工时,数控系统所控制的是刀具中心的运动轨迹。由于旋转刀具有半径 R,刀具中心的运动轨迹是与工件轮廓 A 让开 R 距离的 B 线,如图 3-25 所示。

如果直接采用刀心轨迹编程(cutter center-line programming),则需要根据零件的轮廓形状及刀具半径采用一定的计算方法计算刀具中心轨

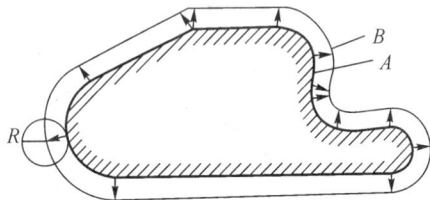

图 3-25　刀具半径补偿示意

迹。因此,这一编程方法也称为对刀具的编程(programming the tool)。当刀具半径改变时,需要重新计算刀具中心轨迹;当计算量较大时,也容易产生计算错误。

数控系统的刀具半径补偿(cutter radius compensation)就是将计算刀具中心轨迹的过程交由 CNC 系统执行,编程员假设刀具的半径为零,直接根据零件的轮廓形状进行编程,因此这种编程方法也称为对零件的编程(programming the part),而实际的刀具半径则存放在一个可编程刀具半径偏置寄存器中。在加工过程中,CNC 系统根据零件程序和刀具半径自动计算刀具中心轨迹,完成对零件的加工。

在零件加工过程中,采用刀具半径补偿功能,可大大简化编程的工作量。具体体现在以下两个方面:

(1)由于刀具的磨损或因换刀引起的刀具半径变化时,不必重新编程,只须修改相应的偏置参数即可。

(2)由于轮廓加工往往不是一道工序能完成的,在粗加工时,要为精加工工序预留加工余量。加工余量的预留可通过修改偏置参数实现,而不必为粗、精加工各编制一个程序。

刀具半径补偿的代码有 G40，G41，G42，都是模态代码。

G40 是取消刀具半径补偿功能。

G41 是在相对于刀具前进方向左侧进行补偿，又称为左刀补。如图 3-26(a)所示，这时相当于顺铣。

G42 是在相对于刀具前进方向右侧进行补偿，又称为右刀补。如图 3-26(b)所示，此时是逆铣。

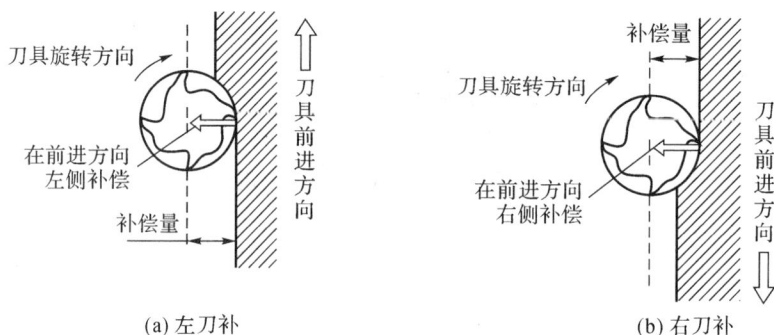

(a) 左刀补　　　　　　　　　　　　(b) 右刀补

图 3-26　刀具补偿方向

从刀具寿命、加工精度、表面粗糙度而言，顺铣效果较好，因而 G41 使用较多。如图 3-27 所示为内侧切削和外侧切削时刀补的应用。

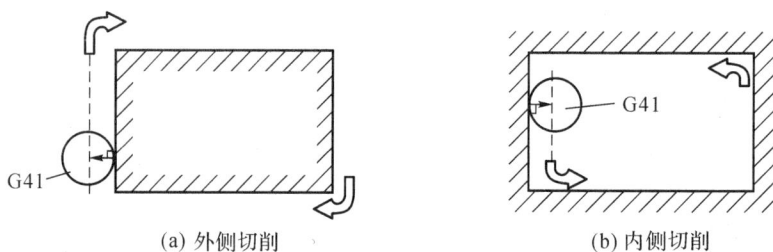

(a) 外侧切削　　　　　　　　　　　　(b) 内侧切削

图 3-27　刀具补偿方向

2. 车削加工刀尖半径补偿

对于车削数控加工，由于车刀的刀尖通常是一段半径很小的圆弧，而假设的刀尖点(一般是通过对刀仪测量出来的)并不是刀刃圆弧上的一点，如图 3-28 所示。因此，在车削锥面、倒角或圆弧时，可能会造成切削加工不足(不到位)或切削过量(过切)的现象。图 3-29 描述了切削锥面时因切削加工不足而产生的加工误差。

因此，当使用车刀来切削加工锥面时，必须将假设的刀尖点的路径作适当的修正，使之切削加工出来的工件能获得正确的尺寸，这种修正方法称为刀尖半径补偿(Tool Nose Radius Compensation，TNRC)。

与铣削加工刀具半径补偿一样，车削加工刀尖半径补偿也分为左补偿(用 G41 指令)和右补偿(用 G42 指令)。图 3-30 所示描述了车削加工刀尖半径补偿方法。与二维铣削加工方法一样，采用刀尖半径补偿时，刀具运动轨迹指的不是刀尖，而是刀尖上刀刃圆弧的中心位置，这在程序原点设置时就需要考虑。

二维刀具半径补偿仅在指定的二维走刀平面内进行，走刀平面由 G 17(XY 平面)、G18

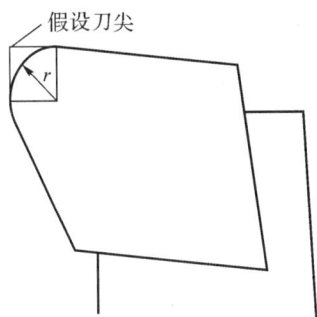

图 3-28　车刀的假设刀尖及刀刃圆弧

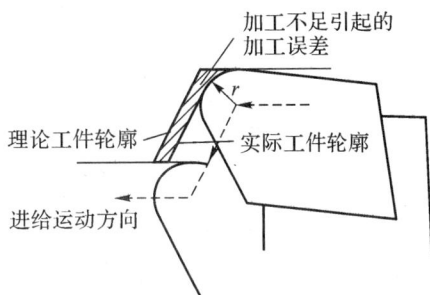

图 3-29　锥面车削加工误差

(YZ 平面)和 G19(ZX 平面)指定,刀具半径或刀刃
半径值则通过调用相应的刀具半径偏置寄存器号码
(用 H 或 D 指定)来取得。

现代 CNC 系统的二维刀具半径补偿不仅可以
自动完成刀具中心轨迹的偏置,而且还能自动完成
直线与直线转接、圆弧与圆弧转接和直线与圆弧转
接等尖角过渡功能,其补偿计算方法见本书相关
章节。

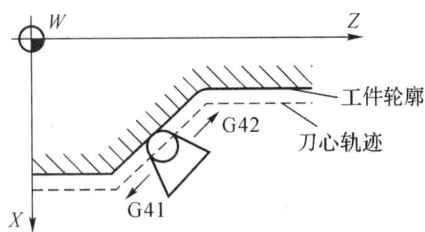

图 3-30　车削加工刀尖半径补偿

值得指出的是,二维刀具半径补偿计算是 CNC 系统自动完成的,而且不同的 CNC 系
统所采用的计算方法一般也不尽相同,编程员在进行零件加工编程时不必考虑刀具半径补
偿的计算方法。

3.5.2　刀具长度补偿

为了能在一次数控加工中使用多把长度不尽相同的刀具,就需要利用刀具长度补偿功
能。现代 CNC 系统一般都具有刀具长度补偿(tool length compensation)功能,因此在数控
编程过程中,一般无需考虑刀具长度。

对于数控铣床,刀具长度补偿指令由 G43 和 G44 实现:G43 为刀具长度正(positive)补
偿或离开工件(away from the part)补偿,如图 3-31(a)所示;G44 为刀具长度负(negative)
补偿或趋向工件(toward the part)补偿,使用非零的 Hnn 代码选择正确的刀具长度偏置寄
存器号。取消刀具长度补偿用 G49 指定。

例如,刀具快速接近工件时,到达距离工件原点 15mm 处,如图 3-31(b)所示,可以采用
以下语句:

G90 G00 G43 Z15.0 H01;

在现代 CNC 系统中,进行刀具长度补偿的过程是:机床操作者在完成零件装夹、程序
原点设置之后,将采用对刀仪测量的刀具长度 H01(如图 3-31(b)所示 L)按刀具号码输入到
数控装置的刀具长度偏置寄存器中;当程序运行(刀具长度补偿有效)时,数控系统使刀具自
动离开工件一个刀具长度的距离,从而完成刀具长度补偿,使刀尖(或刀心)走程序要求的运
动轨迹,如图 3-31 所示。数控程序假设的是刀尖(或刀心)相对于工件运动,因而在刀具长度
补偿有效之前,刀具相对于工件的坐标是机床上刀具长度定位基准点 C 相对于工件的
坐标。

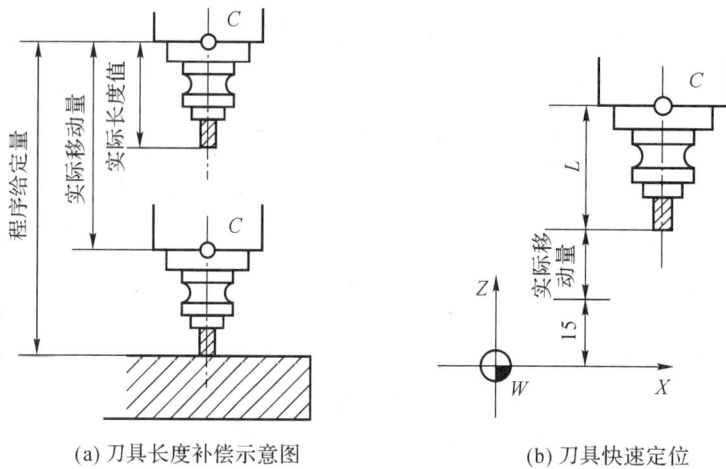

(a) 刀具长度补偿示意图　　　　　(b) 刀具快速定位

图 3-31　刀具长度补偿

值得进一步说明的是,机床操作者必须十分清楚刀具长度补偿的原理和操作(应参考机床操作手册和编程手册)。数控编程员则应记住:零件数控加工程序假设的是刀尖(或刀心)相对于工件的运动,刀具长度补偿的实质是将刀具相对于工件的坐标由刀具长度基准点(或称刀具安装定位点)移到刀尖(或刀心)位置。

3.6　基本数值计算

根据零件图样,按照已确定的加工路线和允许的编程误差,计算编程时所需要的数据,称为数控加工的数值计算。数值计算的内容包括计算零件轮廓的基点和节点的坐标以及刀具中心运动轨迹的坐标。

手工编程时,在完成工艺分析和确定走刀路线以后,数值计算就成为程序编制中一个关键性的环节。除了点位加工这种简单的情况外,一般需经烦琐、复杂的数值计算。为了提高工效,降低出错率,有效的途径是计算机辅助完成坐标数据的计算,或直接采用自动编程。

当零件的形状比较复杂以至于采用两轴联动的方法不能加工时,仅仅依靠手工编程便显得力不从心了,这时的数控编程便需要借助 APT 等编程语言,或 CADAM,Euclid,I-deas,UG2,MasterCAM 等编程软件。

3.6.1　选择编程原点与换算尺寸

加工程序中的字大部分是尺寸字,这些尺寸字中的数据是程序的主要内容。同一个零件,同样的加工,由于原点选的不同,尺寸字中的数据就不一样,所以,编程之前首先要选定原点。从理论上讲,原点选在任何位置都是可以的。但实际上,为了换算尽可能简便以及尺寸较为直观(至少让部分点的指令值与零件图上的尺寸值相同),应尽可能把原点的位置选得合理些。

车削件的编程原点 X 向均应取在零件的回转中心,即车床主轴的轴线上,所以原点的位置只在 Z 向作选择,原点 Z 向位置一般在工件的左端面或右端面两者中作选择。如果是左右对称的零件,Z 向原点应选在对称面内,这样同一个程序可用于调头前后的两道加工工序。对于轮廓中有椭圆之类非圆曲线的零件,Z 向原点取在椭圆的对称中心为好。

　　铣削件的编程原点 X,Y 向原点一般选择在设计基准或工艺基准的端面上或孔轴线上。若工件有对称部分,则应选择在对称面上,以便于利用数控系统功能简化编程。Z 向原点习惯于取在工件的上表面,这样当刀具切入工件后的 Z 向尺寸字均为负值,离开工件表面后的 Z 向尺寸字均为正值,以便于检查程序。原点选定后,就应对零件图样中各点的尺寸进行换算,即把各点的尺寸换算成从编程原点开始的坐标值,并重新标注。在标注中,一般可按尺寸公差中值标注,这样在加工过程中比较容易控制尺寸公差。

3.6.2　基点和节点计算

　　一个零件的轮廓由不同的几何元素所组成,如直线、圆弧、二次曲线等。所谓基点,就是指各几何元素间的连接点,如直线与直线的交点,直线与圆弧的交点或切点,圆弧与圆弧的交点或切点等。如图 3-32 所示,A,B,C,D,E 是基点。目前,由于一般数控机床都具备直线和圆弧的插补功能,因此,对于由直线和圆弧组成的平面轮廓,编程时主要是计算各基点的坐标与圆弧的圆心点坐标。基点的计算比较简单,应用解析几何原理或几何元素间的三角关系就可以计算出各基点的坐标,因此采用手工编程的方法就可以完成。在数控加工中,由直线和圆弧组成的两维轮廓的加工占有很大的比重。

　　很显然,当选用的机床数控系统具有相应几何曲线的插补功能时,编程中数值计算最简单,只要求出基点,并按基点划分程序段就可以了。但二次曲线等的插补功能,一般数控机床上是不具备的。因此,就要用逼近的方法去加工,就需要求节点的数目及其坐标。

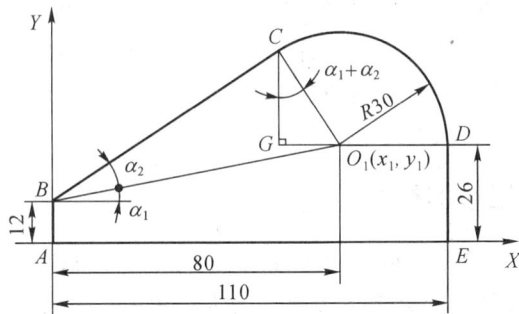

图 3-32　零件基点

　　零件的形状是由直线段或圆弧段之外的其他曲线构成,而数控装置又不具备该曲线的插补功能时,其数值计算就比较复杂。将组成零件轮廓的曲线,按数控系统插补功能的要求,在满足允许的编程误差的条件下进行分割,即用若干直线段或圆弧段来逼近给定的曲线,逼近线段与被加工曲线交点或切点称为节点,如图 3-33 所示。图 3-33(a)为用直线段逼近非圆曲线的情况,图 3-33(b)为用圆弧段逼近非圆曲线的情况。

　　在编程时,要计算出节点的坐标,并按节点划分程序段。节点数目的多少,由被加工曲线的特性方程(形状)、逼近线段的形状和允许的插补误差来决定。根据这三方面的条件,可用数学方法求出各节点的坐标。是用直线还是用圆弧作为逼近线段,则应考虑在保证逼近精度的前提下,使节点数目少,也就是程序段数目少,计算简单。一般来说,对于曲率半径较大的曲线用直线逼近较为有利,若曲线某段接近圆弧,自然用圆弧逼近有利。

　　逼近线段的近似区间愈大,则节点数目愈少,相应地程序段的数目也会减少,但逼近线

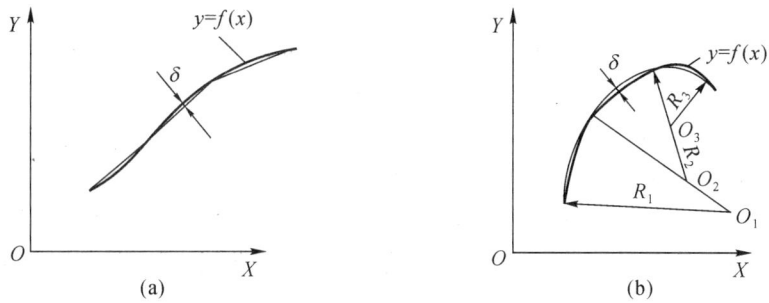

图 3-33 曲线的逼近

段的误差 δ 应小于或等于编程允许误差 $\delta_允$,即 $\delta < \delta_允$。考虑到工艺系统及计算误差的影响,$\delta_允$ 一般取零件公差的 $1/5 \sim 1/10$。

对于一些平面轮廓是用实测或经验资料点表示的列表曲线,在没有表达这些轮廓曲线的方程时,如果数据点给得比较密集,则可以用这些点作为节点,用直线或圆弧连接起来以逼近轮廓曲线。如果资料点较稀疏,则必须先用插值法将节点加密或进行曲线拟合(如牛顿插值法、样条曲线拟合法等),然后再进行曲线逼近。对于空间曲面,实际上是用许多平行的平面曲线来逼近空间曲面,这时须求出所有的平面曲线,并且计算出各平面曲线的基点或节点,然后再编写各基点、节点之间的直线或圆弧段加工程序。

有关曲线逼近和曲线拟合的计算方法很多,计算非常烦琐,花费的时间也长,如采用手工编程,编程工作十分艰巨,甚至有时手工计算无法完成,因此必须借助计算机进行计算。目前,许多先进国家都已开发研制出各种先进的自动编程技术和软件,如采用 APT 编程语言描述轮廓形状,并编写源程序,然后借助计算机对源程序进行处理,并根据处理结果自动生成零件的加工程序。另外,随着计算机技术的不断发展,应用图形处理功能,将 CAD/CAM 技术用于数控编程和数控加工中。

3.6.3 刀位点轨迹的计算

对刀时是通过一定的测量手段使刀位点与对刀点重合,数控系统从对刀点开始控制刀位点运动,并由刀具的切削刃部分加工出要求的零件轮廓。车削加工时,可以用车刀的假想刀尖点作为刀位点,也可以用刀尖圆弧半径的圆心作为刀位点。铣削加工时,对于平面轮廓的加工,是用平底立铣刀的刀底中心作为刀位点。但无论如何,零件的轮廓形状总是由刀具切削刃部分直接参与切削过程完成的。编程时用刀位点的运动来描述刀具的运动,运动所形成的轨迹称为刀位点编程轨迹。因此,在大多数情况下,刀位点编程轨迹并不与零件轮重合。

对于用刀具中心作为刀位点时,应计算刀具中心轨迹坐标。对不具备刀具补偿功能的数控系统,要计算出与零件轮廓的基点和节点相对应的刀具中心轨迹上的基点和节点坐标值。图 3-34 所示为用 ϕ10mm 立铣刀加工工件外轮廓时的起刀点位置和刀具中心运动轨迹。由该图可以看出,刀具运动轨迹是零件轮廓的等距线,根据零件轮廓坐标数据和刀具半径 $r_刀$,就可求出刀具中心轨迹。

对于具有刀具半径补偿功能的机床数控系统,只要在编写程序时,在程序的适当位置写入建立刀补的有关指令,就可以保证在加工过程中,使刀位点按一定的规则自动偏离轮廓编程轨迹(直接对零件轮廓进行编程),达到正确加工的目的。这时可直接按零件轮廓形状,计

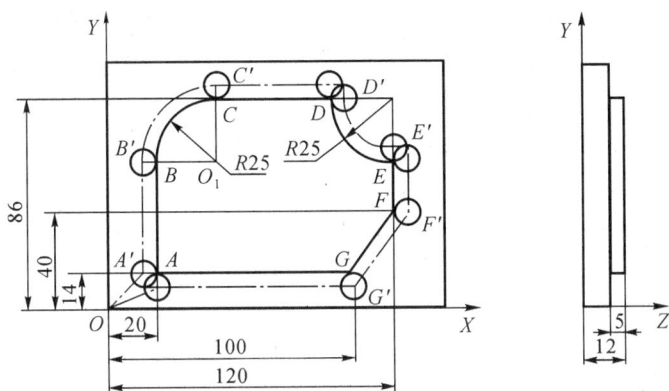

图 3-34　刀具中心轨迹计算

算各基点和节点坐标,并作为编程时的坐标数据。

　　某些简易数控系统,例如简易数控车床,只有长度偏移功能而无半径补偿功能,编程时为保证精确地加工出零件轮廓,就需要作某些偏置计算。用球头刀加工三坐标立体型面零件时,程序编制要算出球头刀球心的运动轨迹,而由球头刀的外缘切削刃加工出零件轮廓。带摆角的数控机床加工立体型面零件或平面斜角零件时,程序编制要算出刀具摆动中心的轨迹和相应摆角值。数控系统控制刀具摆动中心运动时,由刀具端面和侧刃加工出零件轮廓。

3.6.4　辅助计算

　　辅助计算包括增量计算、辅助程序段的数值计算等等。

　　增量计算是仅就增量坐标的数控系统或绝对坐标系统中某些数据仍要求以增量方式输入时,所进行的由绝对坐标数据到增量坐标数据的转换。如在数值计算过程中,已按绝对坐标值计算出某运动段的起点坐标及终点坐标,以增量方式表示时,其换算公式为:

$$增量坐标值＝终点坐标值－起点坐标值 \qquad (3\text{-}2)$$

计算应在各坐标轴方向上分别进行。

　　辅助程序段是指开始加工时,刀具从对刀点到切入点,或加工完了时,刀具从切出点返回到对刀点而特意安排的程序段。切入点位置的选择应依据零件加工余量的情况,适当离开零件一段距离。切出点位置的选择,应避免刀具在快速返回时发生撞刀,也应留出适当的距离。使用刀具补偿功能时,建立刀补的程序段应在加工零件之前写入,加工完成后应取消刀补。某些零件的加工,要求刀具"切向"切入和"切向"切出。以上程序段的安排,在绘制走刀路线时,即应明确地表达出来。在进行辅助程序段的数值计算时,按照走刀路线的安排,计算出各相关点的坐标,其数值计算一般比较简单。

3.6.5　数控编程的误差

　　程序编制中的误差 $\Delta_{程}$ 是由三部分组成的:

$$\Delta_{程}＝f(\Delta_{逼},\Delta_{插},\Delta_{圆}) \qquad (3\text{-}3)$$

其中:$\Delta_{逼}$——采用近似计算方法逼近零件轮廓曲线时产生的误差,称为逼近误差;

　　　$\Delta_{插}$——采用插补段逼近零件轮廓曲线时产生的误差,称为插补误差;

　　　$\Delta_{圆}$——数据处理时,将小数脉冲圆整成整数脉冲时产生的误差,称为圆整误差。

若零件的原始轮廓形状用列表曲线表示,当用近似方程式来逼近列表曲线时,则方程式所表示的形状与零件原始轮廓形状之间的差值,即为逼近误差。这种误差只出现在零件轮廓形状用列表曲线表示的情况。

当用数控机床加工零件时,根据数控装置所具有的插补功能的不同,可用直线或圆弧去逼近零件轮廓。当用直线或圆弧逼近零件轮廓曲线时,逼近曲线与零件实际原始轮廓曲线之间的最大差值,称为插补误差。图 3-35 中的 δ 是用直线逼近零件轮廓曲线时的插补误差。

若构成零件轮廓曲线的几何要素或列表曲线的逼近方程式曲线与数控装置的插补功能相同时,则没有该项插补误差。

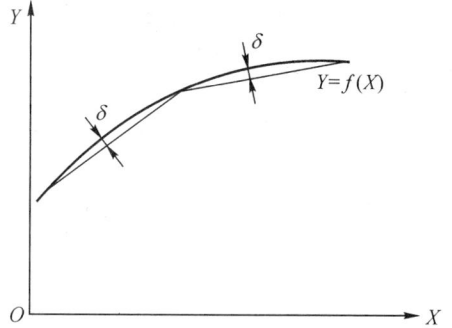

图 3-35　插补误差

圆整误差 $\Delta_{圆}$ 是将脉冲值中小于一个脉冲当量的数值,用四舍五入法圆整成整数脉冲值时所产生的误差。$\Delta_{圆}$ 的值不超过脉冲当量的一半。

在点位数控系统中,$\Delta_{圆}$ 直接影响坐标尺寸精度。在连续加工系统中,$\Delta_{圆}$ 虽反映在坐标方向上,但它与插补误差 $\Delta_{插}$ 的总和并不是两者的代数和,所以影响不大,如图 3-36 所示。

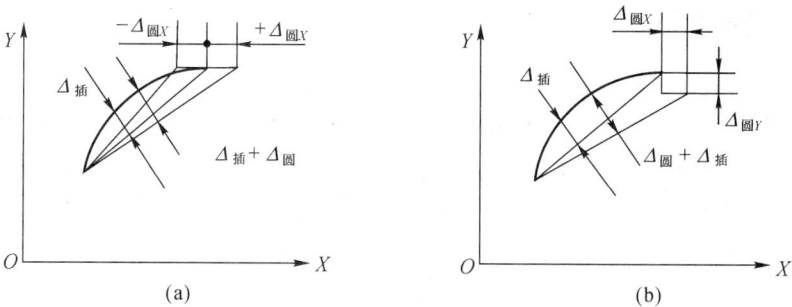

图 3-36　插补误差与圆整误差合成

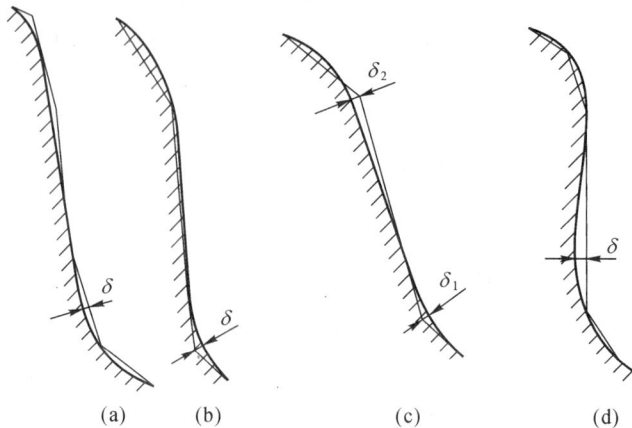

图 3-37　编程误差的分布

　　编程误差在零件轮廓上的分布有三种形式,如图 3-37 所示。其中图 3-37(a)所示为误差分布在零件轮廓的外侧;图 3-37(b)所示为误差分布在零件轮廓的内侧;图 3-37(c)所示为编程误差分布在零件轮廓的两侧,其中 δ_1 和 δ_2 可以相等,也可以不相等。到底选择哪种误差分布方式,主要是根据零件图的要求来确定。若是从计算简单的角度考虑,可采用图 3-37(d)所示的误差分布方式,此时全部在零件轮廓线上,而误差都分布在轮廓曲线的凹侧。

　　零件的数控加工误差中,除编程误差 $\Delta_{程}$ 外,还有其他的误差,如控制系统误差 $\Delta_{控}$、进给误差 $\Delta_{进}$、零件定位误差 $\Delta_{定位}$、对刀误差 $\Delta_{对刀}$ 等,可见零件数控加工误差 $\Delta_{数加}$ 应为上述各项误差之综合,即

$$\Delta_{数加} = f(\Delta_{程}, \Delta_{控}, \Delta_{进}, \Delta_{定位}, \Delta_{对刀}, \cdots) \tag{3-4}$$

　　由于数控加工中,进给误差 $\Delta_{进}$ 和定位误差 $\Delta_{定位}$ 是不可避免的误差,且占有数控加工误差 $\Delta_{数加}$ 中的比例很大,所以编程误差 $\Delta_{程}$ 允许占有 $\Delta_{数加}$ 的比例很小,一般取

$$\Delta_{程} = (1/5 \sim 1/10)\Delta_{数加} \tag{3-5}$$

　　要想缩小编程误差 $\Delta_{程}$,就要增加插补段,这将增加数据计算工作量。所以,合理选择编程误差 $\Delta_{程}$ 是程序编制的重要问题之一。

思考题与习题

3-1　结合数控加工的特点和适应性,试分析哪些情况下需要选择数控加工,何种情况下不宜选用数控加工?

3-2　数控加工划分工序和工步的原则有哪些?

3-3　在选择切削用量时,如何注意在某些情况下防止"超程过切"现象?

3-4　数控机床加工中,如何正确地选择"对刀点"和"换刀点"?

3-5　车床和立式、卧式铣床各坐标系轴如何分布?

3-6　数控编程可以分为几类? 各自的优缺点是什么?

3-7　数控系统中应用的数控代码主要有哪些? 各代码有何主要作用?

3-8　什么叫模态代码(又称续效代码)? 举例说明其用法。

3-9　数控编程步骤有哪些?

3-10　数控程序由哪几部分构成? 程序段格式通常有哪几种?

3-11　什么叫基点和节点?

3-12　什么叫刀具半径补偿?

第4章 数控编程实例

本章学习要点：

1．掌握数控编程的基本指令和格式。

2．通过编程实例的学习，掌握数控车床、数控铣床和加工中心编程的基本原理和方法。

3．掌握 FANUC(法纳克)数控系统、HNC-21/22(华中世纪星)数控系统和 SIEMENS(西门子)数控系统的基本指令和编程，了解它们的指令和编程格式的特点，了解自动编程的基本知识。

数控系统是数控机床的核心，同一种数控系统可以配置在不同型号和规格的机床上，而同种型号和规格的机床也可选配不同的数控系统。由于配置的数控系统各不相同，因而各种数控机床的编程和操作也有所区别。本章介绍常用数控系统的基本指令和典型编程实例，从而有助于更好地了解和掌握不同系统的编程特点和有关知识。

4.1 数控机床编程的基本指令

4.1.1 数控车床编程的基本指令(以 FANUC 系统为例)

1．辅助功能指令

辅助功能也称为 M 功能，由地址字"M"及其后两位数字组成。辅助功能主要用于机床加工操作时的辅助动作控制。表 4-1 为数控机床常用辅助功能表。其中几个指令说明如下：

M00 在指定程序段完成后，进给运动、主轴回转、切削液等均停止，以便进行手动操作。若要继续执行加工程序，必须重新按启动按钮。

M02 程序结束，在程序段的最后一段，使主轴、冷却和进给全部停止，机床复位。

M03 主轴正(顺时针)转。

M04 主轴反(逆时针)转。

M30 程序结束，在程序的最后一段，使主轴、冷却和进给全部都停止，机床复位，并返回到程序起始位置。

M99 子程序结束，返回主程序。

表 4-1 常用辅助功能表

代码	功 能	备注	代码	功 能	备注
M00	程序无条件停止		M40	主轴转级	
M01	程序条件停止		M41	主轴转级	
M02	程序结束		M42	主轴转级	
M03	主轴正转		M43	主轴转级	
M04	主轴反转		M44	主轴转级	
M05	主轴停止		M50	螺纹退尾开	
M08	切削液开		M51	螺纹退尾关	
M09	切削液关		M98	调用子程序	
M30	程序结束并返回程序开头		M99	返回主程序	

2. F、T、S 功能指令

(1)F 功能指令

F 功能指令用来指定进给速度,由地址 F 和其后面的数字组成。进给速度有每转进给和每分钟进给两种表达方式。

每转进给:在一条含有 G99 的程序段后面,F 所指定的进给速度单位为 mm/r。

每分钟进给:在一条含有 G98 的程序段后面,F 所指定的进给速度单位为 mm/min。

(2)T 刀具功能指令

T 指令是用来选择刀具和刀具补偿的复合指令,格式为:T▲▲●●。

▲▲两位是刀号,从 01 开始到刀架最大刀位数为止,四刀位刀架为 01～04,六刀位刀架为 01～06。

●●两位是刀具补偿号,补偿号范围为 01～99,可任意调用。

(3)S 功能指令

S 指令是用来指定主轴转速的,格式为:S▲▲▲▲。

▲▲▲▲表示主轴转速,单位:r/min。

CAK6150P 数控车床主轴转速采用机械换挡与电磁离合器联合调速,相应转速、指令及挡位如表 4-2 所示,其基本型式是:三挡机械手柄变速×四级自动变速=12 种有级变速。

表 4-2 转速、指令及挡位

级 数 手柄挡位	1	2	3	4
L(低挡)	40	56	80	112
M(中挡)	170	236	335	475
H(高挡)	640	900	1320	1800
数码显示	1	2	3	4
转数指示	M41	M42	M43	M44

3. 准备功能(G)指令

G 指令由地址字 G 及其后面的两位数字组成,主要是用来指令机床的动作方式。表 4-3 是日本 FANUC 公司车削类数控系统的部分功能指令。

表 4-3　FANUC 0i 系统常用 G 功能代码

G 代码			组	功　　能	G 代码			组	功　　能
A	B	C			A	B	C		
G00	G00	G00	01	★快速定位	G70	G70	G72	00	精加工循环
G01	G01	G01		直线插补(切削进给)	G71	G71	G73		外径/内径粗车复合循环
G02	G02	G02		圆弧插补(顺时针)	G72	G72	G74		端面粗车复合循环
G03	G03	G03		圆弧插补(逆时针)	G73	G73	G75		轮廓粗车复合循环
G04	G04	G04	00	暂停	G74	G74	G76		排屑钻端面孔(沟槽加工)
G10	G10	G10		可编程数据输入	G75	G75	G77		外径/内径钻孔循环
G11	G11	G11		可编程数据输入方式取消	G76	G76	G78		多头螺纹复合循环
G20	G20	G20	06	英制输入	G80	G80	G80	10	固定钻循环取消
G21	G21	G21		★米制输入	G83	G83	G83		钻孔循环
G27	G27	G27	00	返回参考点检查	G84	G84	G84		攻丝循环
G28	G28	G28		返回参考位置	G85	G85	G85		正面镗循环
G32	G32	G32	01	螺纹切削	G87	G87	G87		侧钻循环
G34	G34	G34		变螺距螺纹切削	G88	G88	G88		侧攻丝循环
G36	G36	G36	00	自动刀具补偿 X	G89	G89	G89		侧镗循环
G37	G37	G37		自动刀具补偿 Z	G90	G77	G20	01	外径/内径自动车削循环
G40	G40	G40	07	★取消刀尖半径补偿	G92	G78	G21		螺纹自动车削循环
G41	G41	G41		刀尖半径左补偿	G94	G79	G24		端面自动车削循环
G42	G42	G42		刀尖半径右补偿	G96	G96	G96	02	恒表面切削速度控制
G50	G92	G92	00	坐标系、主轴最大速度设定	G97	G97	G97		恒表面切削速度控制取消
G52	G52	G52	00	局部坐标系设定	G98	G94	G94	05	每分钟进给
G53	G53	G53		机床坐标系设定	G99	G95	G95		★每转进给
G54~G59			14	选择工件坐标系 1~6	—	G90	G90	03	绝对值编程
G65	G65	G65	00	调用宏程序	—	G91	G91		增量编程

注:★表示系统缺省设置。

(1) 几个最基本的 G 指令

1)G00

功能:快进定位,快进速度由参数(rapid)设定值 X,快速修调(%)决定。

指令格式:G00 X(U)__ Z(W)__;

X、Z 表示快进终点的绝对坐标值;

U、W 表示快进终点的相对坐标值。

2)G01

功能:直线进给指令。模态指令。

格式:G01 X(U)__ Z (W)__ F __;

X、Z、U、W 意义同上;

F 表示每转进给量,单位为 mm/r;或每分钟进给量,单位为 mm/min。

3)G02/G03

功能:圆弧插补指令(如图 4-1 所示)。

格式:G02(G03)X(U)__ Z(W)__ R __ F __;

G02 表示顺时针方向;

G03 表示逆时针方向；

X(U)__ Z(W)__ 表示终点坐标；

R __ 表示圆弧半径；

F __ 表示进给速度。

注：①圆弧大小也可以用圆弧中心坐标 I、K 表示（增量），I、K 为圆心相对于起点的距离分别在 X 轴和 Z 轴的投影，要注意正负号，由起点指向圆心的向量，与坐标轴方向一致时为正。

②G02,G03 指令段中不能使用 T 指令。

③当圆心角小于或等于 180°时，R 为正号；当圆心角大于 180°时，R 为负号。

④R 与 I、K 可以在同一句程序指令中出现，但在执行时 R 被优先指定，I、K 被忽略。

⑤加工整圆时（起点和终点相同）只能用 I、K 来指示圆弧指令。

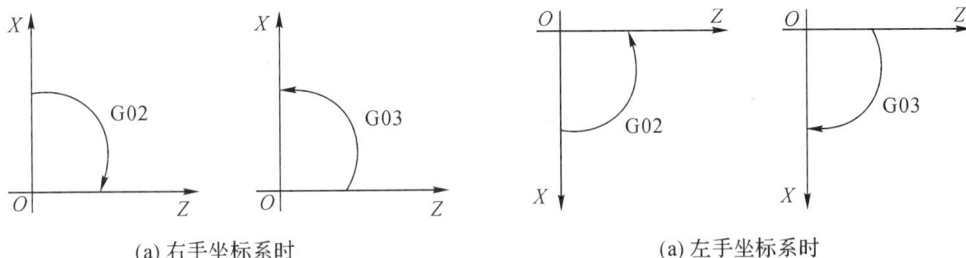

(a) 右手坐标系时   (a) 左手坐标系时

图 4-1 圆弧插补(G02/G03)

4)G04

功能：暂停。

格式：G04 X(U)__

X 后的数字可以使用小数点，也可以不用小数点，单位为秒。

或格式：G04 P __

P 后的数字不能用小数点，单位为 0.001 秒。

例：G04 X5；//暂停 5 秒(G04 X5.0)

    G04 P5000；//暂停 5 秒。

5)G20/G21——英制/米制指令转换

功能：G20 表示指定英制尺寸输入；

      G21 表示指定公制尺寸输入。

格式：必须在程序的一个独立的程序段指定 G20 或 G21，然后才能输入坐标尺寸。

例：G97 M03 S500；

    T0202；

    G20；

    G00 X3.218；//英制表示

    ……

注：①G20,G21 指令可作为选择参数设定于系统中。系统通电后，保留前次关机时的 G20 或 G20 方式。

②G20,G21 不要在程序中途转换。

6)G40/G41/G42

G40

功能:取消刀具半径补偿,即按程序路径进给。

格式:G40 X ＿ Z ＿;

G41

功能:左偏刀具半径补偿,按程序路径前进方向刀具偏在零件的左侧进给。

格式:G41 X ＿ Z ＿;

G42

功能:右偏刀具半径补偿,按程序路径前进方向刀具偏在零件的右侧进给。

格式:G42 X ＿ Z ＿;(如图 4-2 所示)

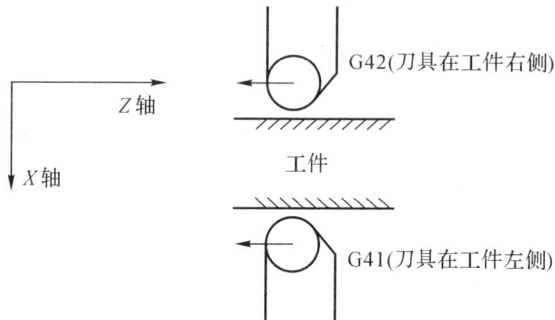

图 4-2　刀具半径补偿(G41/G42)

7)G50

功能 1:工件坐标系设定;

格式:G50 X ＿ Z ＿;(如图 4-3 所示)

根据该指令,可设定一个坐标系,使刀具的某一点(例如刀尖)在此坐标系中的坐标为(X,Z),该坐标系为工件坐标系。

坐标系一旦被指定,所有绝对值指令,均为工件坐标系的位置。

指定为直径编程时,X 值为直径值;指定为半径编程时,X 值为半径值。

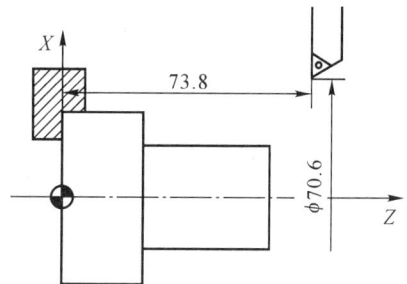

图 4-3　工件坐标系设定

例:G50 X70.6 Z73.8;　/＊这里 X 以直径方式编程,这条语句指定了图示的原点为工件坐标的原点。

功能 2:主轴最高转速限制。

格式:G50 S ＿;

例如:G50 S2000;　/＊表示主轴最高转速限定为 2000r/min

(2) 固定循环指令

1) 单一形状固定循环指令

①G90 可实现外圆切削循环、锥面切削循环,见图 4-4 所示。程序格式如下:

G90 X(U)＿ Z(W)＿ I ＿ F ＿

X(U)__ Z(W)__为加工终点坐标。

I——为起点与终点在 X 方向的半径差,当加工圆柱面时 I 为零。

F——进给速度。

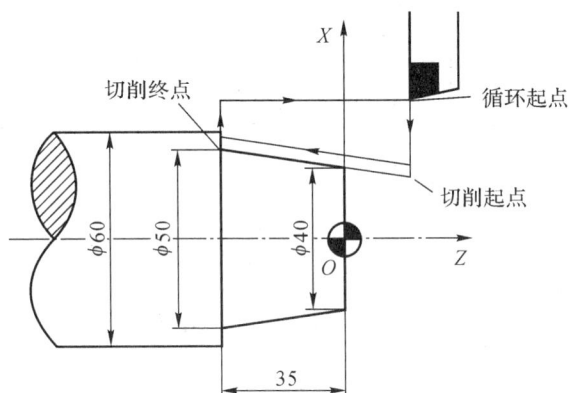

图 4-4　单一形状固定循环

②G94 端面切削循环、带锥端面切削循环,见图 4-5 所示。程序格式如下:

G94 X(U)__ Z(W)__ K __ F __

X(U)__ Z(W)__为加工终点坐标。

K——为起点与终点在 Z 方向的差,当端面为平面时 K 为零。

F——进给速度。

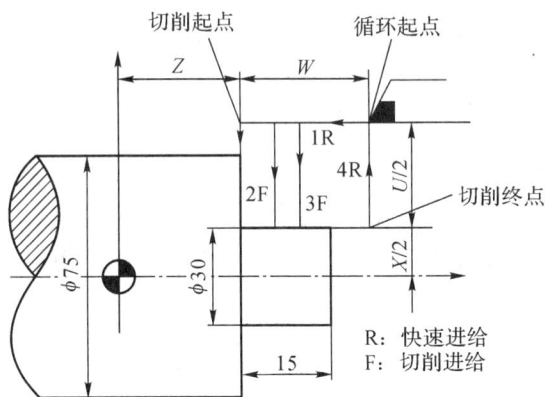

图 4-5　端面切削固定循环

2)复合固定循环

①外圆粗车循环指令 G71,如图 4-6 所示,适于圆柱棒料外圆粗加工,程序格式如下:

G71 U(Δd)R(Δe)

G71 P(ns) Q(nf) U(ΔU) W(ΔW) F __ S __ T __

Δd:背吃刀量(半径值)。

Δe:每次循环的退刀量。

ns:精加工轮廓程序段中开始程序段的段号。

nf:精加工轮廓程序段中结束程序段的段号。

ΔU:X 轴向精加工余量(直径值)

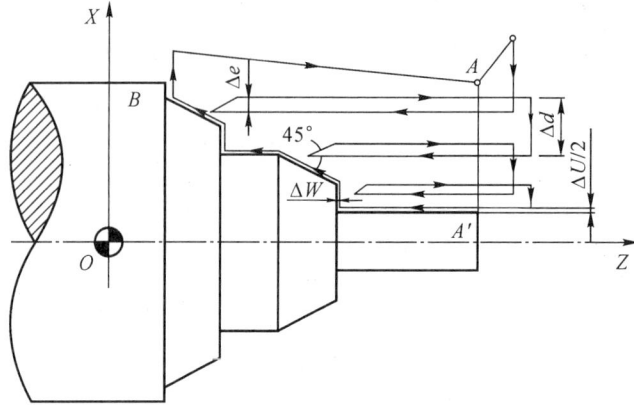

图 4-6　外圆粗车固定循环

ΔW:Z 轴向精加工余量。

F ＿、S ＿、T ＿分别为进给速度、主轴转速、刀具。

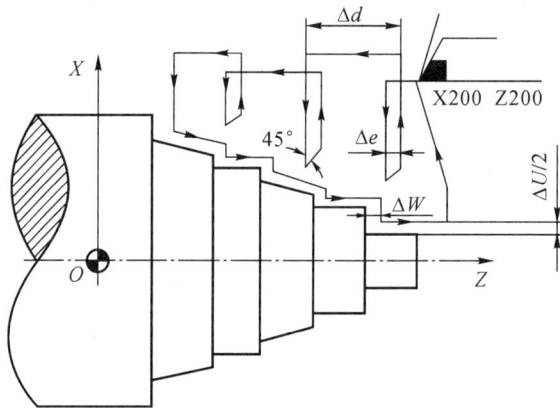

图 4-7　端面粗车固定循环

②端面粗车循环指令 G72，如图 4-7 所示，适于圆柱棒料端面加工，程序格式如下：

G72 W(Δd)R(Δe)

G72 P(ns) Q(nf) U(ΔU) W(ΔW) D(Δd) F ＿ S ＿ T ＿

Δd:背吃刀量（Z 向值）。

Δe:每次循环的退刀量。

ns：精加工轮廓程序段中开始程序段的段号。

nf:精加工轮廓程序段中结束程序段的段号。

ΔU:X 轴向精加工余量（直径值）

ΔW:Z 轴向精加工余量。

F ＿、S ＿、T ＿分别为进给速度、主轴转速、刀具。

3）螺纹切削循环

简单螺纹切削循环指令 G92，如图 4-8 所示，该指令可以切削圆柱、圆锥螺纹，其中 F ＿为螺距，程序格式为：

G92 X(U)＿ Z(W)＿ I ＿ F ＿

X(U)__ Z(W)__为加工终点坐标。

I——为起点与终点在 X 方向的半径差,当加工圆柱螺纹时 I 为零。

F——进给速度。单线螺纹:F 等于螺纹导程等于螺距;多线螺纹:F 等于螺纹导程不等于螺距。

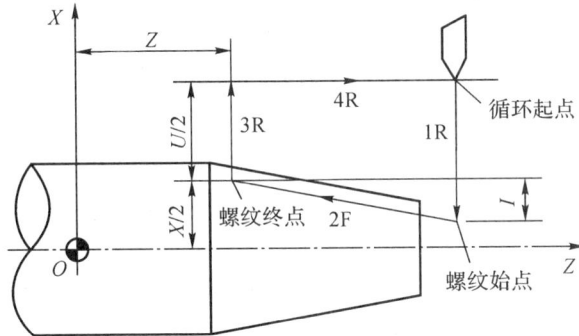

图 4-8 螺纹切削固定循环

例:按图 4-9 所示尺寸编写螺距为 1.5 的圆柱螺纹加工程序。

......

N25	G00	X35.	Z104.
N30	G92	X29.2	Z53. F1.5
N35	X28.6		
N40	X28.2		
N45	X28.04		
N50	G00	X200.	Z200.

......

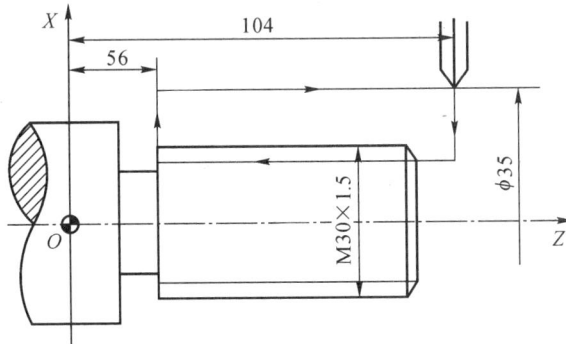

图 4-9 圆柱螺纹加工

4.1.2 数控铣床编程的基本指令(以 FANUC 系统为例)

数控铣床常用的功能指令有准备功能 G、辅助功能 M、刀具功能 T、主轴转速功能 S 和进给功能 F。表 4-4 所示为数控铣削系统的 M 代码,表 4-5 所示为 G 代码。

1. M 功能

数控铣床的 M 功能与数控车床基本相同。一般数控机床的 M 代码前的零可省略,如

M01 可用 M1 表示，M03 可用 M3 来表示，余者类推，这样可省内存空间及键入的字数。

表 4-4　FANUC 0i 系统常用 M 功能

代码	功　　能		代码	功　　能	
M00	程序停止	A	M07	切削液开（雾状）	W
M01	选择性停止	A	M08	切削液开	W
M02	程序结束	A	M09	切削液关	A
M03	主轴正转	W	M19	主轴准停	A
M04	主轴反转	W	M30	程序结束并返回	A
M05	主轴停止	A	M98	调用子程序	A
M06	自动换刀	W	M99	子程序结束，并返回主程序	A

　　注意：M 代码分为前指令码（表中标 W）和后指令码（表中标 A），前指令码和同一程序段中的移动指令同时执行，后指令码在同段的移动指令执行完后才执行。例如下面的程序段结构，注意 M 代码执行的时间：

G00 X10 Y10 M03；　／＊在快速定位到点(10,10)的同时主轴正转

G01 X20 Y20 F100 M08；　／＊切削液开，刀具以 F100 的进给速度移动到点(20,20)

M98 P_；　／＊调用"P_"指定的子程序执行

G01 X100 Y50 M09；　／＊刀具离开工件，切削液关

2. F、S、T 功能

（1）F 功能

　　F 功能用于控制刀具移动时的进给速度，F 后面所接数值代表每分钟刀具进给量(mm/min)，或每转刀具进给量(mm/r)它为续效代码。

　　F 代码指令值如超过制造厂商所设定的范围时，则以厂商所设定的最高或最低进给速度为实际进给速度。进给速度 F 的值可由下列公式计算而得：

$$F = f_z \cdot z \cdot n$$

其中：f_z 为铣刀每齿的进给量(mm/齿)；z 铣刀的刀刃数；n 为刀具的转速($r \cdot min^{-1}$)。

　　例：使用 $\phi 75mm$，6 齿的面铣刀，铣削碳钢表面，已知切削速度 $V_c = 100 m \cdot min^{-1}$，$f_z = 0.08mm/$齿，求主轴转速 n 及 F。

$$n = 1000 V_c / \pi D = 1000 \times 100 / (3.14 \times 75) m \cdot min^{-1} = 425 \ r \cdot min^{-1}。$$

$$F = f_z \cdot z \cdot n = 0.08 \times 6 \times 425 \ mm \cdot min^{-1} = 204 \ mm \cdot min^{-1}。$$

（2）S 功能

　　S 功能用于指令主轴转速($r \cdot min^{-1}$)。S 代码以地址 S 后面接 1～4 位数字组成。当其指令的数字大于或小于制造厂商所设定之最高或最低转速时，将以厂商所设定的最高或最低转速为实际转速。一般数控铣床的主轴转速为 0～6000r/min。

（3）T 功能

　　数控铣床因无自动换刀系统 ATC，必须人工换刀，所以自动换刀 T 功能只用于加工中心。T 代码以地址 T 后面接两位数字组成。

3. 常用 G 功能

G 代码即准备功能代码,是指令机床进行各种操作或准备的功能代码,比如快速定位,直线插补,加工平面的选择,编程方式(绝对值编程,增量编程)等等。

(1)G90——绝对坐标编程指令

格式:G90

说明:该指令表示程序段中的运动坐标数字为绝对坐标值,即从编程原点开始的坐标值。

(2)G91——增量坐标编程指令

格式:G91

说明:该指令表示程序段中的运动坐标数字为增量坐标值,即刀具运动的终点坐标相对于起点坐标的增量。

(3)G17/G18/G19——加工平面选择指令

格式:G17/G18/G19

说明:G17 指定刀具在 XY 平面上运动;G18 指定刀具在 ZX 平面上运动;G19 指定刀具在 YZ 平面上运动。由于数控铣床大都在 XY 平面内加工,故 G17 为机床的默认状态。

(4)G00 或 G0——快速定位

该指令控制刀具从当前所在位置快速移动到指令给出的目标位置。只能用于快速定位,不能用于切削加工。

格式:G00 X＿ Y＿ Z＿;

说明:X、Y、Z 表示目标点坐标。G00 可以同时指令一轴、两轴或三轴移动,如图 4-10 所示。

需要说明的是:G00 具体运动速度已由机床生产厂设定,不能用程序指令改变,也不可以用机床操作面板上的进给修调旋钮来改变。另外,G00 的走刀轨迹,不一定是直线轨迹,而有可能是如图 4-11 所示的折线。

(5)G01 或 G1——直线插补

该指令控制刀具以给定的进给速度从当前位置沿直线移动到指令给出的目标位置。

格式:G01 X＿ Y＿ Z＿ F＿;

说明:X、Y、Z 表示目标点坐标;F 表示进给速度。

图 4-12 表示刀具从 P_1 点开始沿直线移动到 P_2、P_3、P_4、P_5、P_6 点,可分别用增量方式(G91)或绝对值方式(G90)编程。

G91 方式编程为:

G01 Y50.0 F120;	(P₁→P₂)
X30.0;	(P₂→P₃)
X40.0 Y−30.0;	(P₃→P₄)
Y−20.0;	(P₄→P₅)
X−50.0 Y−10.0;	(P₅→P₆)

G90 方式编程为:

G01 Y80.0 F120;	(P₁→P₂)
X60.0;	(P₂→P₃)

(a) 同时 1 轴移动

G00　X30.0

G00　Y30.0

(b) 同时 2 轴移动

G00　X40.0　Y20.0

(c) 同时 3 轴移动

G00　X20.0　Y30.0　Z35.0

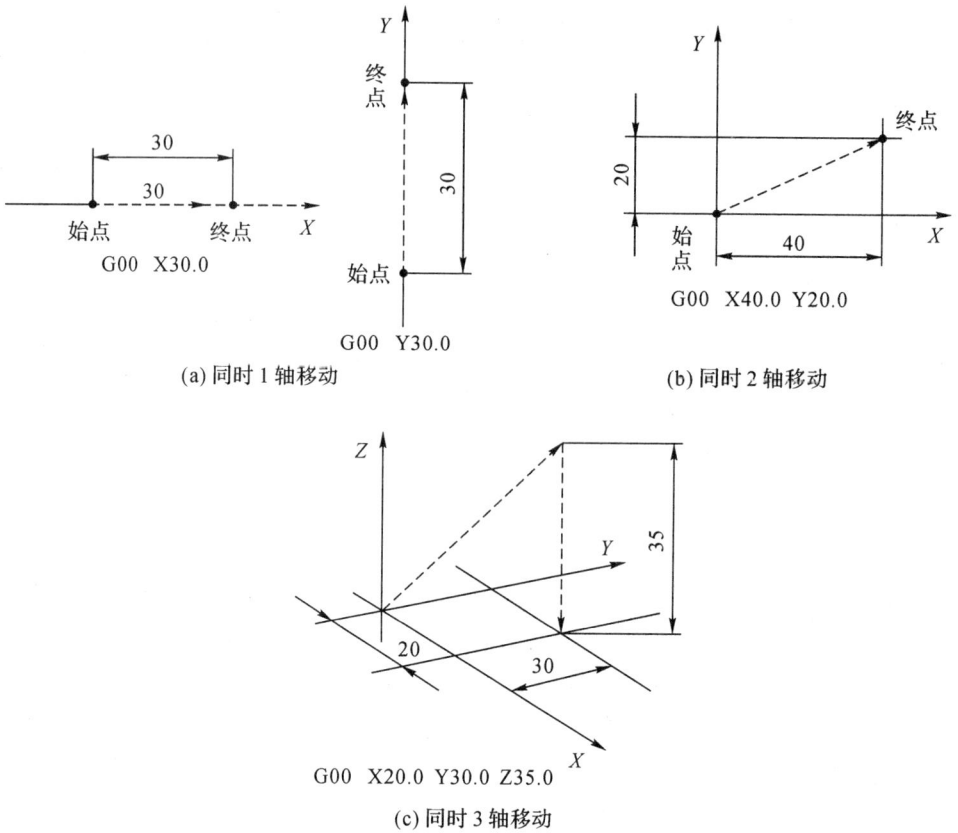

图 4-10　快速定位

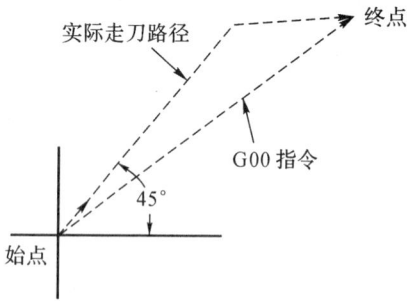

图 4-11　G00 的走刀轨迹

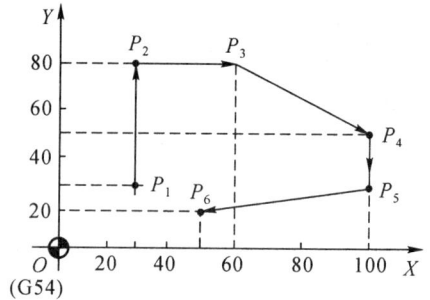

图 4-12　直线插补(G01)轨迹

X100.0　Y50.0;　　　　　　(P$_3$→P$_4$)

Y30.0;　　　　　　　　　　(P$_4$→P$_5$)

X50.0　Y20.0;　　　　　　 (P$_5$→P$_6$)

(6)G02,G03 或 G2,G3——圆弧插补

　　该指令控制刀具在指定坐标平面内以给定的进给速度从当前位置(圆弧起点)沿圆弧移动到指令给出的目标位置(圆弧终点)。G02 为顺时针圆弧插补指令,G03 为逆时针圆弧插补指令。因加工零件均为立体的,在不同平面上其圆弧切削方向(G02 或 G03)的判断方法为:在笛卡儿右手直角坐标系中,从垂直于圆弧所在平面轴的正方向往负方向看,顺时针方向为

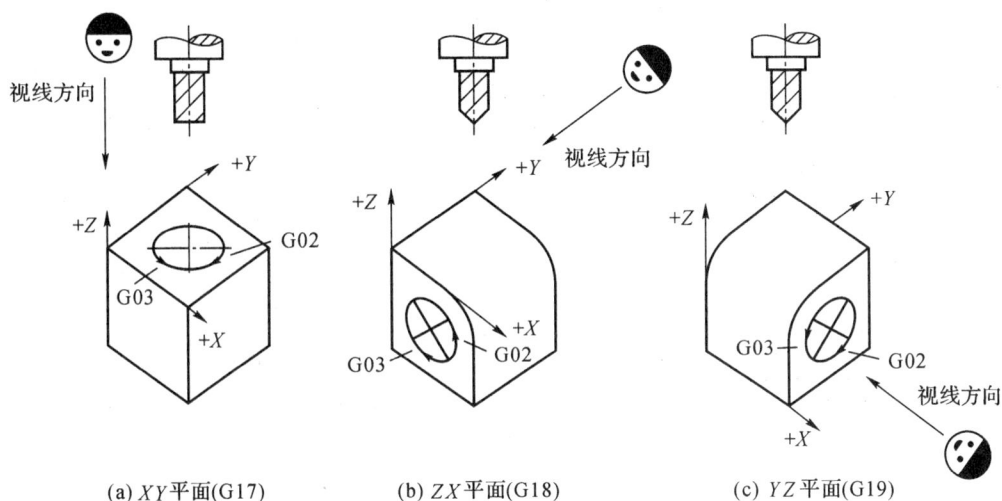

(a) XY 平面(G17)　　　(b) ZX 平面(G18)　　　(c) YZ 平面(G19)

图 4-13　圆弧插补

G02,逆时针方向为 G03。如图 4-13 所示。指令格式有三种情况。

1)XY 平面上的圆弧

G17 G02/G03 X ＿ Y ＿ I ＿ J ＿ F ＿;

或 G17 G02/G03 X ＿ Y ＿ R ＿ F ＿;

2)ZX 平面上的圆弧

G18 G02/G03 X ＿ Z ＿ I ＿ K ＿ F ＿;

或 G18 G02/G03 X ＿ Z ＿ R ＿ F ＿;

3)YZ 平面上的圆弧

G19 G02/G03 Y ＿ Z ＿ J ＿ K ＿ F ＿;

或 G19 G02/G03 Y ＿ Z ＿ R ＿ F ＿;

说明:X、Y、Z 为圆弧终点坐标;I、J、K 为圆心分别在 X、Y、Z 轴相对圆弧起点的增量坐标(以后简称 IJK 编程),如图 4-14(a)所示;R 为圆弧半径(以后简称 R 编程),如图 4-14(b)所示;G17、G18、G19 为坐标平面选择指令。

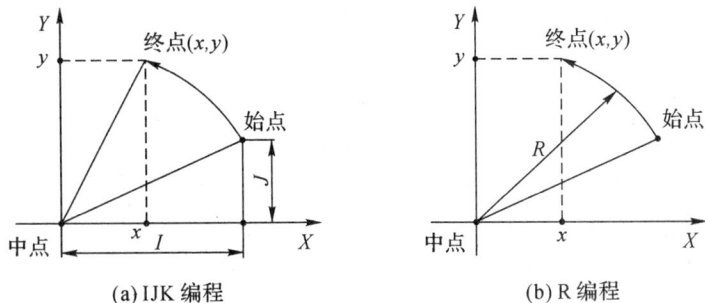

(a)IJK 编程　　　　　　　　(b)R 编程

图 4-14　IJK 编程和 R 编程

(7)其他 G 功能指令代码

其他 G 功能指令代码见表 4-5 所示。

表 4-5 FANUC 0i 常用 G 功能

代码	功能	组别	代码	功能	组别
★G00	快速定位		G52	局部坐标系统	
G01	直线插补	01	★G54	选择第 1 工件坐标系	
G02	顺时针圆弧插补		G55	选择第 2 工件坐标系	
G03	逆时针圆弧插补		G56	选择第 3 工件坐标系	12
G04	暂停		G57	选择第 4 工件坐标系	
G09	准确停止检查	00	G58	选择第 5 工件坐标系	
G10	自动程序原点补正刀具补正设置		G59	选择第 6 工件坐标系	
★G17	XY 平面选择		G73	高速深孔啄钻循环	
G18	ZX 平面选择	02	G74	攻左螺纹循环	
G19	YZ 平面选择		G76	精镗孔循环	
G20	英制单位输入	06	★G80	取消固定循环	
G21	米制单位输入		G81	钻孔循环	
★G27	参考点返回检查		G82	沉头钻孔循环	09
G28	返回参考点		G83	深孔啄钻循环	
G29	由参考点返回	00	G84	攻右螺纹循环	
G30	返回第 2,3,4 参考点		G85	铰孔循环	
G33	螺纹车削	01	G86	背镗循环	
★G40	取消刀具半径补偿		★G90	绝对坐标编程	03
G41	刀具半径左补偿	07	G91	增量坐标编程	00
G42	刀具半径右补偿		G92	定义编程原点	05
G43	刀具长度正补偿		★G94	每分钟进给量	
G44	刀具长度负补偿	08	★G98	在固定循环中使 Z 返回起始点	10
★G49	取消刀具长度补偿		G99	在固定循环中使 Z 返回参考点	

注:①标有★的 G 代码为电源接通时的状态;②"00"组为非续效指令,其余为续效指令。

4.1.3 加工中心编程的基本指令及编程方法

加工中心是典型的集机电于一体的高科技机械加工设备,它的发展代表了一个国家设计和制造业的水平,在国内外企业界受到高度重视,已成为现代机床发展的主流和方向。

1. 加工中心的编程特点

除自动换刀功能外,加工中心的程序编制与数控铣床基本相同。程序的编制是在掌握了数控机床的功能、编程的方法、零件的具体要求和全部工艺内容后进行的,这是使用加工中心的前提。在整个程序编制过程中,首先要搞清楚机床坐标系与加工坐标系。

2. 编程的基本要点

除换刀功能外,加工中心的编程方法与数控铣床基本相同。

由于不同的加工中心换刀的方式各不相同,因而其换刀程序也是不同的。通常情况下,选刀和换刀是分开进行的,换刀结束启动主轴后再进行下面程序段的加工内容,而选刀过程可与机床加工同步进行,边加工边选刀。另外绝大多数加工中心都规定了换刀点的位置,以便机械手能够顺利完成换刀动作。一般立式加工中心规定换刀点设置在机床的最高点,即机床 Z 轴零点。卧式加工中心一般设置在机床的最后方,即机床 Y 轴零点。

换刀程序一般可采用两种方法设计。

方法一：

N20 G28 Z20 T0303；　／＊返回参考点，选择 03 号刀具

N30 M06；　／＊主轴换上 03 号刀具

方法二：

N20 G01 X15 Y20 Z30 F80 T0505；　　／＊切削过程中选择 05 号刀具

……

N100 G28 Z20 M06；　／＊返回参考点并换上 05 号刀具

N110 G01 Z20 T0707；　／＊切削过程中选择 07 号刀具

3. FANUC 系统的常用编程代码及编程格式

M 代码和 G 代码功能分别参见表 4-4、表 4-5。注意：加工中心有 ATC，所以可自动换刀，指令格式：M06 T ＿。

4. SINUMERIK 840D 系统常用编程代码及编程格式

SINUMERIK 840D 系统的常用 G 代码和 M 代码分别参见表 4-6、表 4-7。

表 4-6　SINUMERIK 840D 系统常用准备功能 G 代码

代码	组别	功　　能	格　　式
G00		快速点定位	G00 X ＿ Y ＿ Z ＿
G01		直线插补	G01 X ＿ Y ＿ Z ＿ F ＿
GG02	01	顺时针圆弧插补(CW)	G02 X ＿ Y ＿ Z ＿ I ＿ J ＿ K ＿ (R ＿)F ＿
G03		逆时针圆弧插补(CCW)	G03 X ＿ Y ＿ Z ＿ I ＿ J ＿ K ＿ (R ＿)F ＿
G02		顺时针螺旋插补指令	G02 X ＿ Y ＿ Z ＿ I ＿ J ＿ K ＿ (R ＿)F ＿ TURN＝
G03		逆时针螺旋插补指令	G03 X ＿ Y ＿ Z ＿ I ＿ J ＿ K ＿ (R ＿)F ＿ TURN＝
G04*	02	暂停	G04
G09*	11	准确停止	G09
G17		选择 XY 平面	G17
G18	6	选择 ZX 平面	G18
G19		选择 YZ 平面	G19
G25	3	工作区下限	G25 S ＿
G26		工作区下限	G25 S ＿
G33	1	恒螺距螺纹切削	G33 Z ＿ K ＿ SF＝
G40		取消刀具半径补偿	G40 G00(G01)X ＿ Y ＿(F ＿)
G41	7	刀具半径左补偿	G41 G00(G02)X ＿ Y ＿(F ＿)
G42		刀具半径右补偿	G42 G00(G03)X ＿ Y ＿(F ＿)
G53	09	选择机床坐标系	G53
G54		选择第一工件坐标系	G54
G55	08	选择第二工件坐标系	G55
G56		选择第三工件坐标系	G56
G57		选择第四工件坐标系	G57
G58	08	选择第五工件坐标系	G58
G59		选择第六工件坐标系	G59

续表

代码	组别	功 能	格 式
G60	10	准停——减速	G60
G63*	02	带辅助夹具的螺纹切削	G63
G64	10	准停——连续路径方式	G64
G70	13	英制输入	G70
G71		公制输入	G71
G74*	02	返回参考点	G74 X __ Y __ Z __
G75*		返回固定点	G75 X __ Y __ Z __
G90	114	绝对方式	G90
G91		增量方式	G91
G94	15	直线进给量	G94
G95	14	圆周进给量	G95
G96	15	设定恒线速切削	G96 S __
G97		取消恒线速切削	G97 S __
G110*	03	极坐标点定义指令（最新设置位置）	G110 X __ Y __ Z __ G110 AP＝ RP＝
G111*		极坐标点定义指令（工件坐标系）	G111 X __ Y __ Z __ G111 AP＝ RP＝
G112*		极坐标点定义指令（最后有效的极点）	G112 X __ Y __ Z __ G112 AP＝ RP＝
G331	01	攻丝循环	G331 Z __ K __ S __
G332		攻丝循环	G332 Z __ K __

注：带"＊"的为非模态代码

表 4-7　辅助功能表

M 代码	功 能	格式	M 代码	功 能	格式
M06	换刀指令	M06T	M42	齿轮变速 2 级	M42
M17	子程序结束	M17	M43	齿轮变速 3 级	M43
M30	主程序停止	M30	M44	齿轮变速 4 级	M44
M40	齿轮变速	M40	M45	齿轮变速 5 级	M45
M41	齿轮变速 1 级	M41			

4.2　数控车床编程

　　数控车床是目前使用较广泛的一种数控机床，主要用来加工轴类或盘类回转体零件。数控车床通过编制的数控加工程序控制机床自动完成内外圆柱面、圆锥面、圆弧面、端面和圆柱螺纹、锥螺纹、多头螺纹等的切削加工，并能进行切槽、切断、钻、扩和铰孔等加工。不同的数控系统的编程方法和功能有一定差异，但基本原理是一样的，下面以典型数控系统为例，介绍 FANUC 和华中世纪星（HNC-21/22T）系统的编程。

4.2.1 FANUC 0 系统数控车床编程

FANUC 数控系统具有高质量、高性能和较齐全的功能,市场占有率高。其中 0i-MB/MA 用于加工中心和铣床,四轴四联动;0i-TA/TB 用于车床,四轴四联动;0i-mate MA 用于铣床,三轴三联动;0i-mate TA 用于车床,二轴二联动;FANUC 0-TD,用于数控车床,二轴二联动。

实例 1

如图 4-15 所示零件,毛坯为 ϕ30mm 圆棒,材料为 45 号钢,试编制数控车削加工程序。

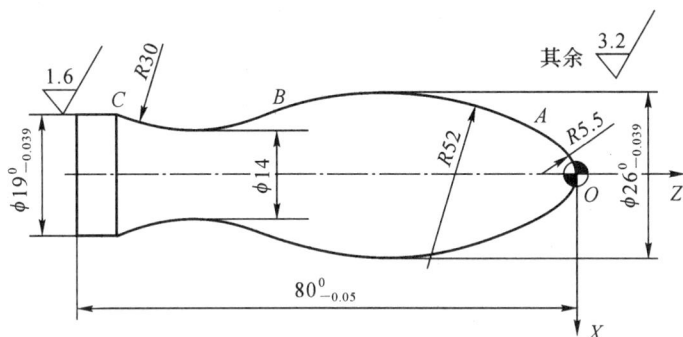

图 4-15 手柄

1. 根据零件图样要求、毛坯情况,确定工艺方案及加工路线

(1)对轴类零件,轴心线为工艺基准,用三爪自定心卡盘夹持 ϕ30mm 外圆,使工件伸出卡盘 95mm,一次装夹完成粗精加工。

(2)工步顺序

1)粗车外圆,外圆留 1mm 精车余量。

2)精车外圆到尺寸。

2. 选择机床设备

根据零件图样要求,选用配置 FANUC 0 系统的数控卧式车床。

3. 选择刀具

根据加工要求,选用三把刀具,T01 为副偏角大于 45°的外圆粗车刀,T02 为副偏角大于 45°的外圆精车刀,T03 为切断刀,宽度为 3mm。同时把两把刀在自动换刀刀架上安装好,且都对好刀,把它们的刀偏值输入相应的刀具参数中。

4. 确定切削用量

切削用量的具体数值应根据该机床性能、相关的手册并结合实际经验确定,详见加工程序。

5. 确定工件坐标系、对刀点和换刀点

确定以工件右端面与轴心线的交点 O 为工件原点,建立 XOZ 工件坐标系,如图 4-15 所示。

采用手动试切对刀方法,对刀点(也是换刀点)设置在工件坐标系下 X100、Z100 处。

6. 编写程序

按规定的标准指令代码和程序段格式,把加工零件的全部工艺过程编写成程序清单。该工件的加工程序如下：

O 0011

N10　G50　X100　Z100；

N20　M03　S600　F0.2　M08；

N30　T0101；

N40　G00　X32　Z2；

N50　G01　Z0　F0.2；

N60　X－1；

N70　G00　X32　Z2；

N80　G73　U8　R5；

N90　G73　P100　Q150　U0.5　F0.2；

N100　G01　X0　F0.2；

N110　G01　Z0；

N120　G03　X9.226　Z－2.505　R5.5；

N130　G03　X18.39　Z－50.348　R51.987；

N140　G02　X18.983　Z－73.602　R30；

N150　G01　Z－81；

N160　G04　X1.00；

N170　M03　S1000；

N180　G00　X100　Z100；

N190　T0202；

N200　G70　P100　Q150；

N210　G00　X100　Z100；

N220　T0303　S500；

N230　G00　X32　Z－82.975；

N240　G01　X－1　F0.05；

N250　G00　X32；

N260　G00　X100　Z100；

N270　M05　M09；

N280　M30；

实例 2

如图 4-16 所示，零件毛坯为 $\phi40mm$ 的圆棒料，材料为 45 号钢，试编制数控车削加工程序。

1. 根据零件图样要求、毛坯情况，确定工艺方案及加工路线

(1)对轴类零件，轴心线为工艺基准，用三爪自定心卡盘夹持 $\phi40mm$ 外圆，使棒料伸出卡盘 83mm，一次装夹完成粗精加工。

(2)工步顺序

1)粗车外圆。

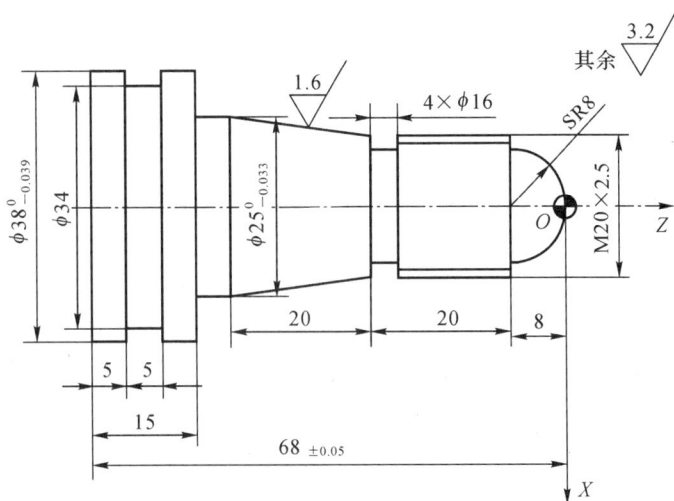

图 4-16　短轴

2)精车外圆。

3)切槽。

4)车螺纹。

5)切断。

2. 选择机床设备

根据零件图样要求,选用配置 FANUC 0 系统的数控卧式车床。

3. 选择刀具

根据加工要求,选用三把刀具,T01 为外圆粗车刀,T02 为螺纹刀,T03 为切槽刀,宽度为 4mm。同时把三把刀在自动换刀刀架上安装好,且都对好刀,把它们的刀偏值输入相应的刀具参数中。

4. 确定切削用量

切削用量的具体数值应根据该机床性能、相关的手册并结合实际经验确定,详见加工程序。

5. 确定工件坐标系、对刀点和换刀点

确定以工件右端面与轴心线的交点 O 为工件原点,建立 XOZ 工件坐标系,如图 4-16 所示。

采用手动试切对刀方法,对刀点(也是换刀点)设置在工件坐标系下 X100、Z100 处。

6. 编写程序

编程时要保证 $\phi25$、$\phi38$ 和长度 68 三个尺寸公差,切 4mm 和 5mm 槽的底部时要停留 0.5s。

按规定的标准指令代码和程序段格式,把加工零件的全部工艺过程编写成程序清单。该工件的加工程序如下:

O 0012

N10　G50　X100　Z100;

N20　M03　S600　M08　F0.2;

N30　T0101；

N40　G00　X42　Z2；

N50　G01　Z0；

N60　X－1；

N70　G71　U2　R1；

N80　G71　P90　Q160　U0.5　F0.2；

N90　G01　Z0；

N100　G03　X16　Z－8　R8；

N110　G01　X20；

N120　Z－28；

N130　X24.984　Z－48；

N140　Z－53；

N150　X37.98；

N160　Z－70；

N170　S1000；

N180　G70　P90　Q160；

N190　G00　X100　Z100；

N200　T0303　S300；

N210　G00　X42　Z－28；

N220　G01　X16　F0.05；

N230　G04　X0.5；

N240　G00　X42；

N250　G01　Z－63　F0.2；

N260　X34　F0.05；

N270　G04　X0.5；

N280　G00　X42；

N290　G01　Z－62　F0.2；

N300　X34　F0.05；

N310　G04　X0.5；

N320　G00　X42；

N330　G00　X100　Z100；

N340　T0202；

N350　G00　X25　Z－4；

N360　G92　X19.1　Z－27　F2.5；

N370　X18.5；

N380　X18.0；

N390　X17.6；

N400　X17.3；

N410　X17.3；

N420　X17.3;

N430　G00　X42　Z2;

N440　G00　X100　Z100;

N450　T0303;

N460　G00　X42　Z−72.20;

N470　G01　X−1　F0.05;

N480　G00　X42;

N490　G00　X100　Z100;

N500　M05　M09;

N510　M30;

实例 3

加工如图 4-17 所示零件,图 4-17(a)所示为毛坯图,图 4-17(b)所示为零件图。外圆精加工余量 X 方向为 0.4mm,Z 方向为 0.1mm;内孔精加工余量 X 方向为 0.4mm,Z 方向为 0.1mm,毛坯 ϕ15mm 孔已加工,螺纹加工用 G92 命令。工件编程原点如图 4-17 所示。

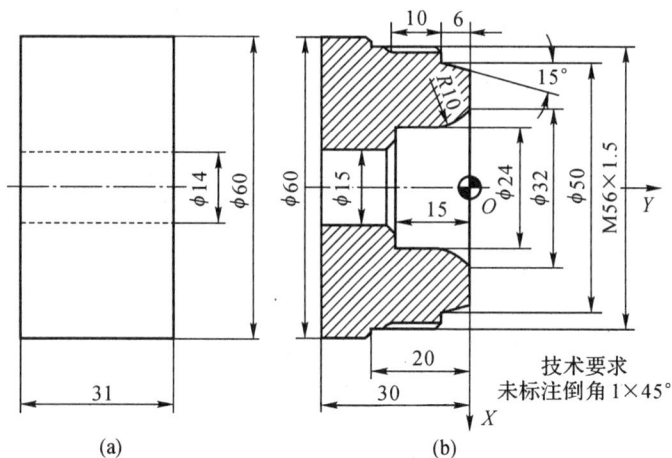

图 4-17　圆盘

1. 根据零件图样要求、毛坯情况,确定工艺方案及加工路线

(1)此零件为轴套类零件,轴心线为工艺基准,用三爪自定心卡盘夹持 ϕ60mm 外圆,一次装夹完成粗、精加工。

(2)工步顺序

1)车端面。

2)粗车外圆,从右至左切削外轮廓,采用粗车循环。

3)精车外圆,右端锥面→倒角→M56 外圆→倒角→ϕ60mm 外圆。

4)粗镗孔,从右至左切削外轮廓,采用粗车循环。

5)精镗孔,右端 R10mm 圆弧→ϕ24mm 内圆→倒角。

6)切断。

2. 选择机床设备

根据零件图样要求,在此选用配置 FANUC 0-TD 系统的数控卧式车床。

3. 选择刀具

根据加工要求,选用四把刀具,T01 为 45°端面车刀,T02 为外圆左偏车刀,T03 为内孔镗刀,T04 为螺纹刀。同时把四把刀在自动换刀刀架上安装好,且都对好刀,把它们的刀偏值输入相应的刀具参数中。

4. 确定切削用量

切削用量的具体数值应根据该机床性能、相关的手册并结合实际经验确定,详见加工程序。

5. 确定工件坐标系、对刀点和换刀点

如图 4-17 所示,确定以工件右端面与轴心线的交点 O 为工件原点,建立 XOZ 工件坐标系。

采用手动试切对刀方法,把对刀点(也是换刀点)设置在工件坐标系下 X100、Z50 处。

6. 编写程序

按 FANUC 0-TD 数控系统规定的指令代码和程序段格式,把加工零件的全部工艺过程编写成程序清单。该工件的加工程序如下:

```
O 0005
N10   G50   X100   Z50;
N20   M42;
N30   M03;
N40   T0100
N50   G00   G99   X62.0   Z0;
N60   G01   X−1.0   F0.1;
N70   G00   G97   Z50.0   S500;
N80   G00   X100.0   Z50.0;
N90   T0202
N100   M43;
N110   G00   G99   X64.0   Z2.0;
N120   G71   U2.0   R1.0;
N130   G71   P140   Q230   U1.0   W0.1   F0.25;
N140   G00   X0;
N150   G01   Z0   F0.1;
N160   X46.8;
N170   X50.0   Z−6.0;
N180   X54.0;
N190   X56.0   K−1.0;
N200   Z−20.0;
N210   X58.0;
N220   X62.0   Z−22.0;
N230   G01   G40   X64.0;
N240   X64.0   Z2.0;
```

```
N250    G70    P140    Q230；
N260    G00    X100.0    Z50.0    T0200；
N270    T0303；
N280    M43；
N290    G00    G99    X12.0    Z2.0；
N300    G71    P310    Q370    U-0.4    W0.1    D3.0    F0.15；
N310    G00    X32.0    F0.1；
N320    G01    Z0；
N330    G02    X24.0    Z-8.0    R10.0；
N340    G01    Z-15.0；
N350    X17.0；
N360    X13.0    Z-17.0；
N370    X12.0；
N380    G00    X12.0    Z2.0；
N390    M44；
N400    G70    P310    Q370；
N410    G00    X100.0    Z50.0    T0300；
N420    T0404
N430    M42；
N440    G00    G99    X58.0    Z-1.0；
N450    G92    X55.4    Z-16.0    F1.5；
N460    X54.9；
N470    X54.5；
N480    X54.2；
N490    X54.05；
N500    G00    X100.0    Z50.0    T0400；
N510    M05；
N520    M30；
```

4.2.2　华中世纪星(HNC-21/22T)系统数控车床编程

华中世纪星(HNC-21/22T)是一种基于工业 PC 机的车床数控系统,配置彩色 LCD 液晶显示屏和通用工程面板,集成进给轴接口、主轴接口、手持单元接口、内嵌式 PLC 接口于一体,支持硬盘、电子盘等程序存储方式以及软驱、DNC、以太网等程序交换功能。

实例 1

如图 4-18 所示工件,毛坯为 ϕ45mm×120mm 棒材,材料为 45 号钢,试编制车削端面和外圆的数控加工程序。

1. 根据零件图样要求、毛坯情况,确定工艺方案及加工路线

(1)对短轴类零件,轴心线为工艺基准,用三爪自定心卡盘夹持 ϕ45mm 外圆,使工件伸出卡盘 80mm,一次装夹完成粗精加工。

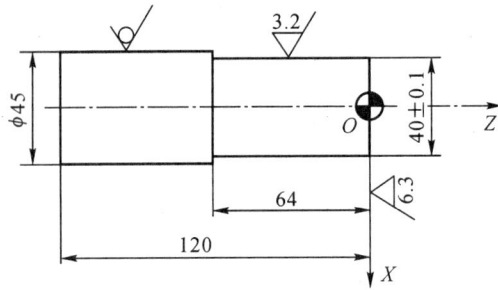

图 4-18　阶梯轴

（2）工步顺序

1）粗车端面及 $\phi 40$mm 外圆,外圆留 1mm 精车余量。

2）精车 $\phi 40$mm 外圆到尺寸。

2. 选择机床设备

根据零件图样要求,选用 CK6130 型数控卧式车床,配有 HNC-22T 华中"世纪星"数控系统。

3. 选择刀具

根据加工要求,选用两把刀具,T01 为 90°粗车刀,T03 为 90°精车刀。同时把两把刀在自动换刀刀架上安装好,且都对好刀,把它们的刀偏值输入相应的刀具参数中。

4. 确定切削用量

切削用量的具体数值应根据该机床性能、相关的手册并结合实际经验确定,详见加工程序。

5. 确定工件坐标系、对刀点和换刀点

确定以工件右端面与轴心线的交点 O 为工件原点,建立 XOZ 工件坐标系,如图 4-18 所示。

采用手动试切对刀方法,把对刀点（也是换刀点）设置在工件坐标系下 X55、Z50 处。

6. 编写程序

按规定的标准指令代码和程序段格式,把加工零件的全部工艺过程编写成程序清单。该工件的加工程序如下:

O 0001

N010　G92　X55　Z50;

N020　M03　S600;

N030　M06　T01;

N040　G00　X46　Z0;

N050　G01　X0　Z0　F80;

N060　G00　X0　Z1;

N070　G00　X41　Z1;

N080　G01　X41　Z−64　F80;

N090　G00　X55　Z20;

N100　M06　T03;

N110 G00 X40 Z1
N120 M03 S1000
N130 G01 X40 Z—64 F40；
N140 G00 X55 Z50
N150 M05
N160 M02

实例 2

如图 4-19 所示变速手柄轴,毛坯为 $\phi25mm\times100mm$ 棒材,材料为 45 号钢,试编制数控车削加工程序。

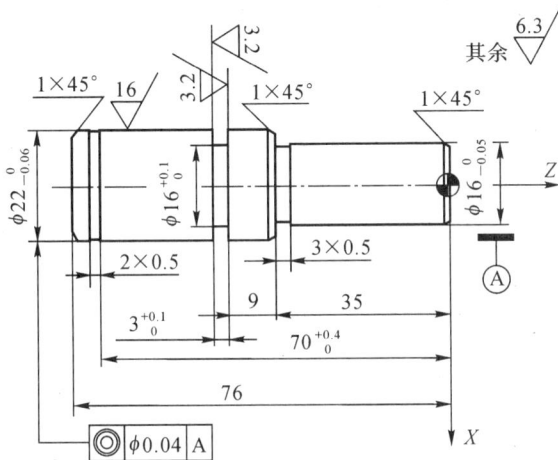

图 4-19 变速手柄轴

1. 根据零件图样要求、毛坯情况,确定工艺方案及加工路线

(1)对细长轴类零件,轴心线为工艺基准,用三爪自定心卡盘夹持 $\phi25mm$ 外圆一头,使工件伸出卡盘 85mm,用顶尖顶持另一头,一次装夹完成粗精加工。

(2)工步顺序

1)手动粗车端面。

2)手动钻中心孔。

3)自动加工粗车 $\phi16mm$、$\phi22mm$ 外圆,留精车余量 1mm。

4)自右向左精车各外圆面:倒角→车削外圆($\phi16mm$、长 35mm)→车 $\phi22mm$ 右端面→倒角→车外圆($\phi22mm$、长 45mm)。

5)粗车 $2mm\times0.5mm$ 槽、$3mm\times\phi16mm$ 槽。

6)精车 $3mm\times\phi16mm$ 槽,切槽 $3mm\times0.5mm$ 槽,切断。

2. 选择机床设备

根据零件图样要求,选用 CK6130 型数控卧式车床,配有 HNC-22T 华中“世纪星”数控系统。

3. 选择刀具

根据加工要求,选用五把刀具,T01 为粗加工刀,选 90°外圆车刀,T02 为精加工刀,选

90°外圆车刀,T03 为切槽刀,刀宽为 2mm,T04 为切断刀,刀宽为 3mm(刀具补偿设置在左刀尖处),T05 为中心钻。

同时把四把刀在自动换刀刀架上安装好,且都对好刀,把它们的刀偏值输入相应的刀具参数中。中心钻用于手动钻中心孔。

4. 确定切削用量

切削用量的具体数值应根据该机床性能、相关的手册并结合实际经验确定,详见加工程序。

5. 确定工件坐标系、对刀点和换刀点

确定以工件右端面与轴心线的交点 O 为工件原点,建立 XOZ 工件坐标系,如图 4-19 所示。

采用手动试切对刀方法,把对刀点(也是换刀点)设置在工件坐标系下 X35、Z30 处。

6. 编写程序(以 CK6130 车床为例)

按该机床规定的指令代码和程序段格式,把加工零件的全部工艺过程编写成程序清单。该工件的加工程序如下:

```
N010   G92   X35   Z30;
N040   M03   S700;
N050   M06   T0101;
N060   G00   X20   Z1;
N070   G01   X20   Z−34.8   F80;
N080   G00   X20   Z1;
N090   G00   X17   Z1;
N100   G01   X17   Z−34.8   F80;
N110   G00   X23   Z−34.8;
N120   G01   X23   Z−80   F80;
N130   G00   X35   Z30;
N150   M06   T0202;
N160   M03   S1100;
N170   G00   X14   Z1;
N171   G01   X14   Z0;
N180   G01   X16   Z−1   F60;
N190   G01   X16   Z−35   F60;
N200   G01   X20   Z−35   F60;
N210   G01   X22   Z−36   F60;
N220   G01   X22   Z−80   F60;
N230   G00   X35   Z30;
N250   M06   T0303;
N260   M03   S600;
N270   G00   X23   Z−72.2;
N280   G01   X21   Z−72.2   F40;
```

N290　G04　P2；

N295　G00　X23；

N300　G00　X23　Z－46.5；

N310　G01　X16.5　Z－46.5　F40；

N320　G00　X35；

N330　G00　X35　Z30；

N340　M06　T0404；

N350　G00　X23　Z－47；

N360　G01　X16　Z－47　F40；

N370　G04　P2；

N380　G00　X23　Z－47；

N385　G00　X23　Z－35；

N390　G01　X15　Z－35　F40；

N400　G00　X23　Z－35；

N405　G00　X23　Z－79；

N410　G01　X20　Z－79　F40；

N420　G00　X22　Z－79；

N425　G00　X22　Z－78；

N430　G01　X20　Z－79　F40；

N440　G01　X0　Z－79　F40；

N450　G00　X35　Z30；

N470　M05；

N480　M02；

实例 3

如图 4-20 所示零件，毛坯为 $\phi30$mm 棒料，材料为 45 号钢，试编制数控车削加工程序。

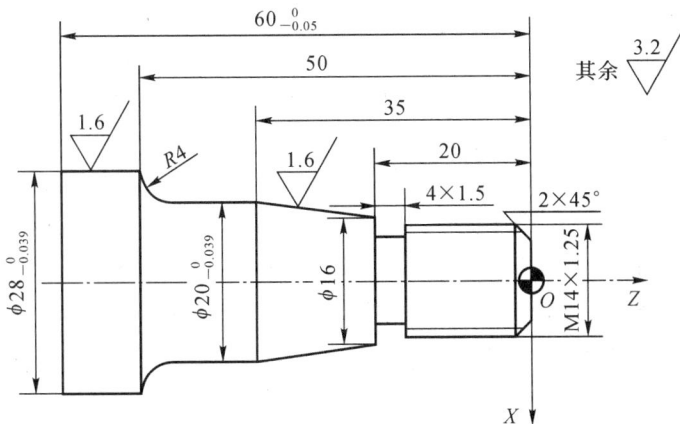

图 4-20　螺纹轴

1. 根据零件图样要求、毛坯情况，确定工艺方案及加工路线

（1）对短轴类零件，轴心线为工艺基准，用三爪自定心卡盘夹持 ϕ30mm 外圆一端，另一端伸出 70mm，一次装夹完成粗精加工。

（2）工步顺序。

1）粗车外圆。

2）精车外圆。

3）切槽。

4）车螺纹。

5）切断。

2. 选择机床设备

根据零件图样要求，选用 CK6130 型数控卧式车床，配有 HNC-22T 华中"世纪星"数控系统。

3. 选择刀具

根据加工要求，选用三把刀具，T01 为 90°外圆车刀，对外圆进行粗、精加工，T02 为 60°螺纹刀，T03 为切槽刀，刀宽为 4mm。

同时把三把刀在四工位自动换刀刀架上安装好，且都对好刀，把它们的刀偏值输入相应的刀具参数中。

4. 确定切削用量

切削用量的具体数值应根据该机床性能、相关的手册并结合实际经验确定，详见加工程序。

5. 确定工件坐标系、对刀点和换刀点

确定以工件右端面与轴心线的交点 O 为工件原点，建立 XOZ 工件坐标系，如图 4-20 所示。

采用手动试切对刀方法，把对刀点（也是换刀点）设置在工件坐标系下 X100、Z200 处。

6. 编写程序（该程序用于 CK6130 车床）

按该机床规定的指令代码和程序段格式，把加工零件的全部工艺过程编写成程序清单。该工件的加工程序如下：

```
%0004
N10   T0101   M03   S450   F100   M08；
N20   G90   G94   G00   X32   Z0；
N30   G01   X−1；
N40   G00   X32   Z2；
N50   G71   U1   R0.5   P60   Q130   X1   Z0.5   F200   S800；
N60   G00   X6；
N70   G01   X14   Z−2   F100；
N80   Z−20；
N90   X16；
N100   X20   Z−35；
N110   Z−46；
```

N120　G02　X28　Z－50　R4;

N130　Z－64;

N140　G00　X100　Z200;

N150　T0303;

N160　G00　X18　Z－20;

N170　G01　X11　F100;

N180　X18　F300;

N190　G00　X100　Z200;

N200　T0202;

N210　G00　X18　Z2;

N220　G95;

N230　G76　C2　R－2　E2　A60　X12.376　Z－18　I0　K0.812　U0.2　V0.2

Q0.4　F1.25;

N240　G94　G00　X100　Z200;

N250　T0303;

N260　G00　X32　Z－64;

N270　G01　X0　F100;

N280　G00　X32;

N290　X100　Z200;

N300　M05;

N310　M30;

4.3　数控铣床编程

数控铣床的加工能力很强,能够加工各种平面轮廓和立体轮廓零件,如各种形状复杂的凸轮、样板、模具、叶片、螺旋桨等。通过选配相应的刀具还可以进行钻、扩、铰、镗孔和加工螺纹等。数控铣床的应用很广泛,不同的数控铣床和数控系统,其功能和操作方法略有差异,但基本的编程与操作方法相同。下面以典型数控系统为例,介绍 FANUC 和华中"世纪星"(HNC-21M)数控系统的编程方法和实例。

4.3.1　FANUC 0-MD 系统数控铣床编程

实例 1

如图 4-21 所示凸轮零件,毛坯两个平面和孔都已经精加工过,外轮廓也粗加工过,留有 1mm 的精加工余量,试编制外轮廓的数控铣削精加工程序。

1. 根据零件图样要求、毛坯情况,确定工艺方案及加工路线

(1)对该零件,以底面和孔为工艺基准,用螺栓压板夹紧工件完成精加工。

(2)工艺路线

沿着工件轮廓进行精加工。

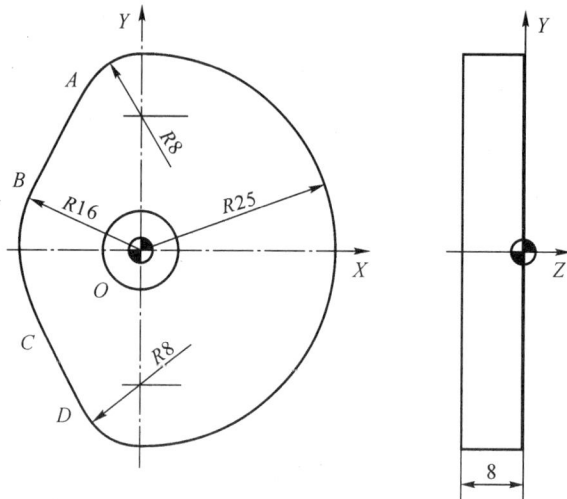

图 4-21　凸轮

2. 选择机床设备

根据零件图样要求,选用配置 FANUC O-MD 系统数控铣床。

3. 选择刀具

根据加工要求,选用直径为 φ10mm 的键槽铣刀,对凸轮外轮廓进行精加工。

4. 确定切削用量

切削用量的具体数值应根据该机床性能、相关的手册并结合实际经验确定,详见加工程序。

5. 确定工件坐标系

建立如图 4-21 所示工件坐标系。

6. 计算各切点的坐标值

$A(-7.059, 20.765)$、$B(-14.118, 7.529)$、$C(-14.118, -7.529)$、$D(-7.059, -20.765)$。

7. 编写程序

按该系统规定的指令代码和程序段格式,把加工零件的全部工艺过程编写成程序清单。该工件的加工程序如下:

```
O 1010
N10   G92   X0   Y0   Z200;
N20   G00   X-60   Y60;
N30   G01   Z-8   F50;
N40   S900   M03   M08;
N50   G01   G41   X0   Y25   F50   D01;
N55   G04   P500
N60   G02   Y-25   R25   F150;
N70   X-7.059   Y-20.765   R8;
N80   G01   X-14.118   Y-7.529;
N90   G02   X-14.118   Y7.529   R16;
```

N100　G01　X－7.059　Y20.765；

N110　G02　X0　Y25　R8；

N120　G00　G40　X50　Y50；

N130　G00　Z200；

N140　X0　Y0；

N150　M05　M09；

N160　M02；

实例 2

如图 4-22 所示零件,毛坯为六个外表面都已加工过的立方体,要求对该零件的型腔进行粗、精加工,试编制数控切削加工程序。

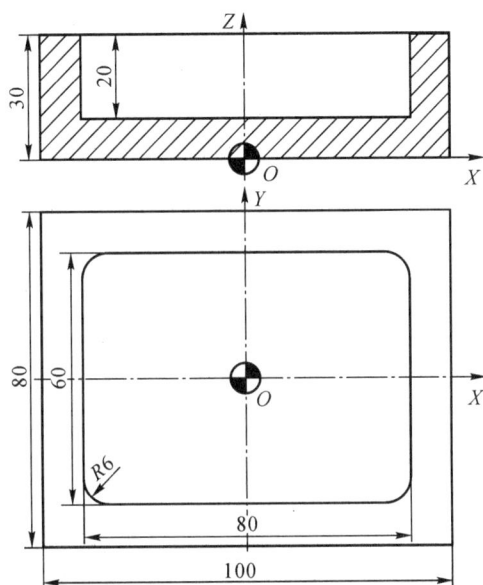

图 4-22　矩形槽

1. 根据零件图样要求、毛坯情况,确定工艺方案及加工路线

(1)对该零件,以底面为工艺基准,用平口钳夹持宽度 80mm 的两面,一次装夹完成粗精加工。

(2)工步顺序

1)在毛坯上表面中心钻好 ϕ20mm 的工艺孔。

2)粗加工,分四层切削加工,底面和侧面各留 0.5mm 的精加工余量。

3)精加工,从中心工艺孔垂直进刀,向周边扩展。

2. 选择机床设备

根据零件图样要求,选用配置 FANUC O-MD 系统数控铣床。

3. 选择刀具

根据加工要求,选用两把刀具,T01 为 ϕ20mm 的立铣刀,对型腔进行粗加工,T02 为 ϕ10mm 的键槽铣刀,对型腔进行精加工。

4. 确定切削用量

切削用量的具体数值应根据该机床性能、相关的手册并结合实际经验确定,详见加工程序。

5. 确定工件坐标系

建立如图 4-22 所示工件坐标系。

6. 编写程序

按该系统规定的指令代码和程序段格式,把加工零件的全部工艺过程编写成程序清单。该工件的加工程序如下:

O 0111；

N10　G92　X0　Y0　Z300；

N20　G90　G00　Z50；

N30　T01　M06；

N40　S300　M03　M08；

N50　G01　Z25　F25；

N60　M98　P1000　L1；

N70　Z20　F25；

N80　M98　P1000　L1；

N90　Z15　F25；

N100　M98　P1000　L1；

N110　Z10.5　F25；

N120　M98　P1000　L1；

N130　G00　Z50；

N140　T02　M06；

N150　S600　M03；

N160　M08；

N170　G01　Z10　F25；

N180　X-11　Y1　F120；

N190　Y-1；

N200　X11；

N210　Y1；

N220　X-11；

N230　X-19　Y9；

N240　Y-9.5；

N250　X19；

N260　Y9；

N270　X-19；

N280　X-27　Y17；

N290　Y-17；

N300　X27；

N310　Y17；

N320　X-27；

```
N330    X－34  Y25；
N340    G03  X－35  Y24  I0  J－1；
N350    G01  Y－24；
N360    G03  X－34  Y－25  I1  J0；
N370    G01  X34；
N380    G03  X35  Y－24  I0  J1；
N390    G01  Y24；
N400    G03  X34  Y25  I－1  J0；
N410    G01  X－35；
N420    G00  X－30  Y10；
N430    G00  Z50；
N440    M05  M09；
N450    M02；
子程序：
O 1000
N10    G01  X－17.5  Y7.5  F80；
N20    Y－7.5；
N30    X17.5；
N40    Y7.5；
N50    X－17.5；
N60    X－29.5  Y19.5；
N70    Y－19.5；
N80    X29.5；
N90    Y19.5；
N100    X－29.5；
N110    X0  Y0；
N120    M99；
```

4.3.2　华中世纪星（HNC-21/22M）系统数控铣床编程

下面以华中世纪星（HNC-21/22M）数控系统为例，介绍数控铣床的编程。

实例 1

如图 4-23 所示，工件表面都已加工过，要求用 $\phi8$ 的键槽铣刀，沿双点画线加工距离工件上表面 3mm 深的凹槽，工件厚度 20mm，工件材料为 45 号钢。

（1）工艺分析

1）分析零件图：明确工件结构形状，检查尺寸标注是否齐全。

2）工件定位装夹：该工件为立方体结构，且表面已加工过，可用平口钳夹紧固定在数控铣床的工作台上。

3）刀具选择：根据题目要求，选择 $\phi8$ 的键槽铣刀。

4）确定编程坐标系：如图 4-23 所示，选择工件前表面和上表面的交线作为 X 轴，左表面和上表面的交线作为 Y 轴,左表面和前表面的交线作为 Z 轴。

5)确定加工路线:对刀点→加工开始点→下刀点→A→B→C→D→E→F→G→H→A→退刀点→对刀点。

(2)数值计算:计算出各基点和节点的坐标值,以供编程使用。

对刀点(0,0,50)、加工开始点(19,24,50)、下刀点(19,24,5)、A(19,24,−3)、B(19,56,−3)、C(29,66,−3)、D(71,66,−3)、E(81,56,−3)、F(81,24,−3)、G(71,14,−3)、H(29,14,−3)、I(19,24,−3)、退刀点(19,24,50)。

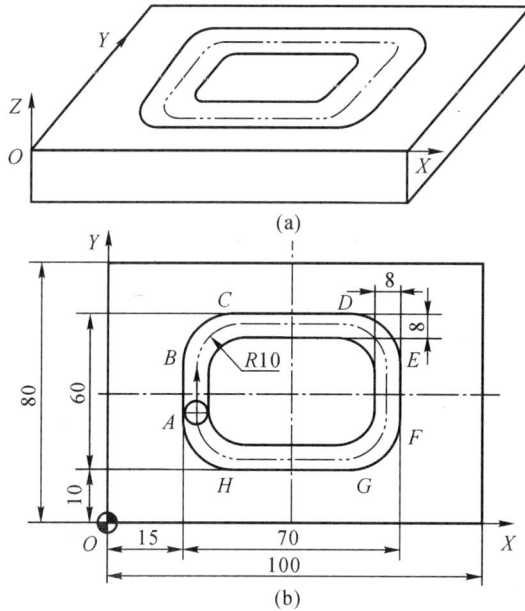

图 4-23　环形槽

(3)编制程序:

O 1001

N10　G92　X0　Y0　Z50

N20　M03　S500

N30　G00　X19　Y24

N40　Z5

N50　G01　Z−3　F40

N60　Y56

N70　G02　X29　Y66　R10

(N70　G02　X29　Y66　I10)

N80　G01　X71

N90　G02　X81　Y56　R10

(N90　G02　X81　Y56　J−10)

N100　G01　Y24

N110　G02　X71　Y14　R10

(N110　G02　X71　Y14　I—10)

N120　G01　X29

N130　G02　X19　Y24　R10

(N130　G02　X19　Y24　J10)

N140　G00　Z50

N150　X0　Y0

N160　M30

实例 2

如图 4-24 所示,在 100mm×100mm×100mm 的平整立方体工件上部,已经粗加工出 32mm×32mm×10mm 的凸台。要求把该凸台精加工到尺寸为 30mm×30mm×10mm。设加工开始时刀具距离工件表面 50mm,切削深度为 10mm。工件材料为 HT200。

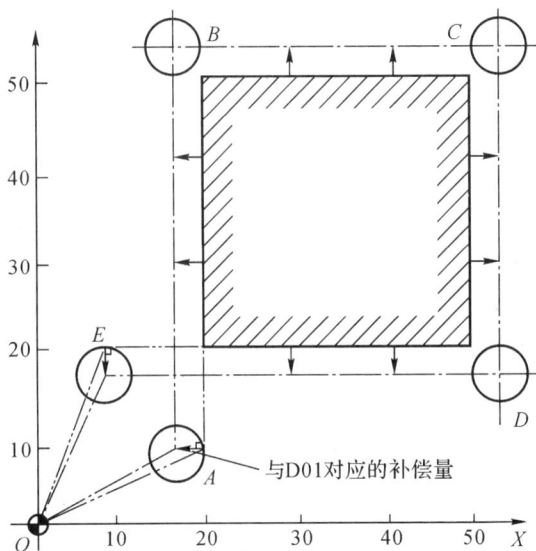

图 4-24　凸台

(1)工艺分析

1)分析零件图:明确零件结构形状和题目加工要求。

2)工件定位装夹:该零件立方体结构,且表面平整,可用平口钳夹紧固定在数控铣床的工作台上。

3)刀具选择:需要加工的是深度为 10mm、厚度为 1mm 的工件外轮廓,可选择 ϕ16mm 的键槽铣刀。

4)确定编程坐标系:建立如图所示 X、Y 坐标系,Z 轴零点选在凸台上表面。

5)确定加工路线:对刀点→加工开始点→下刀点→A→B→C→D→E→退刀点→对刀点。

(2)数值计算:计算出各基点和节点的坐标值,以供编程使用。

对刀点(0,0,50)、加工开始点(20,10,50)、下刀点(20,10,2)、A(20,10,—10)、B(20,50,—10)、C(50,50,—10)、D(50,20,—10)、E(10,20,—10)、退刀点(10,20,50)。

（3）编制程序

按增量方式编程：

O 1002

N10　G92　X0.0　Y0.0　Z50

N20　G91　G17　G00

N30　G41　X20.0　Y10.0　D01

N35　Z－48　M03　S500

N38　G01　Z－12　F200

N40　G01　Y40.0　F100

N50　X30.0

N60　Y－30.0

N70　X－40.0

N80　G00　Z60　M05

N85　G40　X－10.0　Y－20.0

N90　M30

按绝对方式编程：

O 1002

N10　G92　X0.0　Y0.0　Z50

N20　G90　G17　G00

N30　G41　X20.0　Y10.0　D01

N35　Z2　M03　S500

N38　G01　Z－10　F200

N40　G01　Y50.0　F100

N50　X50.0

N60　Y20.0

N70　X10.0

N80　G00　Z50　M05

N85　G40　X0　Y0

N90　M30

实例 3

如图 4-25 所示，工件已经粗加工过，现在需要用 $\phi20$ 的键槽铣刀加工周边轮廓，用 $\phi16$ 的键槽铣刀加工两边凹陷台阶，用 $\phi8$ 的钻头加工孔，待加工各处的加工余量都是 1mm，试编制精加工程序。工件材料为 HT200。

（1）工艺分析

1）分析零件图：明确零件结构形状，检查尺寸标注是否齐全。

2）工件定位装夹：加工四周轮廓时，用垫铁、螺栓和压板通过底面和孔定位、夹紧；加工凹陷台阶和孔时，用平口钳、垫铁定位、夹紧。

3）刀具选择：根据题目要求，加工四周轮廓时用 $\phi20$ 的键槽铣刀、用 $\phi16$ 的键槽铣刀加工两边凹陷台阶,用 $\phi8$ 的钻头加工 6 个孔。

4)确定编程坐标系:建立如图 4-25 所示坐标系。

5)确定加工路线:加工四周轮廓的走刀路线:对刀点→下刀点→切入外延点→A→B→C→切出外延点→抬刀点→对刀点。加工两边凹陷台阶的走刀路线:对刀点→下刀点→切入外延点→$OAED$ 区域→$BCFG$ 区域→切出外延点→抬刀点→对刀点。加工六个孔的走刀路线:对刀点→下刀点→H→I→J→K→L→M→抬刀点→对刀点。

(2)数值计算

计算出各基点和节点的坐标值,以供编程使用。详见程序内各点坐标值。

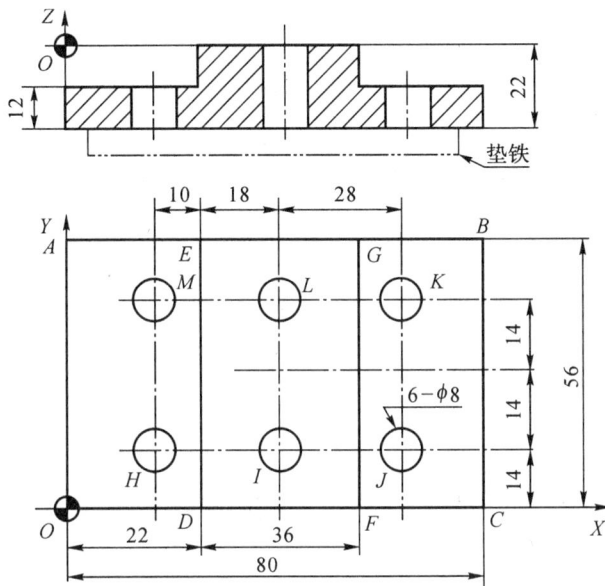

图 4-25　孔台

(3)编制程序:

```
O 1003
N10   M06   T01;
N20   G92   X-20   Y-20   Z100;
N30   M03   S500;
N40   G00   G41   X0   Y-10   D01;
N50   G43   Z-23   H01;
N60   G01   Y56   F100;
N70   X80;
N80   Y0;
N90   X-10;
N100  G00   G49   Z100;
N110  G40   X-20   Y-20;
N120  M05;
N130  M30;
```

O 1004

N10　M06　T02；

N20　G92　X－20　Y－20　Z100；

N30　M03　S500；

N40　G00　X5　Y－10；

N50　G43　Z－10　H02；

N60　G01　Y70　F100；

N70　X13；

N80　Y－10；

N90　X14；

N100　Y70；

N110　G00　X75；

N120　G01　Y－10　F100；

N130　X67；

N140　Y70；

N150　X66；

N160　Y－10；

N170　G00　G49　Z100；

N180　X－20　Y－20；

N190　M05；

N200　M30；

O 1005

N10　M06　T03；

N20　G92　X－20　Y－20　Z100；

N30　M03　S500；

N40　G00　G43　Z10　H03；

N50　G98　G73　X12　Y14　Z－23　R－6　Q－5　K3　F50；

N60　G98　G73　G91　X28　G90　Z－23　R4　Q－5　K3　L2　F50；

N70　G98　G73　X68　Y42　Z－23　R－6　Q－5　K3　F50；

N80　G98　G73　G91　X－28　G90　Z－23　R4　Q－5　K3　L2　F50；

N90　G00　G49　Z100；

N100　X－20　Y－20；

N110　M05；

N120　M30；

4.4　加工中心编程

加工中心(Machining Center)是在数控铣床的基础上发展起来的一种高度自动化加工设备,它带有刀库和自动换刀装置。加工中心具有自动换刀能力,在刀库上安装不同用途的刀具,可在一次装夹中通过自动换刀改变主轴上的刀具,实现钻、铣、镗、攻螺纹、切槽等多种加工功能。因此,加工中心适合加工形状复杂、加工工序内容多、加工过程需要多把刀具、加工精度要求高的零件。不同数控系统的加工中心编程方法有差异,下面以 FANUC 0-MC 系统 SIEMENS 802D 系统为例,介绍加工中心的编程。

4.4.1 FANUC 0-MC 系统加工中心编程

实例 1

如图 4-26 所示壳体零件,需要加工壳体上平面、位于上平面 12mm×6mm 的槽以及 4×M10−7H 的螺纹孔,试编制该零件的加工中心程序。

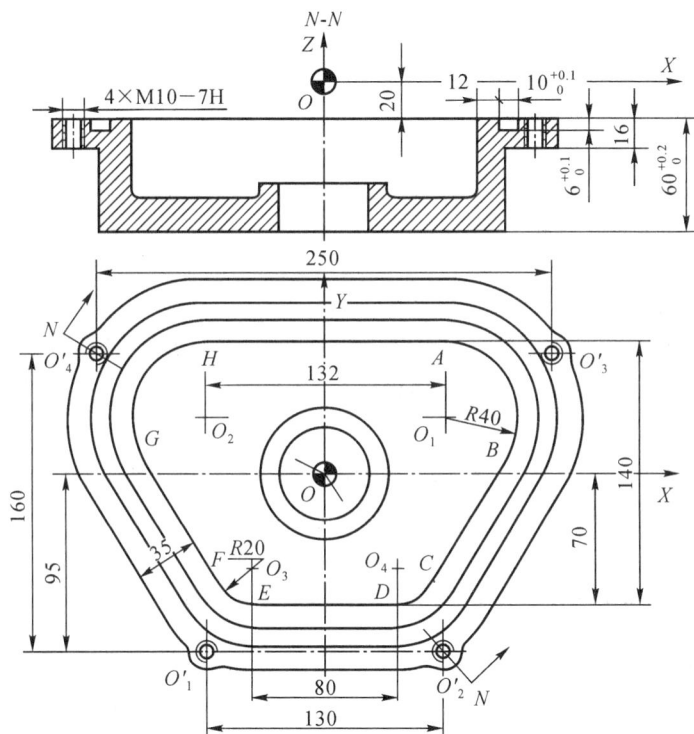

图 4-26 壳体

1. 根据零件图样要求、毛坯情况,确定工艺方案及加工路线

(1)对该零件,以底面和孔为工艺基准,用螺栓压板夹紧工件完成加工过程。

(2)工艺路线

详见表 4-8 数控加工工艺卡片。

表 4-8　数控加工工艺卡片

零件号		零件名称	壳体	材　料		HT200
程序号	O2001	机床型号		工　　　艺		
工序内容	刀具号	刀具规格	n(r/min)	v_f(mm/min)	长度补偿	半径补偿
铣平面	T01	ϕ63mm 硬质合金端铣刀	280	60	H01	D21
钻 4×M10 中心孔	T02	ϕ3mm 中心钻	1000	100	H02	
钻 4×M10 的底孔；定槽 10 中心位置	T03	ϕ8.5mm 高速钢钻头	500	50	H03	
螺纹孔倒角	T04	ϕ18mm 钻头(90°)	500	50	H04	
攻螺纹 4×M10−7H	T05	M10 丝锥	60	90	H05	
铣槽 10	T06	ϕ10mm 高速钢立铣刀	300	30	H06	D26

2. 确定工件坐标系

建立如图 4-26 所示工件坐标系。

3. 计算各切点的坐标值

A(66,70)、B(100.04,8.946)、C(57.01,−60.527)、D(40,−70)、E(−40,−70)、F(−57.01,−60.527)、G(−100.04,8.946)、H(−66,70)

4. 编写程序

按立式加工中心 FANUC 0-MC 系统规定的指令代码和程序段格式,把加工零件的全部工艺过程编写成程序清单。该工件的加工程序如下:

```
O 2001
N010  G49  G28  Z0;                     回换刀点
N020  T01  M06;                         换刀
N030  G90  G54  G00  X0  Y0  T02;       建立工件坐标系,选 T02 刀具
N040  G43  Z0  H01;                     设置刀具长度补偿
N050  M03  S280;                        主轴起动
N055  G01  Z−20  F40;                   下刀
N060  G41  G01  Y70  F50  D21;          设置刀具半径补偿
N070  M98  P2002;                       调用子程序
N080  G40  Y0  M05;                     取消刀具半径补偿,主轴停止
N090  G28  Z0  M06;                     Z 轴返回参考点换刀
N100  G00  X−65  Y−95  T03;             到 $O_1{}'$,选 T03 刀具
N110  G43  Z0  F100  H02;               设置刀具长度补偿
N120  S100  M03;                        主轴起动
N130  G99  G81  Z−24  R−17;             钻 $O_1{}'$ 中心孔
N140  M98  P2003  M05;                  调用子程序,钻中心孔
N150  G80  G28  G49  Z0  M06;           返回换刀
```

N160　G00　G43　Z0　F50　H03　T04；　　　　　设置刀具长度补偿,选 T04 刀具

N170　S300　M03；　　　　　　　　　　　　　主轴起动

N180　G99　G81　X0　Y87　Z－22　R－17；　　定槽上端中心位置

N190　X－65　Y－95　Z－40；　　　　　　　　钻 O_1' 底孔

N200　M98　P2003　M05；　　　　　　　　　　调用子程序,钻孔

N210　G80　G28　G49　Z0　M06；　　　　　　返回换刀

N220　G00　G43　Z0　H04　M03　T05；　　　　设置刀具长度补偿,选 T05 刀具

N230　G99　G82　Z－26　R－17　P500；　　　 O_1' 孔倒角

N240　M98　P2003　M05；　　　　　　　　　　调用子程序,孔倒角

N250　G80　G28　G49　Z0　M06；　　　　　　返回换刀

N260　G43　G00　Z0　H05　F90　T06；　　　　设置刀具长度补偿,选 T06 刀具

N270　S60　M03；　　　　　　　　　　　　　主轴起动

N280　G90　G84　X－65　Y－95　Z－40　R－10；　O_1' 孔攻螺纹

N290　M98　P2003　M05；　　　　　　　　　　调用子程序,攻螺纹

N300　G80　G28　G49　Z0　M06；　　　　　　返回换刀

N310　G00　X－0.5　Y150　T00；　　　　　　到铣槽起始点

N320　G41　D26　Y70；　　　　　　　　　　设置刀具半径补偿

N330　G43　Z0　H06；　　　　　　　　　　　设置刀具长度补偿

N340　S300　M03；　　　　　　　　　　　　主轴起动

N350　X0；　　　　　　　　　　　　　　　　到 X＝0 点

N360　G01　Z－26.05　F30；　　　　　　　　下刀

N370　M98　P2002　M05；　　　　　　　　　调铣槽子程序铣槽

N380　G28　G49　Z0　M06；　　　　　　　　返回换刀

N390　G28　X0　Y0；　　　　　　　　　　　回机床零点

N400　M30；　　　　　　　　　　　　　　　结束

铣槽子程序：

O 2002

N10　X66　Y70；

N20　G02　X100.04　Y8.946　J－40；　　　　切削右上方 $R40$mm 圆弧

N30　G01　X57.01　Y－60.527；

N40　G02　X40　Y－70　I－17.01　J10.527；　切削右下方 $R20$mm 圆弧

N50　G01　X－40；

N60　G02　X－57.01　Y－60.527　J20；　　　切削左下方 $R20$mm 圆弧

N70　G01　X－100.04　Y8.946；

N80　G02　X－66　Y70　I34.04　J21.054；　　切削左上方 $R40$mm 圆弧

N90　G01　X0.5；

N100　M99；

O_2'、O_3'、O_4' 孔定位子程序：

O 2003

N10　X65；　　　　　　　　　　　　　　O_2'孔位

N20　X125　Y65；　　　　　　　　　　O_3'孔位

N30　X－125；　　　　　　　　　　　O_4'孔位

N40　M99；

设置 D21＝17mm,D26＝17mm。

4.4.2　SIEMENS 802D 系统加工中心编程

实例 1

如图 4-27 所示样板零件,需要加工样板四周轮廓、钻位于上面的 9 个 $\phi10$mm 的孔,镗 $\phi100$H7 的孔,试编制该零件的加工中心程序。

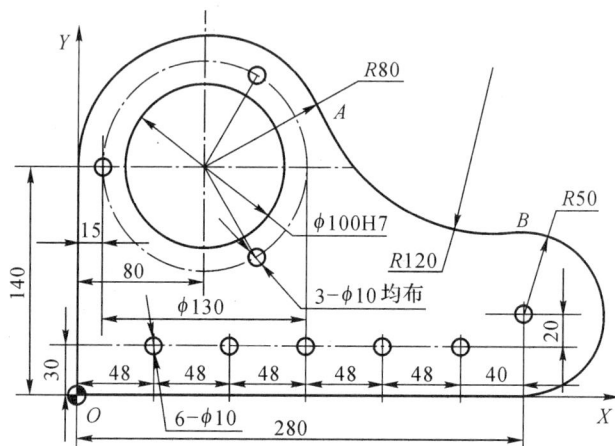

图 4-27　样板

1. 工艺分析

首先分析零件图,选择刀具、切削用量、确定走刀路线等。

2. 建立工件坐标系

如图 4-27 所示坐标系,Z 轴零点位于工件的上表面。

3. 数值计算

计算各基点和节点的坐标值,以便于编程。

4. 编写程序

按立式加工中心 SINUMERIK 802D 系统规定的指令代码和程序段格式,把加工零件的全部工艺过程编写成程序清单。该工件的加工程序如下:

O 0108

N10　T1；

N20　L6；

N30　M03　S1200；

N40　G54　G00　X－20　Y－20　Z5　D01；

N50　G01　Z－12　F100　M07；

N60　G41　G01　X0　Y0　F150；

N70　　G01　Y140；

N80　　G02　X153.46　Y171.69　CR80；

N90　　G03　X275.19　Y99.77　CR＝120；

N100　G02　X280　Y0　CR＝50；

N110　G01　X0　Y0；

N120　G40　G00　X－20　Y－20；

N130　G00　Z50　M09；

N140　M05；

N150　T2；　　　　　　　　　　　　　　　　　换 ϕ10 钻头,钻孔

N160　L6

N170　M03　S900；

N180　G54　G00　X0　Y0　Z50　H2　M07；

N190　MCALL　CYCLE82(20,0,5,－12,0,0.1)；　　钻孔循环

N200　HOLES1(48,30,0,0,48,5)；　　　　　　　钻排孔

N210　X280　Y50；

N220　HOLES2(80,140,65,60,120,3)；　　　　　钻圆周孔

N230　MCALL；

N240　G00　Z50　M05　M09；

N250　T3；　　　　　　　　　　　　　　　　　换镗孔刀

N260　L6；

N270　M03　S800；

N280　G54　G00　X80　Y140　Z30　D3　M07；

N290　G01　Z－12　F120；

N300　M05；

N310　G00　Z50　M09；

N320　M30；

4.5　计算机辅助自动编程

计算机辅助制造(Computer Aided Manufacturing,CAM),是利用计算机作为主要技术手段,应用各种数字信息与图形信息来帮助人们完成产品制造的技术。

4.5.1　概述

数控编程方法可以分为两类:一类是手工编程,另一类是自动编程。

1. 手工编程

手工编程是指编制零件数控加工程序的各个步骤,即从零件图纸分析、工艺决策、确定加工路线和工艺参数、计算刀位轨迹坐标数据、编写零件的数控加工程序单直至程序的检验,均由人工来完成。

对于点位加工或几何形状不太复杂的轮廓加工,几何计算较简单,程序段不多,手工编

程即可实现。如简单阶梯轴的车削加工,一般不需要复杂的坐标计算,往往可以由技术人员根据零件图纸数据,直接编写数控加工程序。但对轮廓形状不是由简单的直线、圆弧组成的复杂零件,特别是空间复杂曲面零件,数值计算则相当烦琐,工作量大,容易出错,且很难校对,采用手工编程是难以完成的。

2. 自动编程

自动编程是采用计算机辅助数控编程技术实现的,需要一套专门的数控编程软件。现代数控编程软件主要分为以批处理命令方式为主的各种类型的语言编程系统和交互式 CAD/CAM 集成编程系统。

(1)APT 是一种自动编程工具(Automatically Programmed Tool)的简称,是对工件、刀具的几何形状及刀具相对于工件的运动等进行定义时所用的一种接近于英语的符号语言。在编程时编程人员依据零件图样,以 APT 语言的形式表达出加工的全部内容,再把用 APT 语言书写的零件加工程序输入计算机,经 APT 语言编程系统编译产生刀位文件(CLDATA file),通过后置处理后,生成数控系统能接受的零件数控加工程序的过程,称为 APT 语言自动编程。采用 APT 语言自动编程时,计算机(或编程机)代替程序编制人员完成了烦琐的数值计算工作,并省去了编写程序单的工作量,因而可将编程效率提高数倍到数十倍,同时解决了手工编程中无法解决的许多复杂零件的编程难题。

(2)交互式 CAD/CAM 集成系统自动编程是现代 CAD/CAM 集成系统中常用的方法,在编程时编程人员首先利用计算机辅助设计(CAD)或自动编程软件本身的零件造型功能,构建出零件几何形状,然后对零件图样进行工艺分析,确定加工方案,其后还需利用软件的计算机辅助制造(CAM)功能,完成工艺方案的制订、切削用量的选择、刀具及其参数的设定,自动计算并生成刀位轨迹文件,利用后置处理功能生成指定数控系统用的加工程序。因此我们把这种自动编程方式称为图形交互式自动编程。这种自动编程系统是一种 CAD 与 CAM 高度结合的自动编程系统。集成化数控编程的主要特点是:零件的几何形状可在零件设计阶段采用 CAD/CAM 集成系统的几何设计模块在图形交互方式下进行定义、显示和修改,最终得到零件的几何模型。编程操作都是在屏幕菜单及命令驱动等图形交互方式下完成的,具有形象、直观和高效等优点。

4.5.2 自动编程的基本原理

所谓自动编程,即计算机辅助编程,就是利用电子计算机代替手工编程,其基本原理如图 4-28 和图 4-29 所示。

首先,编程人员应根据零件图纸和工艺要求,运用数控语言,把与加工零件相关的信息,如零件的几何形状、尺寸、材料、加工要求、走刀路线、切削参数及刀具选择等进行综合考虑,在此基础上编制成零件加工的源程序。然后,将该源程序输入到通用计算机中,由预先存储在计算机中的自动编程软件(编译程序)对其进行编译、生成刀位轨迹、数据计算和后置处理,自动生成加工程序单、穿孔纸带或通过计算机通信接口将加工程序直接传输给数控机床进行调用。

这里需要注意的是:数控加工自动编程若以基于何种模型进行划分,可分为"以实体模型为基础的数控加工自动编程"和"以表面模型为基础的数控加工自动编程"。后者的数控编程系统一般只用于数控编程,就是说,其零件的设计功能(或几何造型功能)是专为数控编程

零件几何造型

↓ 生成

表面模型

↓

工艺规划

↓

刀具定义
刀具轨迹定义
加工工艺规范定义

↓

APT源程序

APT编译程序 →

刀位文件

后置处理 →

零件NC加工程序

↓

程序验证及加工
过程动态图形仿真

工程(产品)设计师　零件(特征)设计

↓ 生成

零件实体模型　　提取

↓ 识别

加工特征

↓

可加工性分析

制造工艺师　工艺规划

↓

刀具定义
刀具轨迹定义
加工工艺规范定义

↓

APT编译程序 → APT源程序

↓

刀位文件

后置处理 →

零件NC加工程序

↓

程序验证及加工
过程动态图形仿真

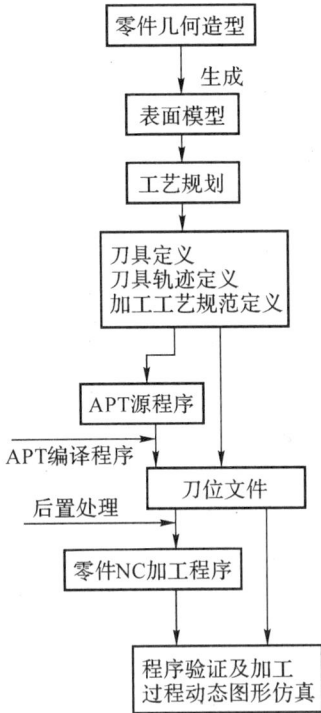

图 4-28　基于表面模型的数控编程原理　　　图 4-29　基于实体模型的数控编程原理

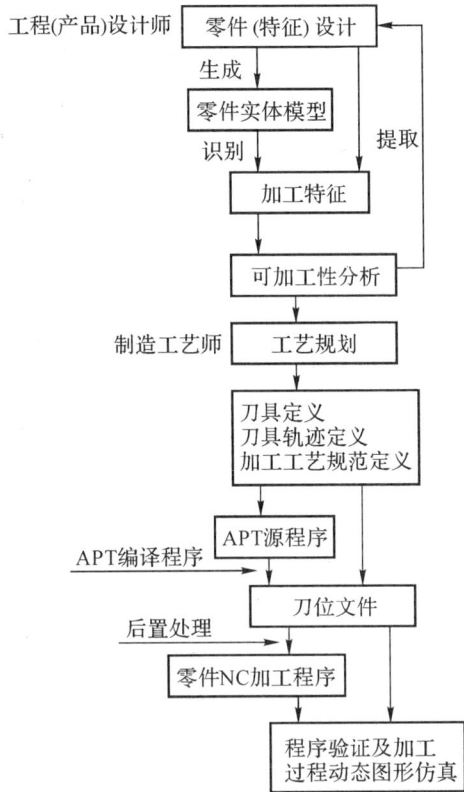

服务的,针对性很强,也容易使用,典型的软件系统有 MasterCAM、SurfCAM 等数控编程系统,图 4-28 描述了其编程原理与过程。前者则不同,其实体模型一般都不是专为数控编程服务的,甚至不是为数控编程而设计的,为了用于数控编程往往需要对实体模型进行可加工性分析,识别加工特征(machining feature)(加工表面或加工区域),并对加工特征进行加工工艺规划,最后才能进行数控编程,其中每一步可能都很复杂,需要在人机交互方式下进行,图 4-29 描述了其数控编程的原理与过程。

4.5.3　Unigraphics CAM 自动编程软件

UG(Unigraphics)是当今世界应用最广泛的计算机辅助设计、分析和制造软件之一,广泛应用于航空、航天、汽车和家用电器等制造领域。

该软件具有强大的实体造型、曲面造型、虚拟装配和产生工程图等设计功能,而且,在设计过程可进行有限元分析、动力学分析和仿真模拟,提高了产品设计的可靠性。同时,它可用建立的三维模型直接生成数控代码,用于产品的加工,其后处理程序支持多种类型数控系统和数控机床。

UG CAM 的加工类型分点位加工、铣削加工、车削加工、和线切割加工四大类。点位加工可产生钻、扩、镗、铰、和攻螺纹等操作的刀具路径,点位加工也可用于点焊和铆接等。该加工类型的特点是用点作为驱动几何,可根据需要选择不同的固定循环。在铣削加工中,有多种铣削分类方法,根据加工表面形状可分为平面铣和轮廓铣;根据在加工过程中机床主轴轴

```
┌─────────────────────────┐
│        分析几何体         │
│  平面/曲面，粗加工精加工   │
└─────────────────────────┘
              │ 进入 manufacturing
┌─────────────────────────┐
│       选择加工环境        │
│      定义配置和设置       │
└─────────────────────────┘
              │
┌─────────────────────────┐
│   建立/修改加工对象父节点组 │
└─────────────────────────┘
   │      │        │      │
┌─────┐ ┌─────┐ ┌─────┐ ┌─────┐
│ 程序 │ │几何形│ │ 刀具 │ │ 方法 │
└─────┘ └─────┘ └─────┘ └─────┘
              │
      ┌───────────────┐
      │    创建操作     │
      └───────────────┘
              │
      ┌───────────────┐
      │    生成刀轨     │
      └───────────────┘
              │
      ┌───────────────┐
      │   刀轨仿真检查   │
      └───────────────┘
              │
      ┌───────────────┐
      │     后处理      │
      │   车间工艺文件   │
      └───────────────┘
              │
      ┌───────────────┐
      │    数控程序     │
      └───────────────┘
```

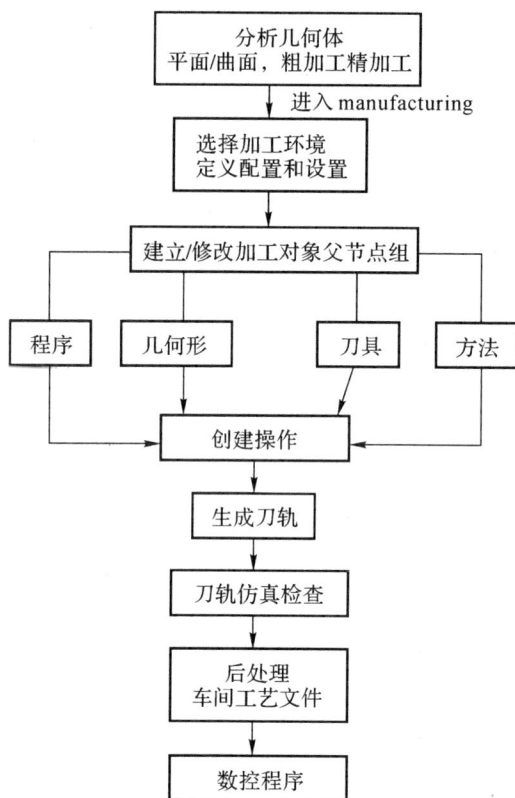

图 4-30　UG 编程的流程图

线方向相对工件是否能够改变,分固定轴铣和变轴铣。固定轴铣又分为平面铣、型腔铣和固定轮廓铣;变轴铣又分为可变轮廓铣和顺序铣。上面之所以提到一些加工的类型及加工的方法是因为编程和加工是分不开的,编程是为了实现最后的加工,自动编程讲究的是用何种加工方法准确地或者说更合理地实现所要对象的加工。

　　UG CAM 数控自动编程步骤为:首先,编程人员根据图样或 CAD 模型分析零件几何体的特征、加工精度,构思加工过程,确定加工方法,结合机床的具体情况,考虑工件的定位、夹紧,创建刀具、方法、几何体和程序四个父节点组,指定操作参数,创建操作,生成刀轨,并用 UG 的切削仿真进一步检查刀轨,然后对所有的刀轨进行后处理,生成符合机床标准格式数控程序,最后建立车间工艺文件,把加工信息送达给需要的使用者。具体过程和步骤如图4-30 所示。

4.5.4　Master CAM 自动编程软件

　　Master CAM 是基于 PC 平台的 CAD/CAM 软件,由美国 CNC Software 公司研制与开发,有良好的性能价格比,在国际 CAD/CAM 应用领域中,其装机量居世界第一,目前在我国企业中的应用十分普及。以 Master CAM 8.0 为例,它包括 Design、Mill、Lather 3 个模块。

　　Master CAM 8.0 系统是美国 CNC Software NC 公司研制开发的一套 PC 级套装软件,可以在一般的计算机上运行,它既可以绘制所要加工的零件,也可以产生加工这个零件的数控程序,还可以将 AutoCAD、CADKEY、SolidWorks 等 CAD 软件绘制的图形调入到 Master CAM 中进行数控编程,并将编制好的数控加工程序通过电缆直接传送到数控机床上,因此 Master CAM 是一套真正的 CAD/CAM 一体化软件。

Master CAM 8.0 编程步骤(以铣削加工为例)如下:

1. 刀具设置

在生成刀具路径时,只能从当前刀具列表中选取加工使用的刀具。当前刀具列表中的刀具可以从系统的刀具数据库中选择,也可以选用刀具库中刀具外形并设置不同的参数来定义刀具,还可以自己定义刀具外形加入刀具库中。

2. 刀具库管理

作用:用于对当前使用的刀库进行管理。

3. 工件设置

作用:完成立方体工件大小、原点、材料等的设置。

4. 材料设置

在生成刀具路径时,只能从当前材料列表中选择。当前材料列表中的材料可以从系统的材料库中选择,也可以设置不同的参数来定义材料。

5. 操作设置和操作管理器

作用:选择和设置默认操作文件对操作库文件进行管理。

6. 刀具路径模拟

作用:对生成的刀具路径重新在设定的模式下进行显示。

7. 加工模拟

作用:对生成的刀具路径进行加工模拟。

8. 后置处理

作用:设置后处理中的有关参数,生成相应机床的加工程序。

4.5.5 Cimatron 图形交互自动编程

Cimatron 软件是以色列 Cimatron 公司为工模具制造者提供的 CAD/CAM 解决方案,该软件无缝集成了一系列强大的、兼容的模块,使得设计、造型和绘图在实体—曲面—线框的统一环境下高度关联、统一。

CimatronE 7.0 具有零件造型设计、模具设计、装配和自动编程等功能。

CimatronE 7.0 对工模具制造者来说是一个完善成熟的 CAD/CAM 一体化解决方案,从报价到交付涵盖工模具制造的全过程。CimatronE 7.0 的模具设计、NC、电极,可以为各方面提供独立运行模式,不需要耗费时间,不会产生错误数据转换。CimatronE 7.0 是一套易学易用的 3D 工具,具有强大的功能。在整个设计过程中,CimatronE 无缝集成了快速分模,工程变更,生成电极、嵌件以及导向、冷却道等详细的模具零件。在制造过程中,非常容易实现 2.5～5 轴的刀路轨迹编程,在编程过程中充分利用高速加工,基于毛坯残留知识的加工,模板加工等强大的功能和优秀的策略,从而大大减少编程时间和实际加工时间。

思考题与习题

4-1 计算如图 4-32 所示各点的绝对坐标和增量坐标。

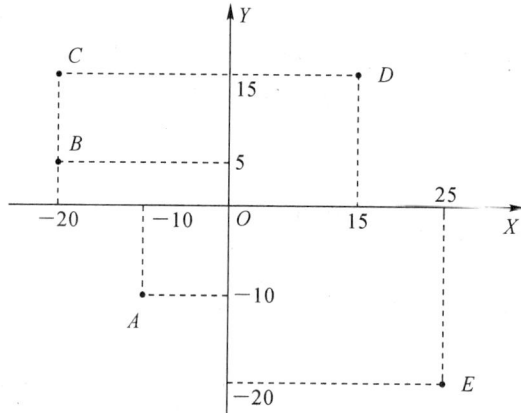

图 4-32

4-2 刀具半径补偿的作用是什么？使用刀具半径补偿有哪几步？在什么移动指令下才能建立和取消刀具半径补偿功能？

4-3 零件如图 4-33 所示，毛坯为 $\phi25\times100$ 的棒料，材料为 45 号钢，调质处理，试编制零件的数控车削加工程序。

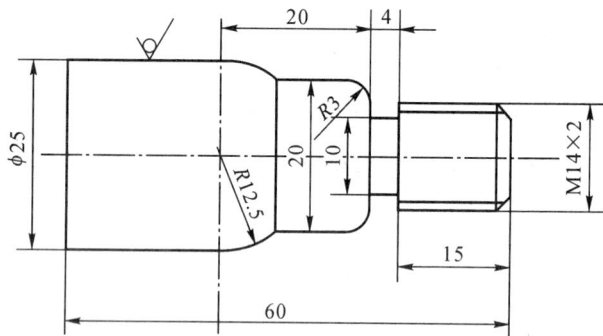

图 4-33

4-4 用数控车床加工如图 4-34 所示零件，材料为 45 号钢，调质处理，毛坯的直径为 30mm，长度为 120mm，试编制零件的数控车削加工程序。

4-5 零件图如图 4-35 所示，毛坯为 $\phi25\times100$ 的棒料，材料为 45 号钢，调质处理，试编制零件的数控车削加工程序。

4-6 铣刀半径 R 为 10mm，刀具号为 T01，刀具半径补偿号为 D01，图 4-36 中虚线为刀具中心的运动轨迹，假定 Z 轴方向无运动，对刀点在原点，试编制如图所示零件轮廓的数控铣削加工程序。

4-7 试按照如图 4-37 所示走刀路线编制数控铣削加工程序。

4-8 如图 4-38 所示，毛坯尺寸 122mm×82mm×5mm，材料为铝合金，上下表面平整。加工刀具采用立铣刀，试编制该工件的数控铣削加工程序。

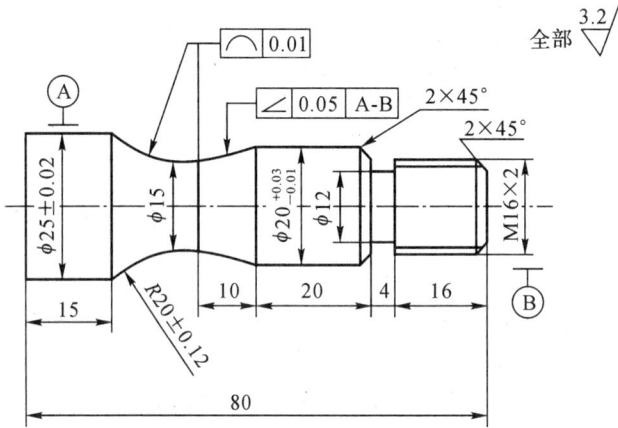

图 4-34

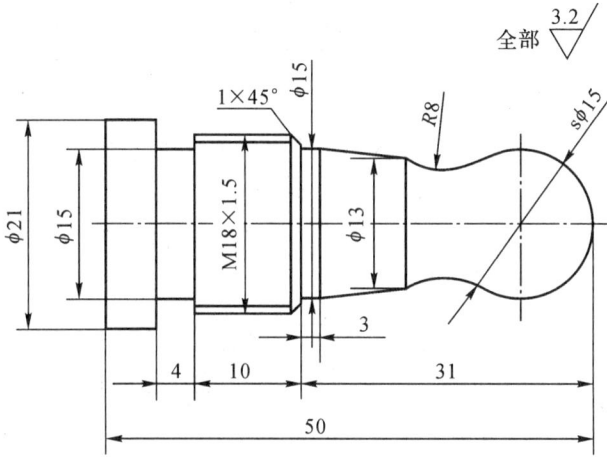

图 4-35

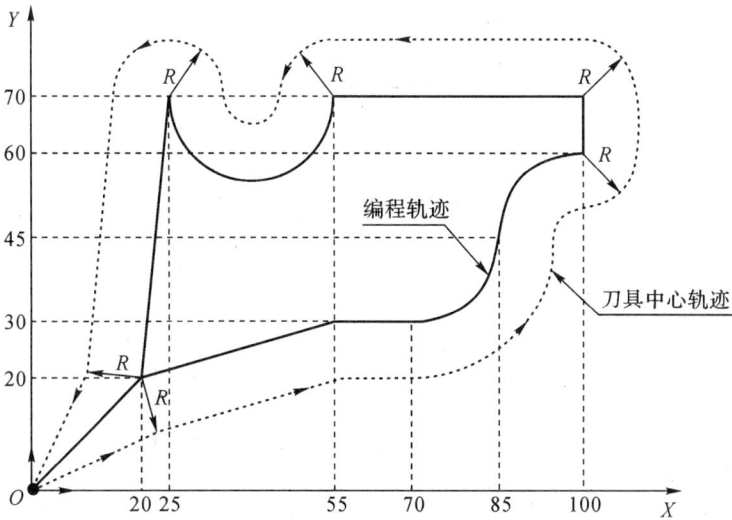

图 4-36

4-9 如图 4-39 所示,在 90mm×90mm×10mm 的铝合金板上加工一个凹型槽,槽深 2mm,

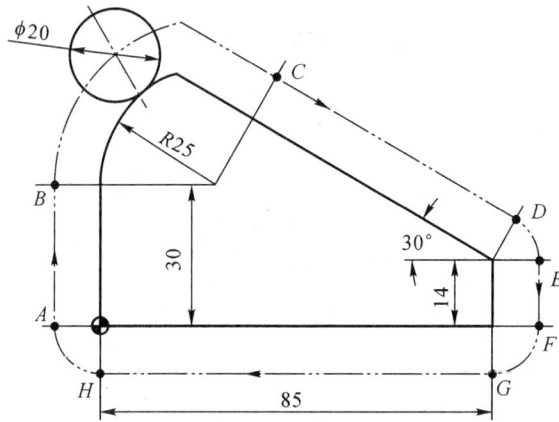

图 4-37

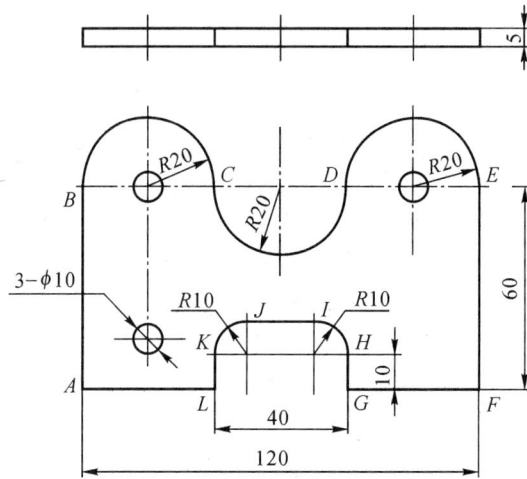

图 4-38

未注圆角 $R4$，试编制数控铣削加工程序。

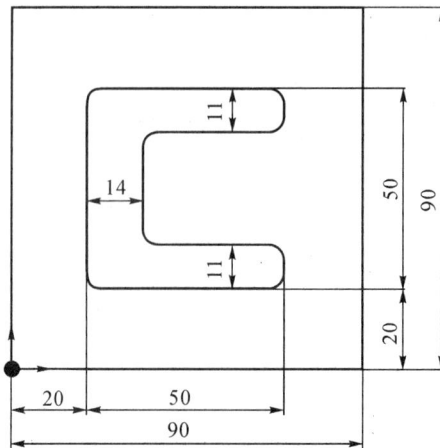

图 4-39

4-10　如图 4-40 所示零件,毛坯为 250mm×125mm×14mm 的矩形板材,六个面均已粗加工过,试编制该零件的加工中心程序。

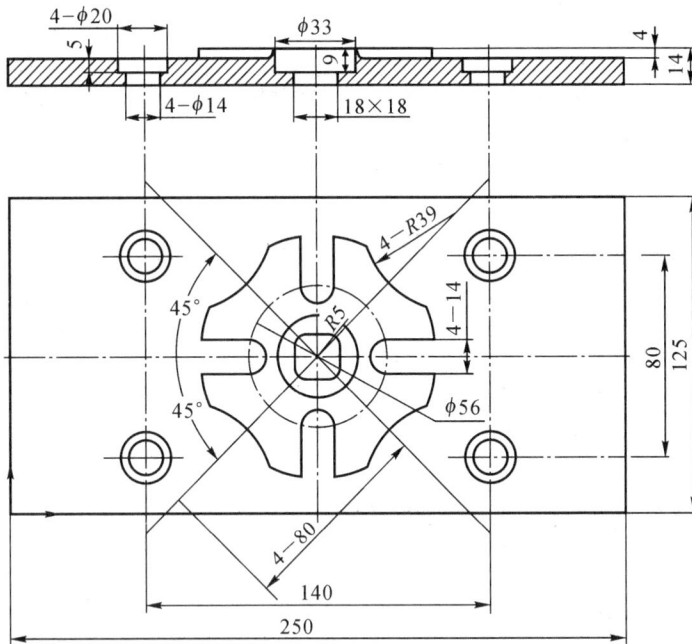

图 4-40

第5章 数控机床的伺服驱动系统和检测装置

<hr>

本章学习要点：

1. 熟悉数控机床伺服驱动系统和检测装置的分类、作用、性能和应用。

2. 掌握数控机床伺服驱动系统和各种检测装置的基本概念、结构和工作原理。

5.1 数控机床的伺服驱动系统

5.1.1 伺服驱动系统的技术要求

数控机床的伺服驱动系统作为数控系统和运动部件的联系桥梁，以及数控系统的指令的执行机构，其技术要求应该确保加工的质量和效率。伺服驱动系统的技术要求主要包括以下几个方面：

（1）精度高

伺服系统的精度是影响数控加工精度的重要因素之一。伺服系统的精度一般有定位精度、重复精度、检测装置的分辨率、脉冲当量等指标。现代数控机床的定位精度一般能达到 $1\mu m$，甚至可以达到 $0.1\mu m$。

（2）调速范围宽

伺服系统的调速范围是指额定负载下最高进给速度与最低进给速度之比。由于加工所用刀具、被加工零件材质以及零件加工要求的变化范围很广，为了保证在所有的加工情况下都能得到最佳的切削条件与加工质量，要求进给速度能在很大的范围内变化，即有很宽的调速范围。一般的数控机床，其进给速度在 1mm/min～24m/min 的范围之内，即调速范围为 1∶24000。

（3）稳定性好

即负载特性要硬，当负载发生变化或承受外界干扰的情况下，输出速度应基本不变，而且保持平稳均匀。

（4）动态响应快

即有高的灵敏度，达到最大稳态速度的时间要短，一般要求在 200～100ms，甚至几十毫秒。动态响应的快慢，反映了系统跟踪精度的高低，直接影响轮廓加工精度的高低和加工表面质量的好坏。

（5）低速转矩大

在低速切削时,切深和进给都需要很大的转矩,这对主轴电动机输出的转矩提出较高的要求。

(6)其他

除上述技术要求外,还有可靠性、环境特性、可维修性等方面的要求。

5.1.2　伺服驱动系统的分类

数控机床的伺服系统是一个位置控制系统,按有无位置检测和反馈进行分类,可分为以下三类:

(1)开环伺服系统

开环伺服系统是最简单的伺服系统,如图 5-1 所示。由 CNC 送出的指令脉冲,经驱动电路控制和功率放大后,驱动步进电机转动,从而驱动执行部件。步进电机每接受一个指令脉冲,就旋转一个角度,再通过齿轮副和丝杠螺母副带动机床工作台移动。步进电机的转速、转过的角度和旋转方向取决于指令脉冲的频率、个数和通电顺序,反映到工作台上就是工作台的移动速度、位移大小和运动方向。这种系统不需要对实际位移和速度进行测量,更无需将所测得的实际位置和速度反馈到系统的输入端与输入的指令位置和速度进行比较,故称之为开环伺服系统。

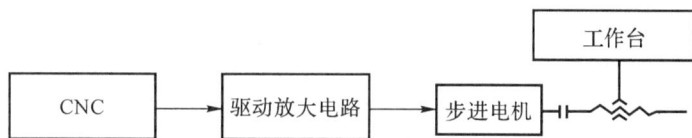

图 5-1　开环伺服系统

开环伺服系统的结构简单,调试、维修、使用较方便,且工作可靠,成本低廉。因而广泛应用在精度要求不高的经济型数控机床上。

(2)闭环伺服系统

由于开环伺服系统只接受数控系统的指令脉冲,至于执行情况的好坏则无法控制。如果能对执行情况进行监控,其加工精度无疑会大大提高。如图 5-2 所示,闭环伺服系统在执行部件上安装位置检测装置,直接测量执行部件的实际位移量,并将测量值反馈给 CNC 装置,通过比较得出误差,由此构成闭环控制系统。由于闭环伺服系统是直接以工作台的最终位移为目标,从而消除了进给传动系统的全部误差,所以精度很高。另一方面,正是由于各环节都包括在反馈回路内,因此它们的摩擦特性、刚度和间隙等都直接影响伺服系统的调整参数,所以闭环伺服系统的结构复杂,其调试和维护都有较大的技术难度,价格也比较贵。因此一般只在大型精密数控机床上采用。

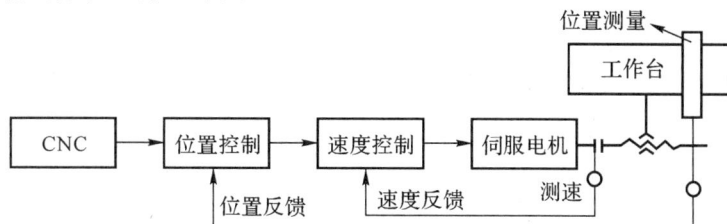

图 5-2　闭环伺服系统

（3）半闭环伺服系统

闭环伺服系统由于检测的是机床最末端的位移量，其影响因素多而复杂，极易造成系统不稳定，且其安装调试都很复杂，如果将检测位移量改为测量转角则要容易得多。如图 5-3 所示，将测量装置直接安装在电机轴端上，工作时将所测的转角折算成工作台的位移，再与指令值进行比较，进而控制机床运动。这种检测装置不在机床末端而在中间传动件（电机轴端或丝杠末端）拾取反馈信号的伺服系统就称为半闭环伺服系统。由于这种系统结构与调试都比较简单，稳定性也好，同时在反馈回路中采用高分辨率的检测元件，可以获得比较满意的精度。因此这种系统被广泛应用于中小型数控机床上。

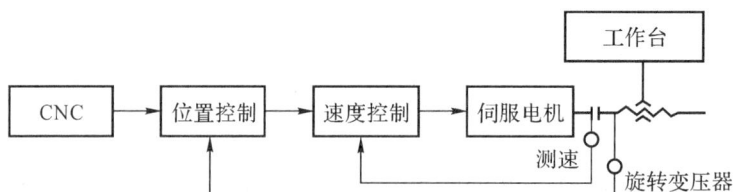

图 5-3　半闭环伺服系统

5.2　伺服驱动电机

作为伺服系统的重要部分，伺服驱动电机接收数控系统发出的进给指令信号，并将其转变为角位移或直线位移，从而驱动执行部件实现所要求的运动。在现代数控机床的伺服驱动系统中，主要采用步进电机和交、直流伺服电机等。

5.2.1　步进电机

1. 步进电机的结构与工作原理

步进电机由转子和定子两部分组成。转子和定子均由带齿的硅钢片叠成。定子上有绕组分为若干相，每相磁极上有极齿。当某相定子绕组通以直流电压激磁后，便吸引转子，使转子上的齿与该相定子的齿对齐，令转子转动一定的角度，依次向定子绕组轮流激磁，会使转子连续旋转。

步进电机的定子可以做成三、四、五、六相甚至做成八相，各相绕组可在定子上径向排列，也可在定子的轴向上分段排列。

图 5-4 所示为单定子径向分相式反应步进电机的断面图。转子上有均匀分布的 40 个齿，没有绕组。A、B、C 三相定子每相两极，每极上有 5 个齿，与转子一样齿间夹角均为 9°。如果 A 相通电则转子齿与 A 相极齿对齐，这时在 B 相两极下定子齿与转子齿中心线并不对齐，而是转子齿中心线较定子齿中心线逆时针方向落后 1/3 齿距，即 3°。在 C 相下，转子齿超前 6°。因此，当通电状态由 A 相变为 B 相时，转子顺时针转过 3°，C 相通电再转 3°。步距角为 $\alpha=\dfrac{360°}{3\times40\times1}=3°$，这种控制方式称为单三拍通电激磁。如果采用双拍通电激磁，即按 A—AB—B—BC—C—CA—A… 的顺序通电激磁，则步距角 $\alpha=\dfrac{360°}{3\times40\times2}=1.5°$。一般而言

$$\alpha=\frac{360°}{mzk} \tag{5-1}$$

其中,m 表示绕组相数,z 表示转子齿数,单拍通电 $k=1$,双拍通电 $k=2$。如果按上述相反的方向通电,则步进电机将反时针方向旋转。

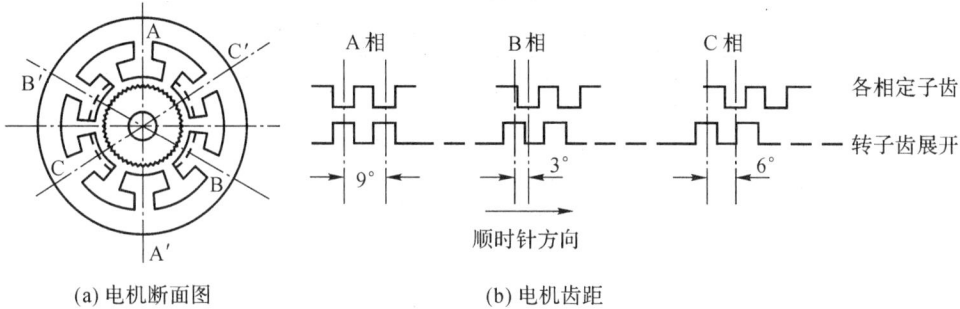

(a)电机断面图　　　　　(b)电机齿距

图 5-4　径向分相步进电机

2. 步进电机的驱动电路

数控装置根据进给速度指令,通过译码与脉冲发生器(硬件或软件)产生与进给速度相对应的一定频率的指令脉冲,再经环形分配器,按步进电机的通电方式进行脉冲分配,并经功率放大后送给步进电机的各相绕组,以驱动步进电机旋转,如图 5-5 所示。

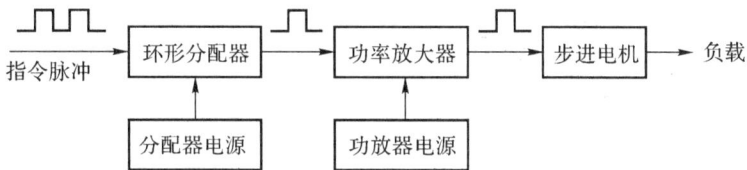

图 5-5　步进电机的控制和驱动

(1)环形分配器

环形分配器用来把数控装置发出的脉冲信号按照一定的规律分配给步进电机的各相,以驱动相应的绕组,控制电机按照要求工作。目前实现环形分配有两种方法:硬件脉冲分配和软件脉冲分配。下面介绍其结构和原理。

硬件环形分配器需根据步进电机的相数和要求设计,图 5-6 所示为三相六拍的环形分配器逻辑原理图,环形分配器的主体是三个 J-K 触发器,J-K 触发器的 Q 输出端分别经各自的功放电路与步进电机 A、B、C 相绕组连接。当 $Q_A=1$ 时,A 相绕组通电;当 $Q_B=1$ 时,B 相绕组通电;当 $Q_C=1$ 时,C 相绕组通电。$W_{+\Delta x}$ 和 $W_{-\Delta x}$ 是步进电机的正、反转控制信号。

正转时,各相通电顺序为 A—AB—B—BC—C—CA,$W_{+\Delta x}=1$,$W_{-\Delta x}=0$。

反转时,各相通电顺序为 A—AC—C—CB—B—BA,$W_{+\Delta x}=0$,$W_{-\Delta x}=1$。

(2)功率放大器

由环形分配器输出的脉冲功率很小,要进行功率放大,使脉冲电流达到 1～10A,才足以驱动步进电机旋转。为了使步进电机有较大的高频转矩,还应使其能获得较大的高频电流,为此发展了多种功率放大电路,常用的电路有以下两种。

1)单电压供电功放器

图 5-7(a)所示是三相步进电机单电压供电的功率放大器的一种线路,步进电机的每一相绕组都有一套这样的电路。

电路由二级射极跟随器和一级功率反相器组成。第一级射极跟随器起隔离作用,使功率

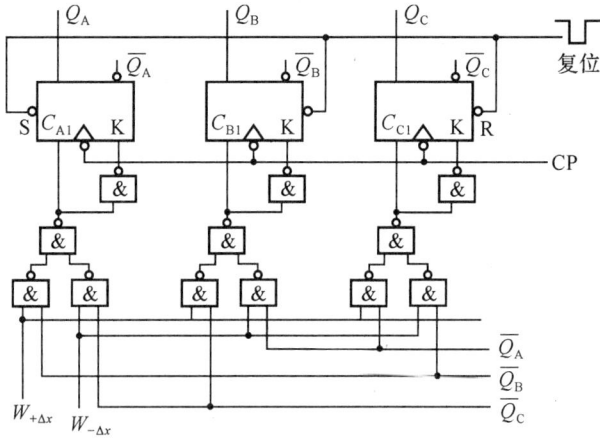

图 5-6　三相六拍的环形分配器逻辑原理图

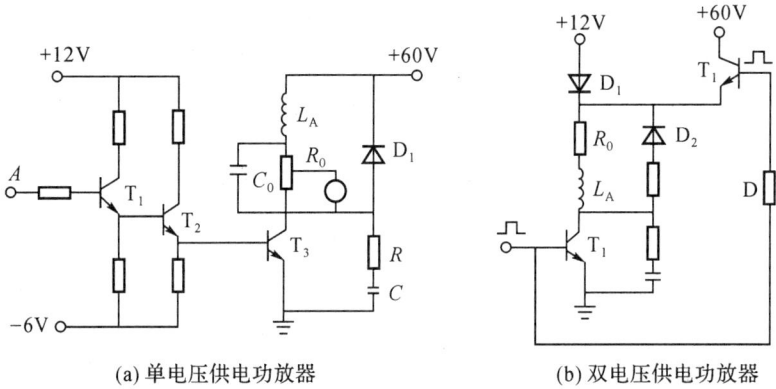

(a) 单电压供电功放器　　　　(b) 双电压供电功放器

图 5-7　步进电机功放器

放大器对环形分配器的影响减小,第二级射极跟随器 T_2 管处于放大区,用以改善功放器的动态特性。当环形分配器的 A 输出端为高电平时,T_3 饱和导通,步进电机 A 相绕组 L_A 中的电流从零开始按指数规律上升到稳态值。当 A 端为低电平时,T_1、T_2 处于小电流放大状态,T_2 的射极电位,也就是 T_3 的基极电位不可能使 T_3 导通,绕组 L_A 断电。此时由于绕组的电感存在,将在绕组两端产生很大的感应电势,它和电源电压一起加到 T_3 管上,将造成过压击穿。因此,绕组 L_A 并联有续流二极管 D_1,T_3 的集电极与发射极之间并联 RC 吸收回路以保护功率管 T_3 不被损坏。在绕组 L_A 上串联电阻 R_0,用以限流和减小供电回路的时间常数,并联加速电容 C_0 以提高绕组的瞬时电压,这样可使 L_A 中的电流上升速度提高,从而提高启动频率。但是串入电阻 R_0 后,无功功耗增大,为保持稳态电流,相应的驱动电压较无串接电阻时也要大为提高,对晶体管的耐压要求更高。为了克服上述缺点,出现了双电压供电电路。

2)双电压供电功放器

其电路如图 5-7(b)所示,在环形分配器送来的脉冲使 T_1 管导通的同时,触发了单稳态触发器 D,在 D 输出的窄脉冲宽度的时间内使 T_2 管导通,60V 的高压电源经限流电阻 R_0 给绕组 L_A 供电。由于 D_1 承受反压,因而切断了 12V 的低压电源。在高压供电下,绕组 L_A 的电流迅速上升,前沿很陡。当超过 D 输出的窄脉冲宽度时,T_2 管截止。这时 D_1 导通,12V 低压向绕组供电以维持所需电流。当 T_1 管断电时,绕组 L_A 的自感电势使续流二极管 D_2 导通,电流继续流过绕组。续流回路中串接电阻可以减小时间常数和加快续流过程。采用以上措施大大提高了电机的工作频率。

这种电路的特点是:开始由高压供电,使绕组中的冲击电流波形上升,前沿很陡,利于提高启动频率和最高连续工作频率,其后切断高压,由低压供电以维持额定稳态电流值,只需很小的限流电阻,因而功耗很低;当工作频率高,其周期小于单稳 D 的延迟周期时,变成纯高压供电,可获得较大的高频电流,具有较好的矩频特性。

3. 步进电机的使用特性

(1)步距误差

步距误差直接影响执行部件的定位精度。步进电机单相通电时,步距误差取决于定子和转子的分齿精度、各相定子错位角度的精度。多相通电时,步距角不仅和上述加工装配精度有关,还和各相电流的大小、磁路性能等因素有关。国产步进电机的步距误差一般为 $\pm 10'\sim\pm 15'$。步距误差具有周期性,即转子在每旋转一圈都将重复步距误差,但在每一圈内累积的步距误差为零,这也是步进电机的主要特点之一。

(2)最高启动频率和最高工作频率

最高启动频率是指电机由静止到启动并达到稳定运行时的最高频率,加给步进电机的指令脉冲不能大于最高启动频率。最高启动频率 f_g 与步进电机的惯性负载 J 有关,J 增大则 f_g 将下降。国产步进电机的 f_g 最大为 1000～2000Hz。步进电机连续运行时所能接受的最高频率称为最高工作频率,它与步距角一起决定执行部件的最大运动速度,也和 f_g 一样决定于负载惯量 J,还与定子相数、通电方式、控制电路的功率放大级等因素有关。

3)输出转矩—频率特性

步进电机的定子绕组本身就是一个电感性负载,输入频率越高,激磁电流就越小。另外,频率越高,由于磁通量的变化加剧,以致铁芯的涡流损失加大。因此,输入频率增高后,输出力矩 M_d 要降低,如图 5-8 所示。功率步进电机最高工作频率(f)的输出转矩(M_d)只能达到低频转矩的 40%～50%,应根据负载要求参照高频输出转矩来选用步进电机的规格。

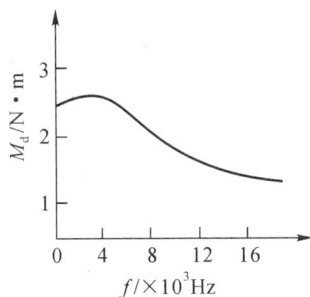

图 5-8　步进电机的转矩—频率特性

5.2.2　直流伺服电机

直流伺服电机具有良好的启动、制动和调速特性,可以方便地在宽范围内实现平滑无级调速。尤其是大惯量宽调速直流伺服电机在数控机床中被广泛应用。大惯量宽调速直流伺服电机分为电激磁和永久磁铁激磁两种,在数控机床中占主导地位的是永久磁铁激磁式(永磁式)电机。

1. 永磁式直流伺服电机的结构和特点

永磁式直流伺服电机由机壳、定子磁极和转子电枢三部分组成。其中定子磁极是个永久磁体,它一般采用铝镍钴合金、铁氧体、稀土钴等材料制成,这种永久磁体具有较好的磁性能,可以产生极大的峰值转矩。其电枢铁芯上有较多斜槽和齿槽,齿槽分度均匀,与极弧宽度配合合理。因此,永磁式直流伺服电机具有以下特点:

(1)输出转矩高

其设计的力矩系数较大,在相同的转子外径和电枢电流的情况下,可以产生加大的力矩,从而有利于提高电机的加速性能和响应特性;在低速时输出力矩较大,可以不经减速齿轮而直接驱动丝杠,从而避免由于齿轮传动中的间隙所引起的噪声、振动及齿隙造成的误差。

（2）动态响应好

定子采用了矫顽力很高的铁氧体永磁材料,在电机电流过载较大的情况下也不会出现退磁现象,这就大大提高了电机瞬时加速转矩,改善了动态响应性能。

（3）调速范围宽

它采用增加槽数和换向片数等措施,减小电机转矩的波动,提高低转速的精度,从而大大地扩大了调速范围。它不但在低速时提供足够的转矩,在高速时也能提供所需的功率。

（4）过载能力强

由于采用了高级的绝缘材料,转子的惯性又不大,允许过载转矩大,具有大的热容量,可以长时间地超负荷运转。

2. 永磁式直流伺服电机的工作原理

永磁式直流伺服电机的工作原理与普通直流电机相同。它们用永久磁铁代替普通直流电机的激磁绕组和磁极铁芯,在电机气隙中建立主磁通,产生感应电势和电磁转矩。图 5-9 所示是永磁式直流伺服电机电路原理图。

电机电枢电路的电压平衡方程式为

$$U = E_a + i_d R_d \tag{5-2}$$

感应电动势为

$$E_a = C_e n \Phi \tag{5-3}$$

由以上两个方程可得电动机转速特性

$$n = \frac{U - i_d R_d}{C_e \Phi} \tag{5-4}$$

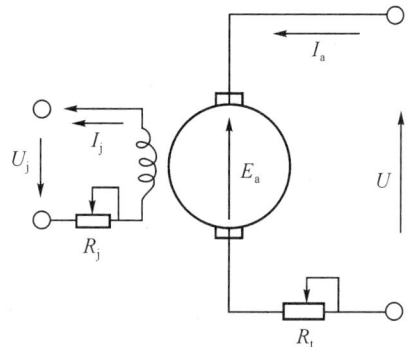

图 5-9　永磁式直流伺服电机电路原理图

式中:U 为电动机电枢回路外加电压;R_d 为电枢回路电阻;i_d 为电枢回路电流;C_e 为反电动势系数;Φ 为气隙磁通量。

电动机的电磁转矩为

$$T_d = C_m \Phi i_d \tag{5-5}$$

因此可得电动机机械特性方程式为

$$n = \frac{U}{C_e \Phi} - \frac{R_d}{C_e C_m \Phi^2} T_d \tag{5-6}$$

式中:C_m 为转矩系数。

可以看出,调节电机转速的方法有以下三种:

（1）改变电枢回路电压 U;

（2）改变电枢回路电阻 R_d;

（3）改变气隙磁通量 Φ,通过改变激磁回路电阻 R_j 达到改变 Φ 的目的。

3. 直流伺服电机的调速

对于目前广泛采用的永磁式直流伺服电机,一般通过改变电枢电压的方式来调速。比较常用的方法是脉宽调速(PWM)。

(1) 脉宽调速的工作原理

利用开关频率较高的大功率晶体管作为开关元件,将整流后的恒压直流电源,转换成幅值不变,但脉冲宽度(持续时间)可调的高频矩形波,给伺服电机的电枢回路供电。通过改变脉冲宽度的方法来改变电枢回路的平均电压,达到电机调速的目的。原理如图 5-10 所示,整个电路由控制部分、晶体管开关放大器和功率整流电路三部分构成。整个电路的核心是控制部分的脉宽调制器和功率放大器。

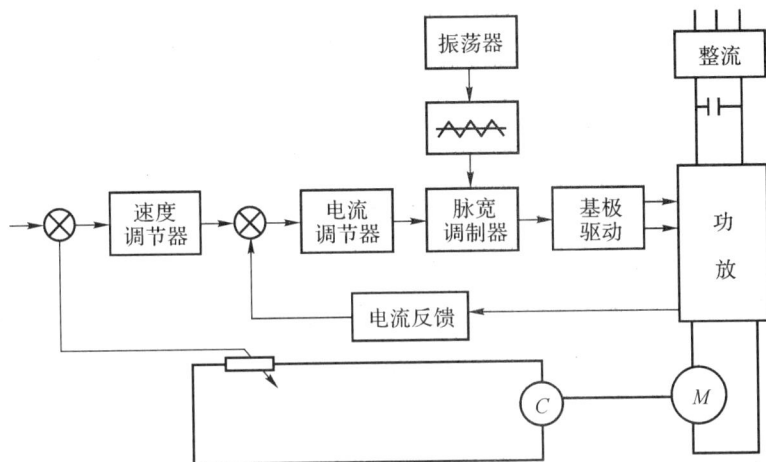

图 5-10　脉宽调速组成原理图

(2) 脉宽调制器

脉宽调制器的任务是将速度指令电压信号转换成脉冲周期固定而宽度可由速度指令电压信号的大小调节变化的脉冲电压。由于脉冲周期固定,脉冲宽度的改变将使脉冲电压的平均电压改变,也就是脉冲平均电压将随速度指令电压的改变而改变。经放大后输入电枢的电压也是跟着改变的,从而达到调速的目的。

脉宽调制器的种类很多,但它们的基本结构都分为信号发生器和比较放大器,如图5-11所示。信号发生器由方波发生器和积分器构成,积分器将方波发生器产生的方波积分成三角波输出到比较放大器。比较放大器将得到的三角波与一个控制电压相加,得到一个新的三角波,比较放大器将这个三角波波形与一个基准电压比较,高于基准电压波形,比较放大器将输出低电平,否则输出高电平,这样比较放大器将输出代表比较结果的脉冲信号。

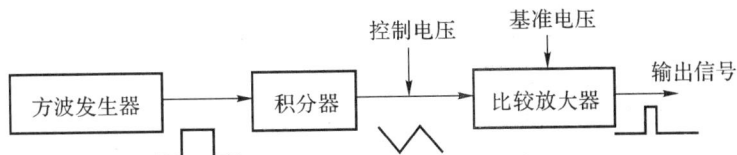

图 5-11　脉宽调制器的结构

当调节控制电压高低时,三角波高于基准电压部分和低于基准电压部分的宽度会发生变化,那么比较放大器输出的脉冲宽度也相应变化,如图 5-12 所示。可见可以通过改变控制电压的方法来改变比较放大器输出方波的宽度。

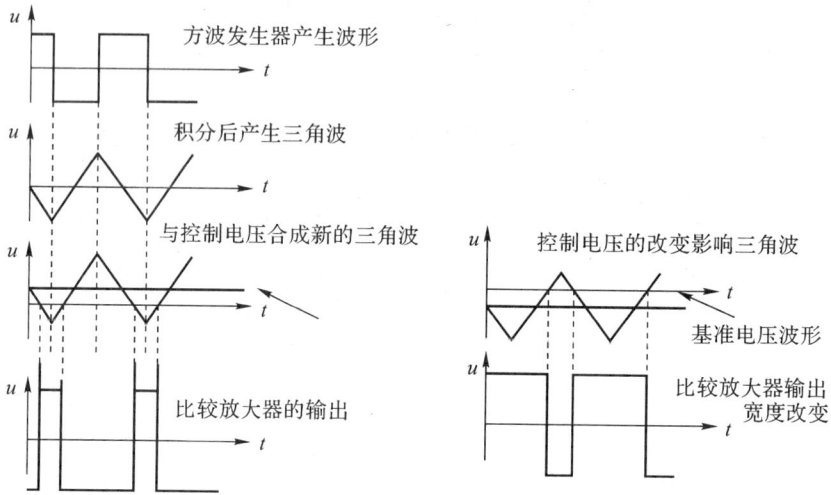

图 5-12　用波形来表示脉宽调制器的原理

（3）开关功率放大器

用于脉宽调速的开关功率放大器电路有很多种结构形式,它们的基本原理一致,如常用的 H 型双极性开关电路,如图 5-13 所示。

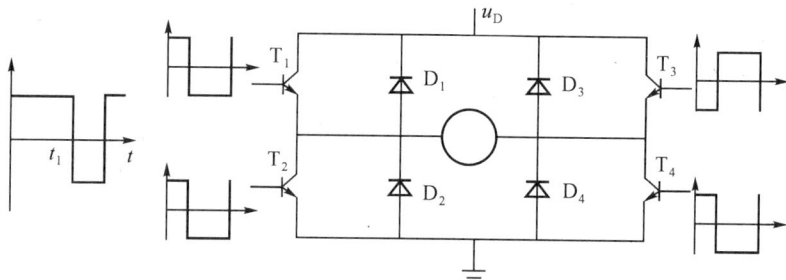

图 5-13　H 型开关功率放大电路

在脉宽调制器中,将三角发生器输出的波形用多组比较放大器处理,得到相同和相反的输出,这些输出接到 H 型功率放大器的 4 个大功率晶体管 T_1、T_2、T_3、T_4 的输入端,T_1 和 T_4 端的输入相同,T_2 和 T_3 端的输入相同并与 T_1 和 T_4 端的输入相反。如果 T_1 端的波形如图 5-13 右边所示,在 $0 \sim t_1$ 时刻 T_1 和 T_4 输入为正脉冲,因而导通,而此时 T_2 和 T_3 截止,电机两端 A、B 间电压为 $+u_D$;在 $t_1 \sim T$ 时刻,T_1 和 T_4 截止,而 T_2 和 T_3 导通,电机两端 A、B 间电压为 $-u_D$。所以开关放大器的输出电压是 $-u_D \sim +u_D$ 之间变化的脉冲电压,当输出脉宽 $t_1 > T/2$ 时,电枢两端平均电压大于零,电机正转;当 $t_1 < T/2$ 时,电枢两端平均电压小于零,电机反转;当 $t_1 = T/2$ 时,电枢两端平均电压等于零,电机速度变为零。可见只要改变脉宽调制电压的大小和极性,就能调节加在电机转子电枢上的平均电压,从而达到调节转速和转向的作用。

（4）脉宽调速的优点

脉宽调速由于采用了截止频率高的晶体管,所以其工作频带宽,可获得较好的动态特性;同时,由于工作频率高使得电流脉动幅度减小,波纹系数（波形系数）减小;另外,脉宽调速的功率因素高,能够改善电源的使用率。

5.2.3　交流伺服电机

　　直流伺服电机在数控进给伺服系统中曾得到广泛的应用,它具有良好的调速和转矩特性,但是它的结构复杂、制造成本高、体积大,而且电机的电刷容易磨损,换向器会产生火花,使直流伺服电机的容量和使用场合受到限制。交流伺服电机没有电刷和换向器等结构上的缺点,并且随着新型功率放大器件、专用集成电路、计算机技术和控制算法等的发展,促进了交流驱动电路的发展,使得交流伺服驱动的调速特性更能适应数控机床进给伺服系统的要求。现代数控机床都倾向采用交流伺服驱动,交流伺服驱动大有取代直流伺服驱动之势。交流伺服电机分交流异步(感应)电机和交流同步电机。目前数控机床中多采用永磁式交流同步电机。

1. 永磁式交流同步电机的结构和原理

　　永磁式交流同步电机的结构示意如图 5-14 所示。电机由定子、转子和检测元件组成。定子 1 由冲片叠成,其外形呈多边形,没有机座,这样有利于散热。在定子齿槽内嵌入某一极对数的三相绕组 4。转子 2 也由冲片叠成,并在其中装有永久磁铁 3,组成的极对数与定子的极对数相同。永久磁铁的种类有铝镍钴合金、铁淦氧合金和铷铁硼合金即稀土永磁合金等,以稀土永磁合金的性能最好。检测元件 5 一般都用脉冲编码器,也可用旋转变压器加测速发电机,用以检测电机的转角位置、位移和旋转速度,以便提供永磁交流同步电机转子的绝对位置信息、位置反馈量和速度反馈量。

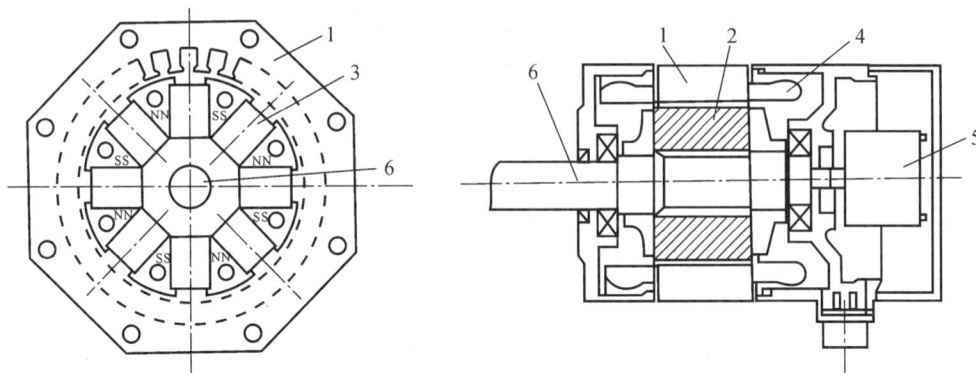

图 5-14　永磁式交流同步电机的结构

1—定子;2—转子;3—磁铁;4—绕组;5—检测元件;6—主轴

　　永磁式交流同步电机的工作原理与普通异步电机相似。当定子三相绕组通上交流电后,就产生了一个旋转磁场,该旋转磁场以同步转速旋转。由于磁极同性相斥,异性相吸,定子旋转磁极和转子的永磁磁极互相吸引,并带着转子一起旋转,转子也以同步转速与旋转磁场一起旋转。当转子加上负载转矩后,将造成定子与转子磁场轴线的不重合,转子磁极轴线将落后定子磁场轴线一个角度,该角度随着负载的增加而增大。在一定的限度内,转子始终跟着定子的旋转磁场以恒定的同步转速旋转。

2. 交流伺服电机的变频调速

　　交流电动机的转速 n,与交流电源频率 f,电机磁极对数 p 以及转速滑差率 s 之间的关

系为

$$n=\frac{60f}{p}(1-s) \tag{5-7}$$

对于异步电机 $s\neq0$，对于同步电机则 $s=0$。由式(5-7)可知，改变电源的频率 f，电机的转速 n 与 f 成正比例变化。电机定子绕组的反电势为

$$E=4.44fWk\Phi \tag{5-8}$$

如果略去定子的阻抗压降，则定子相电压为

$$U\approx E=4.44fWk\Phi \tag{5-9}$$

式(5-9)说明，若相电压 U 不变，则随着频率 f 的升高，气隙磁通 Φ 降减小。从转矩公式

$$M=C_M\Phi I_2\cos\Phi \tag{5-10}$$

可以看出，Φ 减小，电机转子的感应电流 I_2 也相应减小，势必导致电机的允许输出转矩 M 下降。另外，若相电压 U 不变，随着 f 的减小，气隙磁通 Φ 将增加，这会使磁路饱和，激磁电流上升，导致铁耗剧增，功率因数下降。因此改变频率 f 进行调速时，需要同时改变定子的相电压 U，以维持 Φ 值接近不变，从而使 M 也接近不变。由此可见，交流伺服电机变频调速的关键问题是要获得调频调压的交流电源。

调频调压电源有很多种。通常采用交流—直流—交流的变换电路来实现，这种电路的主要组成部分是电流逆变器。图 5-15 所示是两种典型的变频电路原理框图。在图 5-15(a)所示的电路中，由担任调压任务的晶闸管整流器、中间直流滤波环节和担任调频任务的逆变器组成，这是一种脉冲幅值调制(PAM)的控制方法。这种电路要改变逆变器输入端的电流电压，以控制逆变器的输出电压，即交流电压，而在逆变器内只对输出交流电压的频率减小进行控制。图 5-15(b)所示的电路，由交流—直流变换的二极管整流电路获得恒定的直流电压，再由脉宽调制(PWM)的逆变器完成调频和调压任务，这是脉宽调制的控制方法。逆变器输入为恒定的直流电压，在逆变器内对输出的交流电的电压和频率进行控制。这种方案只有一个可控功率级，装置的体积小，价格低，可靠性高，电网的功率因素高，电压和频率的调节速度快，动态性能好，输出的电压电流波形接近于正弦波，因而电机的运行特性好，是一种常用的方案。

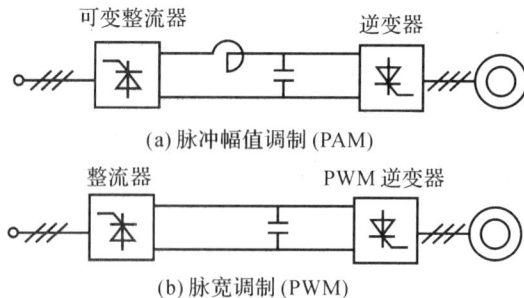

(a) 脉冲幅值调制 (PAM)

(b) 脉宽调制 (PWM)

图 5-15　变频调速电路的原理框图

对于交流伺服电机，无论是异步电机还是同步电机，其变频调速系统的正弦控制波可以由矢量变换控制原理来获得。交流电机的矢量变换控制，是一种新的控制理论方法，它的作用是使得交流电机能像直流电机那样，实现磁通和转矩的单独控制，使交流电机能够获得与直流电机同样的控制灵活性和动态特性。

5.3　位置检测装置

5.3.1　位置检测装置的要求与分类

位置检测装置是数控机床闭环进给伺服系统的重要组成部分。它的作用是在线实时检测执行部件的直线位移和角位移,并发送位移反馈信号,以构成闭环位置控制。闭环数控机床的加工精度在很大程度上取决于位置检测系统的精度。不同类型的数控机床,对位置检测元件、检测系统的精度要求和被测部件的最高移动速度各不相同。现在检测元件与系统的最高水平是:被测部件的最高移动速度高至 240m/min 时,其检测位移的分辨率(能检测出的最小位移量)可达 1μm,如 24m/min 时可达 0.1μm,最高分辨率可达到 0.01μm。

数控机床对位置检测装置有如下要求:

(1)受温度、湿度的影响小,工作可靠,能长期保持精度,抗干扰能力强;

(2)在机床执行部件移动范围内,能满足精度和速度的要求;

(3)使用维护方便,适应机床工作环境;

(4)成本低。

数控机床常用的位置检测装置的类型很多,按其测量方式和所获信号的不同,可以分为以下两种。

(1)数字式测量和模拟式测量

数字式测量是将被测量以数字的形式来表示,测量信号一般为电脉冲,可以将它直接送到数控装置进行比较处理和显示。这样的检测装置有光栅检测装置和脉冲编码器。数字式测量装置比较简单、位移脉冲信号抗干扰能力较强。

模拟式测量是将被测量用连续变量来表示,如电压的幅值变化、相位变化。模拟式测量装置有旋转变压器和感应同步器等。模拟式测量所得的模拟量(如相位变化的电压),可以直接发送至数控系统与移相的指令电压信号进行比较;或者将模拟信号(如鉴幅测量所得到的为幅值变化的电压信号)转换成数字脉冲信号后,再送至数控系统进行比较和显示。

(2)绝对式测量和增量式测量

绝对式测量是任一被测点位置都由一个固定的测量基准(即坐标原点)算起,每一测量点都有一个相对原点的绝对测量值。而增量式测量检测的是相对位移量,是终点对起点的位置坐标增量,而任何一个对中点都可作为测量起点,因而检测装置比较简单,在轮廓控制数控机床上大都采用这种测量方式。典型的检测元件有感应同步器、光栅、磁尺等。

5.3.2　旋转变压器

1. 旋转变压器的结构和工作原理

旋转变压器在结构上和二相线绕式异步电机相似,由定子与转子组成,有无刷和有刷两种类型。使用最多的是无刷旋转变压器,其结构如图 5-16 所示,它由两大部分组成,一部分是分解器,分解器有定子 3 与转子 8,定子与转子上分别绕有两相交流分布绕组 4 与 7,两绕组的轴线相互垂直。另一部分是变压器,它的一次线圈 5 绕在与分解器转子轴同轴线的变压器转子 6 上,与转子轴 1 一起旋转,一次线圈与分解器转子的一个绕组并联相接,分解器转子的另一个绕组与高阻抗相接。变压器的二次线圈9绕在与转子同心的定子线轴10上。二次线圈的线端引出输出信号。无刷旋转变压器的工作可靠性高,寿命长,不用维修,而且输出信号强。

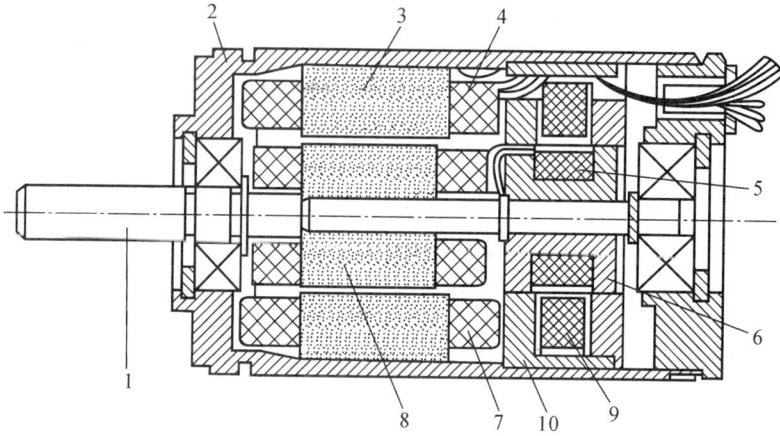

图 5-16　无刷旋转变压器的结构

1—转子轴;2—壳体;3—定子;4—绕组;5——次线圈;
6—变压器转子;7—绕组;8—转子;9—二次线圈;10—变压器定子

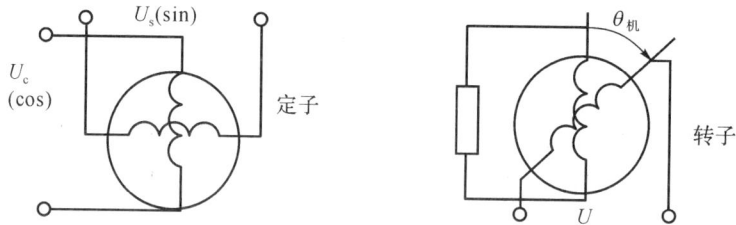

图 5-17　一个转子绕组短接的旋转变压器

旋转变压器是按互感原理工作的,如图 5-17 所示,在分解器定子的两个绕组上分别加上交变激磁电压(频率为 2~4kHz),分解器绕组的结构保证了定子与转子之间的气隙磁通呈正、余弦规律分布,当转子旋转时,通过电磁耦合,转子绕组内产生感应电势,感应电压的大小取决于定子绕组轴线与转子绕组轴线在空间的相对角位置 $\theta_{机}$。相对于定子的正弦绕组而言,两者垂直即 $\theta_{机}=0°$ 时,感应电势最小;两者平行即 $\theta_{机}=90°$ 时,感应电势最大,感应电压随转子偏转角 $\theta_{机}$ 呈正弦规律变化,即

$$U'=kU_s\sin\theta_{机} \quad 或 \quad U'=kU_c\cos\theta_{机} \tag{5-11}$$

式中,U_s、U_c 为定子正弦、余弦绕组上的激磁电压,k 为变压比,即定子绕组与转子绕组的匝数比 W_1/W_2。

2. 旋转变压器的应用

旋转变压器作为位置检测装置有两种应用方式:鉴相方式和鉴幅方式。

(1)鉴相工作方式

在旋转变压器定子的两相正交绕组,又称为正弦绕组和余弦绕组上,分别加上幅值相等、频率相同的正弦、余弦激磁电压:

$$U_s=U_m\sin\omega t \qquad U_c=U_m\cos\omega t$$

转子旋转后,两个激磁电压在转子绕组中产生的感应电压经线性叠加后得总感应电压为

$$U = kU_{\text{s}}\sin\theta_{\text{机}} + kU_{\text{c}}\cos\theta_{\text{机}} = kU_{\text{m}}\cos(\omega t - \theta_{\text{机}}) \tag{5-12}$$

由式(5-12)可知感应电压的相位角就等于转子的机械转角 $\theta_{\text{机}}$。因此只要检测出转子输出电压的相位角,就知道了转子的转角,而且旋转变压器的转子是和伺服电机或传动轴连接在一起的,从而可以求得执行部件的直线位移或角位移。在本书 6.4 节所叙述的相位伺服系统中,就是用这一相位角与转子机械转角相对应的感应电压作为位置反馈信号,与移相的位移指令电压信号进行比较以构成闭环位置控制的。

(2)鉴幅工作方式

如果给定子的两个绕组分别通上频率、相位相同但幅值不同,即调幅的激磁电压为

$$U_{\text{s}} = U_{\text{m}}\sin\theta_{\text{电}}\sin\omega t \qquad U_{\text{c}} = U_{\text{m}}\cos\theta_{\text{电}}\sin\omega t$$

则在转子绕组上得到感应电压为

$$\begin{aligned}
U &= kU_{\text{s}}\sin\theta_{\text{机}} + kU_{\text{c}}\cos\theta_{\text{机}} \\
&= kU_{\text{m}}\sin\omega t(\sin\theta_{\text{电}}\sin\theta_{\text{机}} + \cos\theta_{\text{电}}\cos\theta_{\text{机}}) \\
&= kU_{\text{m}}\cos(\theta_{\text{电}} - \theta_{\text{机}})\sin\omega t
\end{aligned} \tag{5-13}$$

在实际应用中,是不断修改激磁调幅电压幅值的电气角 $\theta_{\text{电}}$,使之跟踪 $\theta_{\text{机}}$ 的变化,并测量感应电压幅值即可求得机械角位移 $\theta_{\text{机}}$。

5.3.3　感应同步器

1. 感应同步器的结构和工作原理

感应同步器与旋转变压器一样,是一种电磁感应式的位移检测装置,有圆感应同步器与直线感应同步器两种,其工作方式与工作原理相同,前者用于测量角位移,后者用于测量直线位移。

直线感应同步器的结构如图 5-18 所示,它有定尺和滑尺。在钢质基尺 1 上,用绝缘粘结剂 4 粘贴铜箔 3,铜箔经照相腐蚀成绕组,绕组节距均为 $2\tau = 2\text{mm}$,定尺上是连续绕组,滑尺上做有正弦绕组和余弦绕组,两个绕组在空间位置上相差 1/4 节距。定尺表面上涂有耐切削液涂层 2,滑尺绕组上还粘贴有一层铝箔 5,铝箔与机床接地以防静电感应。定尺安装在机床的固定部件上,滑尺安装在被测的移动部件上,两尺绕组表面保持平行,留有间隙 0.2~0.3mm。定尺一般的长度只有 250mm,滑尺长度小于 150mm,要增大测量长度时,可将多条定尺连接,相邻两尺的绕组用导线焊接起来并保持连接后连续绕组节距的精度。

感应同步器的工作原理与旋转变压器的工作原理相同,在滑尺上有两个激磁绕组,当滑尺与定尺相对移动时,在定尺上便产生感应电压,感应电压随位移的变化而变化。图 5-19 所示为滑尺与定尺相对移动时,定尺上感应电压的变化情况。设当滑尺的正弦绕组 U_{s} 与定尺绕组重叠时(如 a 点),这时绕组完全耦合,感应电压最大。滑尺相对定尺移动后,感应电压逐渐变小,在错开 1/4 节距的 b 点时,感应电压为零。再继续移动到 1/2 节距的 c 点时,得到的电压值与 a 点位置相同,但极性相反。随后感应电压在 3/4 节距位置 d 点时又变为零,再移动一个节距到 e 点时,电压幅值与 a 点位置相同。这样滑尺在移动一个节距的过程中,感应电压变化了一个余弦波形。同理,因余弦绕组与正弦绕组错开 1/4 个节距,即 π/2 的相位角,由余弦绕组激磁在定尺上产生的感应电压应按正弦规律变化。定尺上的总感应电压,是上述

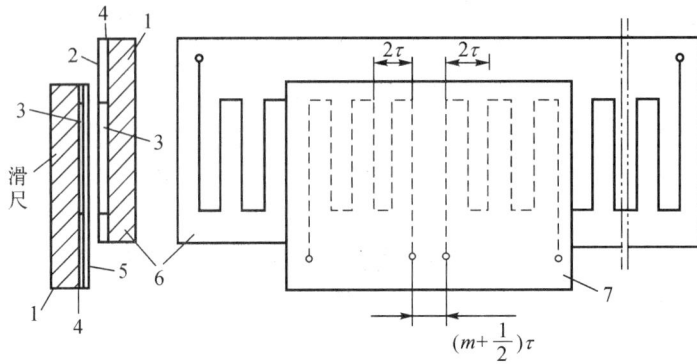

图 5-18　感应同步器的结构原理图
1—钢质基尺;2—涂层;3—铜箔;4—绝缘粘接剂;
5—铝箔;6—定尺;7—滑尺

两个感应电压的线性叠加。

定尺和滑尺绕组的节距均为 $2\tau = 2\text{mm}$,当两尺相对移动 2τ 后,感应电势以余弦或正弦函数使电气角 2π 发生变化,当相对移动距离为 x 时,则对应的感应电压将变化一个相位角 $\theta_{\text{机}}$,由比例关系

$$\frac{\theta_{\text{机}}}{2\pi} = \frac{x}{2\tau}$$

可得

$$\theta_{\text{机}} = \frac{\pi x}{\tau} \qquad (5\text{-}14)$$

2. 感应同步器的应用

感应同步器与旋转变压器一样有鉴相和鉴幅两种应用方式。

(1)鉴相工作方式

给滑尺正弦绕组与余弦绕组通以幅值相等、频率相同的正、余弦激磁电压,即

$$U_s = U_m \sin\omega t \qquad U_c = U_m \cos\omega t$$

当滑尺移动时,定尺绕组中的感应电势为

$$U = kU_m \sin(\omega t - \theta) = kU_m \sin(\omega t - \pi x/\tau) \qquad (5\text{-}15)$$

式中 k 为电磁耦合系数;U_m 为激磁电压幅值;2τ 为节距;x 为滑尺移动距离;θ 为电气相位角。

可见,定尺的感应电势与滑尺的位移量有严格的对应关系,通过测量定尺感应电势的相位,即可测得滑尺的位移量。

(2)鉴幅工作方式

给滑尺正弦绕组与余弦绕组通以同频率、同相位但幅值不同,即调幅的激磁电压,即

$$U_s = U_m \sin\theta_1 \sin\omega t \qquad U_c = U_m \cos\theta_1 \sin\omega t$$

式中 θ_1 为给定电气角。

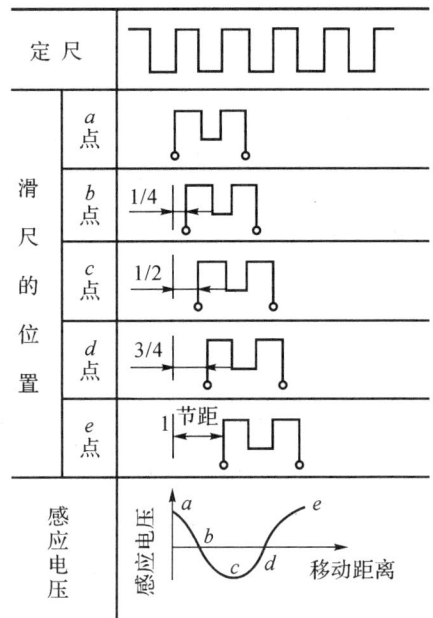

图 5-19　感应同步器工作原理

当滑尺移动时,定尺绕组中的感应电势为

$$U = kU_s\cos\theta + kU_c\sin\theta = kU_m\sin\omega t\sin(\theta_1 - \theta) = kU_m\sin\omega t\sin\Delta\theta \qquad (5\text{-}16)$$

当 $\Delta\theta$ 很小时,$\sin\Delta\theta \approx \Delta\theta$,定尺上的感应电势可近似表示为

$$U \approx kU_m\sin\omega t\Delta\theta$$

而 $\Delta\theta = \pi\Delta x/\tau$,则有

$$U = kU_m(\pi/\tau)\Delta x\sin\omega t \qquad (5\text{-}17)$$

式中 Δx 为滑尺位移增量。

由此可见,当位移量 Δx 很小时,感应电势的幅值和 Δx 成正比,因此可以通过测量 U 的幅值来测定 Δx 的大小。

5.3.4　光栅检测装置

光栅作为检测装置,已历史长久,可用以测量长度、角度、速度、加速度、振动和爬行等。在数控机床进给伺服系统中,用它来检测直线位移、角位移和速度。用长光栅(或称直线光栅)来测量直线位移,用圆光栅来测量角位移。将激光测长技术用于刻制光栅,可以制造出精度很高的光栅尺,因而使光栅检测的分辨率与精度有了很大的提高,光栅检测的分辨率可达微米级,通过细分电路细分可达 $0.1\mu m$,甚至更高的水平。

1. 光栅检测装置的结构

光栅检测装置如图 5-20 所示,由光源 1、透镜 2、指示光栅 3、光电元件 4、驱动电路 5 以及标尺光栅 6 组成。前 5 个元器件安装在同一个支架上,构成光栅读数头,它固定在执行部件的固定零件上,标尺光栅则安装在执行部件的被测移动零件上。标尺光栅与指示光栅的尺面应相互平行,并保有 $0.05\sim0.1mm$ 的间隙。执行部件带着标尺光栅相对指示光栅移动,通过读数头的光电转换,发送出与位移量对应的数字脉冲信号,用做位置反馈信号或位置显示信号。

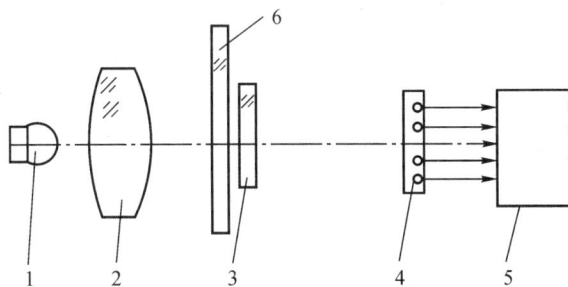

图 5-20　光栅检测装置
1—光源;2—透镜;3—指示光栅;
4—光电元件;5—驱动电路;6—标尺光栅

(1)光栅尺

光栅尺指的是标尺光栅和指示光栅,根据制造方法和光学原理的不同,光栅可分为透射光栅和反射光栅。透射光栅是在经磨制的光学玻璃表面,或在玻璃表面感光材料的涂层上刻成光栅线纹,这种光栅的特点是:光源可以垂直入射,光电元件直接接受光照,因此信号幅值比较大,信噪比好,光电转换器(光栅读数头)的结构简单;同时光栅每毫米的线纹数多,如刻线密度为 200 线/mm 时,光栅本身就已经细分到 0.005mm,从而减轻了电子线路的负担。

其缺点是:玻璃易破裂,热胀系数与机床金属部件不一致,影响测量精度。反射光栅是用不锈钢带经照相腐蚀或直接刻线制成,金属反射光栅的特点是:光栅和机床金属部件的线膨胀系数一致,增加光栅尺的长度很方便,可用钢带做成长达数米的长光栅。反射光栅安装在机床上所需的面积小,调整也很方便,适应于大位移测量的场所。其缺点是:为了使反射后的莫尔条纹反差较大,每毫米内线纹不宜过多,常用线纹数为 4、10、25、40、50。

上述为直线光栅,此外还有测量角位移的圆光栅,圆光栅刻有辐射形的线纹,相互间的夹角相等。根据不同的使用要求,在圆周内线纹的数制也不相同,一般有二进制、十进制和六十进制等三种形式。

光栅线纹是光栅的光学结构,相邻两线纹间的距离称为栅距 ω,可根据所需的测量分辨率来确定。单位长度上的刻线数目称为线纹密度,常见的线纹密度为 4 线/mm、10 线/mm、25 线/mm、50 线/mm、100 线/mm、200 线/mm、250 线/mm。国内机床上一般采用线纹密度为 100、200 线/mm 的玻璃透射光栅。玻璃透射光栅尺的长度一般都在 1~2m,测量长度在 2m 以内。在位移长度大的重大型机床上只能采用不锈钢带做成的反射光栅。

(2)光栅读数头

光栅读数头与标尺光栅配合起光电转换作用,将位移量转换成脉冲信号输出。图 5-20 所示的由元器件 1~5 组成的读数头为垂直入射读数头。此外还有分光读数头、镜像读数头和反射读数头等。反射读数头用于反射光栅,图 5-21 是其结构示意图。读数头安装时,应保证指示光栅 3 与反射光栅 4 的平行度和间隙。从光源 1 发出的光,经透镜 2,得到平行光,并以对光栅法面成 β 角的入射角(一般为 30°)经透射指示光栅 3 投射到标尺光栅 4 的反射面上。反射回来的光信号,先通过指示光栅 3 形成莫尔条纹,然后经透镜 5 由光电元件 6 接收。

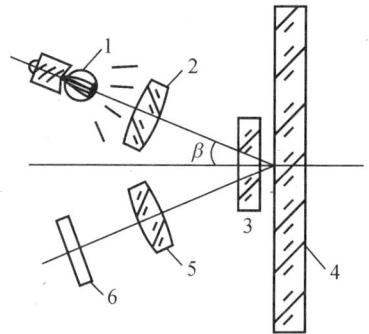

图 5-21 反射式光栅读数头
1—光源;2—透镜;3—透射指示光栅;
4—标尺光栅;5—透镜;6—光电元件

2. 莫尔条纹

指示光栅与标尺光栅的节距同为 ω,两块光栅的刻线面平行放置,并将指示光栅在其自身平面内倾斜一个很小的角度 θ,两块光栅的刻线将会相交,当光源照射时,在线纹相交成钝角的平分线方向,会出现明暗交替相间的间距相等的条纹,即莫尔条纹,如图 5-22 所示。原因是由于光的干涉效应,在交点的 a 线附近,两块光栅的刻线相互重叠,光栅上的透光狭缝互不遮挡,透光最强,形成亮带;在 b 线附近,一块光栅的不透光部分正好遮盖住另一光栅的透光隙缝,透光最差,形成暗带。相邻两条亮带或暗带之间的距离 W 称为莫尔条纹的节距。图 5-23 所示为莫尔条纹节距 W 与光栅节距 ω 和倾角 θ 之间的关系。

$$BC = AB\sin\frac{\theta}{2}$$

其中:$BC = \omega/2$,$AB = W/2$。因此

$$W = \omega/\sin\frac{\theta}{2}$$

由于 θ 很小,θ 单位为 rad 时,$\sin\frac{\theta}{2} \approx \theta$,故

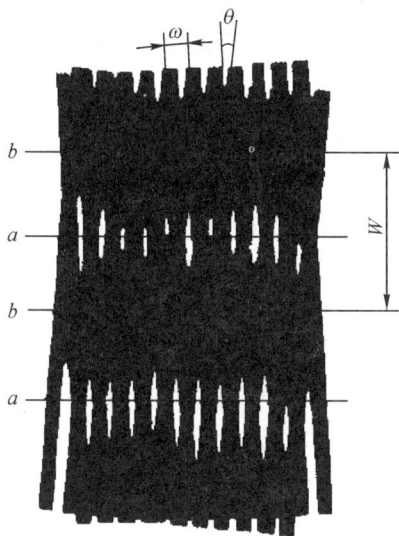

图 5-22　横向莫尔条纹

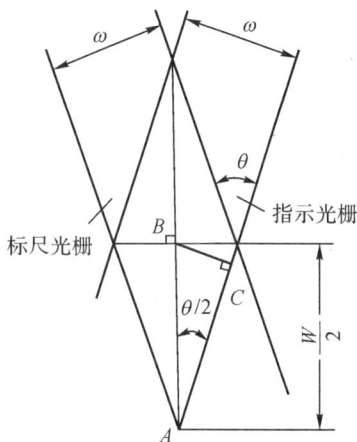

图 5-23　横向莫尔条纹的参数

$$W = \frac{\omega}{\theta} \tag{5-18}$$

莫尔条纹有如下的特点:

(1)放大作用

令 $k = \dfrac{W}{\omega} = \dfrac{1}{\theta}$,则 k 为放大比。若 $\omega = 0.01\text{mm}$,取 $\theta = 0.002\text{rad} = 0.11°$,则有 $k = 500$, $W = 5\text{mm}$,即放大 500 倍,这样光栅节距虽小,莫尔条纹的节距却有 5mm,因而莫尔条纹清晰可见,便于测量。

(2)误差均化作用

莫尔条纹是由许多根刻线共同形成的,这样可使栅距的节距误差得到平均化。

(3)利用莫尔条纹测量位移

莫尔条纹的移动距离与光栅的移动距离成比例,光栅横向移动一个节距,莫尔条纹正好沿刻线上下移动一个节距 W,或者说在光栅刻线上的某一位置,如图 5-22 所示的 a 线处,莫尔条纹明一暗一明变化一个周期,这为光电元件的安装与信号检测提供了良好的条件。此外光栅的移动方向与莫尔条纹的移动方向也有固定的关系。如指示光栅相对于标尺光栅逆时针方向转一个小角度 $+\theta$,当标尺光栅右(左)移时,则莫尔条纹下(上)移。相反,指示光栅顺时针方向转一小角度 $-\theta$,当标尺光栅右(左)移时,则莫尔条纹上(下)移。根据莫尔条纹的移动方向可以辨别光栅的移动方向。

3. 光栅检测装置的位移-脉冲变换电路

图 5-24(a)所示为光栅检测装置的结构示意图。光源 1 发出的光经聚光镜 2 变成平行光束照在指示光栅 3 和标尺光栅 4 上,在与标尺光栅 4 刻线平行的方向上安装四个光电元件 $P_1 \sim P_4$,彼此间的距离为 $W/4$,当指示光栅 3 与标尺光栅 4 相对移动时,四个硅光电池 5 接受近似正弦规律变化的光强,产生出四路频率、幅值相同,但相位相差 $\pi/2$ 的电压信号。这些信号送至如图 5-24(b)所示的电路,经差动放大器放大,再通过整形,使之成为两路正弦及余弦方波。然后经微分电路获得脉冲,由于脉冲是在方波的上升沿产生,为了使 0°、90°、

$180°$、$270°$的位置上都得到脉冲,所以必须把正弦和余弦方波分别各自反相一次,然后再微分,这样可得到 4 个脉冲。为了辨别正向和反向运动,可用一些与门把 4 个方波 $\sin$,$-\sin$,$\cos$ 及 $-\cos$(即 A、B、C、D)和 4 个脉冲进行逻辑组合。当正向运动时,通过与门 $Y_1 \sim Y_4$ 及或门 H_1 得到 $A'B + AD' + C'D + B'C$ 4 个脉冲输出。当反向运动时,通过与门 $Y_5 \sim Y_8$ 及或门 H_2 得到 $BC' + AB' + A'D + CD'$ 4 个脉冲输出。其波形见图 5-24(c)所示,这样光栅尺即执行部件每相对移动一个光栅节距 ω,光栅装置便发出 4 个脉冲,每个脉冲表示 $\omega/4$ 的位移。采用如图 5-24(b)所示的 4 倍频电路,对光电信号进行处理后,将光栅检测装置的读数分辨率较光栅刻线的分辨率提高了 4 倍。除了 4 倍频电路外,还有 8 倍、10 倍、20 倍频等电路可用于提高光栅检测装置的分辨率。

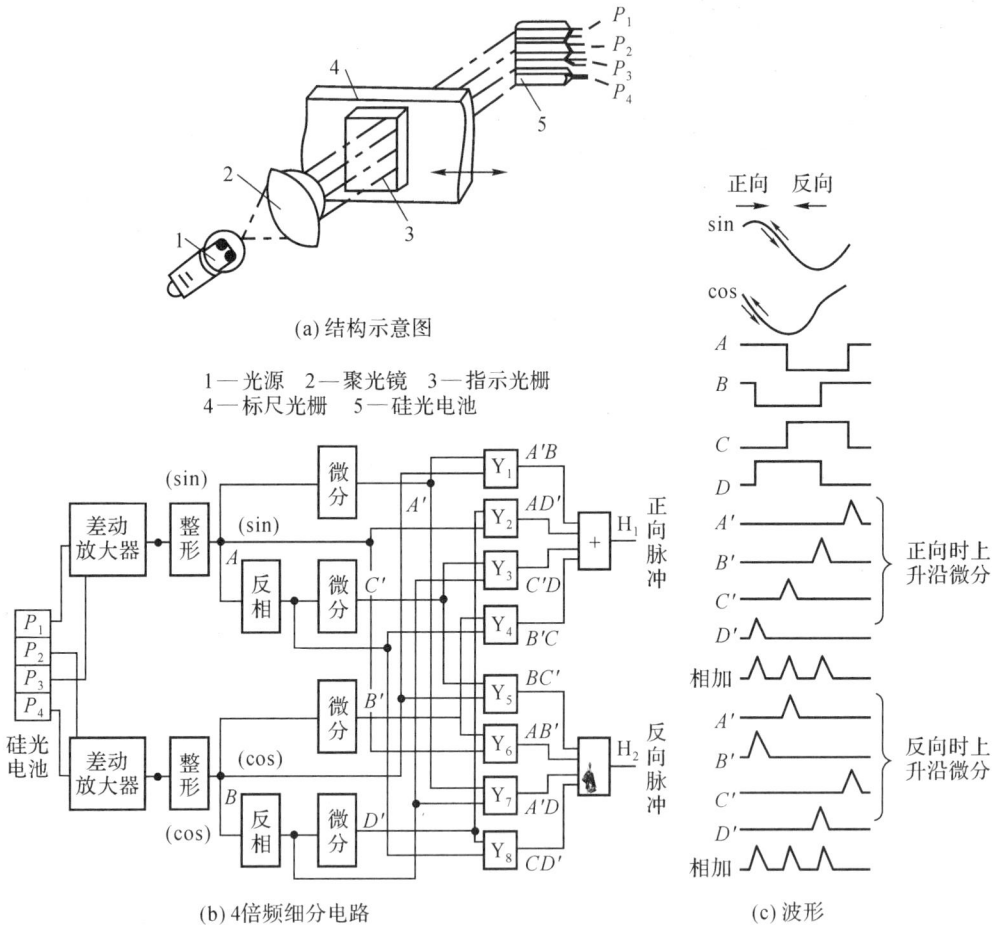

(a) 结构示意图

1—光源　2—聚光镜　3—指示光栅
4—标尺光栅　5—硅光电池

(b) 4 倍频细分电路　　　　　　　　(c) 波形

图 5-24　光栅检测装置及其电路

5.3.5　磁尺检测装置

　　磁尺是一种精度较高的位置检测装置,它由磁性标尺 1、磁头 2 和检测电路 3 组成,该装置方框图如图 5-25 所示。利用录磁原理将一定周期变化的方波、正弦波或脉冲电信号,用录磁磁头记录在磁性标尺的磁膜上,作为测量的基准。检测时,用拾磁磁头 2 将磁性标尺 1 上的磁信号转化为电信号,经过检测电路 3 处理后用以计量磁头相对磁尺之间的位移量。磁尺按其结构可分为直线磁尺和圆型磁尺,分别用于直线位移和角度位移的测量。磁性标尺制作简单、安装调整方便,对使用环境的条件要求较低,如对周围电磁场的抗干扰能力较强,在油污、粉尘较多的场合下使用有较好的稳定性。高精度的磁尺位置检测装置可用于各种测量机、精密机床和数控机床。

1. 磁尺检测装置的结构

(1)磁性标尺

磁性标尺(简称磁尺)是在非导磁材料如铜、不锈钢、玻璃或其他合金材料的基体上,用涂敷、化学沉积或电镀等方法加上一层 $10\sim20\mu m$ 厚的

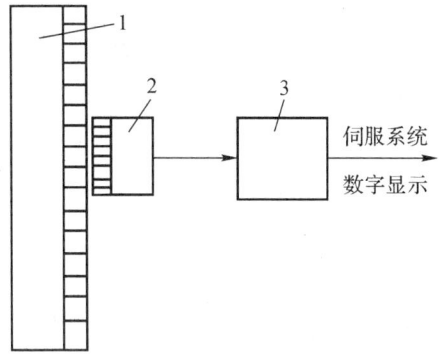

图 5-25　磁尺检测装置

1—磁性标尺;2—磁头;3—检测电路

硬磁性材料(如 Ni-Co-P 或 Fe-Co 合金),并在它的表面上录制相等节距周期变化的磁信号。磁信号的节距一般为 0.05、0.1、0.2、1mm。为了防止磁头对磁性膜的磨损,通常在磁性膜上涂一层厚 $1\sim2\mu m$ 的耐磨塑料保护层。

磁尺按其基体形状不同可分为:

1)平面实体型磁尺,一般长度为 600mm,超过此长度时,可用几根对接起来使用。

2)带状磁尺,磁尺的基体为厚 0.2mm,宽 70mm 的磷青铜带,磁带张紧固定在有屏蔽的壳体内,然后安装在机床上。

3)线状磁尺,其基体是 $\phi2mm$ 的青铜丝,线状磁尺套装在磁头内与磁头同轴,因青铜丝的线膨胀系数大,所以长度不宜太长,一般小于 1.5m。

4)圆型磁尺,做成磁盘或磁鼓形状,用于检测角位移。

(2)磁头

磁头是进行磁—电转换的变换器,它把反映空间位置的磁信号转换为电信号输送到检测电路中去。普通录音机上的磁头输出电压幅值与磁通变化率成比例,属于速度响应型磁头。根据数控机床的要求,为了在低速运动和静止时也能进行位置检测,必须采用磁通响应型磁头。这种磁头用软磁材料(如铍莫合金)制成二次谐波调制器。其结构如图 5-26 所示,它由铁芯、两个产生磁通方向相反的激磁绕组和两个串联的拾磁绕组组成。将高频激磁电流通入激磁绕组时,在磁头上产生磁通 Φ,当磁头靠近磁尺时,磁尺上的磁信号产生的磁通进入磁头铁芯,并被高频激磁电流产生的磁通 Φ 所调制。于是在拾磁线圈中感应电压为 U:

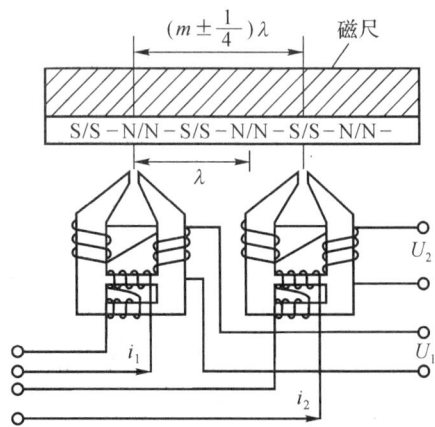

图 5-26　磁头

$$U=U_0\sin\frac{2\pi x}{\lambda}\sin\omega t \tag{5-19}$$

式中:U_0 为感应电压系数,λ 为磁尺磁化信号的节距,x 为磁头相对于磁尺的位移,ω 为激磁

电流的角频率。

为了辨别磁头在磁尺上的移动方向,通常采用了间距为$(m\pm1/4)\lambda$的两组磁头(其中m为任意正整数)。如图 5-26 所示,i_1,i_2为激磁电流,其输出电压分别为

$$U_1=U_0\sin\frac{2\pi x}{\lambda}\sin\omega t$$

$$U_2=U_0\cos\frac{2\pi x}{\lambda}\sin\omega t$$

$$(5\text{-}20)$$

U_1和U_2是相位相差$90°$的两列脉冲。至于哪个导前,则取决于磁尺的移动方向。根据两个磁头输出信号的超前或滞后,可确定其移动方向。

2. 磁尺检测装置的工作原理与检测电路

磁尺检测是模拟测量,检出信号是一模拟量,必须经检测电路处理变换,才能获得表示位移量的脉冲信号。检测线路包括激磁电路、信号滤波、放大、整形、倍频、数字化等电路环节。根据激磁方式的不同,磁尺检测也可分为鉴幅检测和鉴相检测两种,鉴相检测方式应用较多。

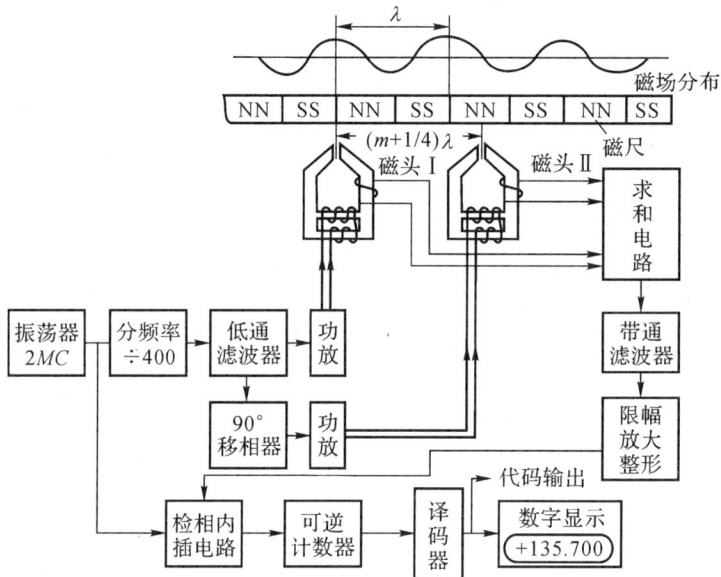

图 5-27　磁尺的鉴相检测原理

鉴相检测的分辨率可以大大高于录磁节距λ,可通过提高内插脉冲频率以提高系统的分辨率。鉴相检测的原理如图 5-27 所示,两个磁头 I 、II 的激磁电流,由分频、滤波和功放后获得,磁头移动距离x后的输出电压为

$$U_1=U_0\sin\frac{2\pi x}{\lambda}\sin\omega t$$

$$U_2=U_0\cos\frac{2\pi x}{\lambda}\sin\omega t$$

在求和电路中相加,则得磁头总输出电压为

$$U=U_0\sin\left(\omega t+\frac{2\pi}{\lambda}x\right)$$

$$(5\text{-}21)$$

由式(5-21)可知,合成输出电压U的幅值恒定,而相位随磁头与磁尺的相对位置x变

化而变。其输出信号与旋转变压器、感应同步器的读取绕组中取出的信号相似,所以其检测电路也相同。总输出电压 U 经带通滤波器、限幅、放大整形得到与位置量有关的信号,送入检相内插电路中进行内插细分,得到预定分辨率的计数脉冲信号。计数信号送入数控系统,即可进行数字控制和数字显示。

5.3.6　脉冲编码器

脉冲编码器是一种旋转式角位移检测装置,能将机械转角变换成电脉冲,是数控机床上使用最广的位置检测装置。还可通过对位移电脉冲频率的检测来检测机械的旋转速度,作速度检测装置。脉冲编码器可分为增量式脉冲编码器和绝对式脉冲编码盘两种。

1.增量式脉冲编码器

（1）结构

增量式脉冲编码器有光电式、接触式和电磁感应式三种,数控机床上使用的都是光电式编码器。增量式光电脉冲编码器的结构如图 5-28 所示,圆光栅 3 固定在旋转轴 8 上,指示光栅 4 固定在机座 6 上,与圆光栅平行并保持一定间隙,光源 2、光电元件 5 及印刷电路板 1 都固定在底座 6 上,全部用护罩 7 盖上。整个编码器通过底座 6 安装在伺服电机上,旋转轴 8 与被测伺服电机轴,通过十字接头相连接。

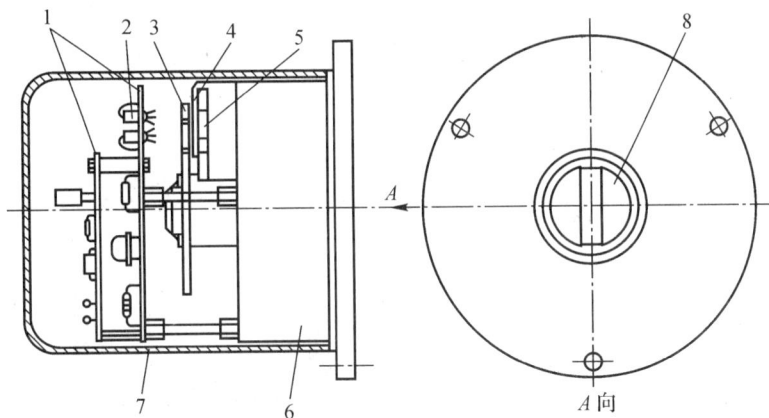

图 5-28　增量式脉冲编码器

1—印刷电路板；2—光源；3—圆光栅；4—指标光栅；
5—光电元件；6—机座；7—护罩；8—旋转轴

圆光栅的基体是玻璃圆盘,表面上用真空镀膜法镀上一层不透光的金属膜,再涂上一层均匀的感光材料,用照相腐蚀工艺,制成等距的透光和不透光相间的辐射状线纹,相邻的两个透光和不透光线纹构成一个节距 P。在圆盘里圈不透光圆环上刻有一条透光条纹,用来产生脉冲信号 Z。指示光栅上有两组线纹 A 和 B,每组线纹的节距与圆光栅的节距相同,但 A、B 两组线纹彼此错开 1/4 个节距,A、B 两组线纹与旋转圆光栅配合产生两路脉冲 A 和 B,用于计数和辨向。

（2）工作原理

如图 5-28 所示,光源接通,圆光栅 3 旋转,光线透过两个光栅的 A,B 两组线纹,每转过一个光栅节距,便在光电元件上形成一暗一明变化一个周期的光信号,并被转化为两组近似

于正弦波的电压信号,连续旋转便得到 A 和 B 两路正弦
电压信号,如图 5-29 所示,经放大、整形后得到所示的方
波信号 A 和 B,如光栅盘正转时 A 相超前 90°,反转时 B
相超前 90°。另外还产生脉冲信号 Z,Z 为基准脉冲,或称
零点脉冲,它是圆光栅盘,当然也是伺服电机轴在固定的
圆周位置,即绝对位置上产生的脉冲,它可以作为坐标原
点的信号,在车削螺纹时作为进刀点的信号。

数控机床上常用的脉冲编码器每转输出的脉冲数有
2000P/r,2500P/r,3000P/r 等几种,应该根据数控机床
滚珠丝杠的导程来选用每转产生相应脉冲数的编码器。
在高速度、高精度的进给伺服系统中,要使用高分辨率的

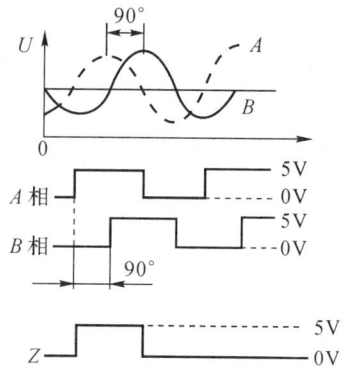

图 5-29　脉冲编码的输出信号

脉冲编码器,如 20000P/r,25000P/r,30000P/r 等。现在已有每转能发出 10 万个脉冲的编
码器。

2. 绝对式脉冲编码盘

绝对式脉冲编码盘是一种绝对角度位置检测装置,它的位置输出信号是某种制式的数
码信号,它表示位移后所达到的绝对位置,要用起点和终点的绝对位置的数码信号,经运算
后才能求得位移量的大小。电源切除后位置信息不会丢失,只要通电就能显示出所在的绝对
位置信号,因此在事故停机检修后,可以根据加工程序单上标明的停机时的绝对位置,或停
机时记录下来的绝对位置,用绝对位移指令直接找回到原停机位置进行继续加工。

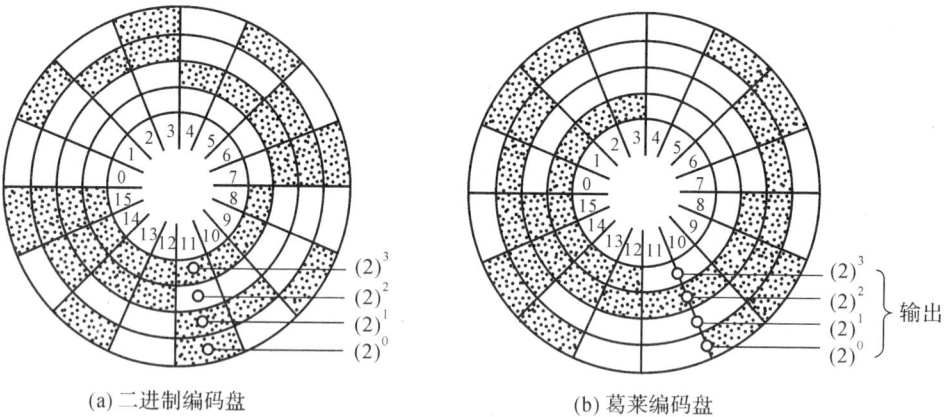

(a) 二进制编码盘　　　　　　　　　　(b) 葛莱编码盘

图 5-30　绝对式脉冲编码盘

绝对式编码盘也有接触式、光电式与电磁式三种,常用的还是光电式一种。光电式编码
盘的结构与增量编码器相似,由光源、圆形编码盘、光电元件等组成。主要零件是编码盘,如
图 5-30 所示。码盘上有许多同心圆环,称为码道,整个圆盘又分成若干个等分(圆心角相等)
的扇形区段,每一相同的扇形区段的码道组成一个数码,透光的码道为"1",不透光的码道为
"0",内环码道为数码的高位。所用数码可以是纯二进制的,如图 5-30(a)所示,图 5-30(b)所
示为葛莱循环码。在圆盘的同一半径方向的每个码道处,如图的黑点所示,安装一个光电元
件,光源装在圆盘的另一侧,码盘转动,每一扇形区段内的光信号通过光电元件转换成数码
脉冲信号。如图 5-30(a)所示中二进制的数码 1100 的位置就是从 0 位算起的第 12 个角度绝

对坐标位置,换算成角度是 $\frac{360°}{16} \times 12 = 270°$ 的位置(编码盘分为 16 个区段)。用纯二进制码有一个缺点是:相邻两个二进制数可能有多位二进制码不同,当数码切换时有多个数位要进行切换,增大了误读的几率。图 5-30(a)所示的葛莱码则不同,相邻两个二进制数码只有一个数位不同,因此两数切换时只在一位进行,提高了读数的可靠性。

目前绝对式光电式码盘可以做到 18 位二进制数,如果要求更多的位数,用单片码盘则其扇形区段太多,分割起来就很困难。二进制位数的多少决定了测量角度的分辨率,用于间接测定直线位移时,则限制了测量长度的大小。要提高分辨率与测量范围,可以采用组合式绝对码盘,即使用一个粗计数码盘和精计数码盘组合进行计数,精计数码盘转一圈向粗计数码盘进一位,使粗计数盘转过最低位的一格。两个码盘之间用一定传动比的齿轮连接,从精到粗按进位数制进行降速传动。

3. 多圈式绝对光电编码盘器

日本的一些公司最近相继研制成了一种多圈式绝对编码器,综合了各种编码器的长处。其内部结构如图 5-31 所示。它有一个光电码盘和一个磁码盘,两条通道的信号经检测装置内部的 CPU、大规模集成电路及驱动电路串行地输出绝对位置信息。这种编码器的优点是:

(1)分辨率高,可达二进制数 15 位到 17 位;

(2)响应快,可在 4500r/mm 的转速进行检测,多圈记忆,可连续记忆 ±99999 转;

(3)具有数据长期存储功能,当采用超大容量电容器时,即使不用干电池,绝对位置信息也可保持 4 天以上,若用一个锂电池,则可连续保持 4 年以上。而且耗电少,一节锂电池可用4 年;

(4)串行输出,信号线少,可靠性高,便于长距离传输。

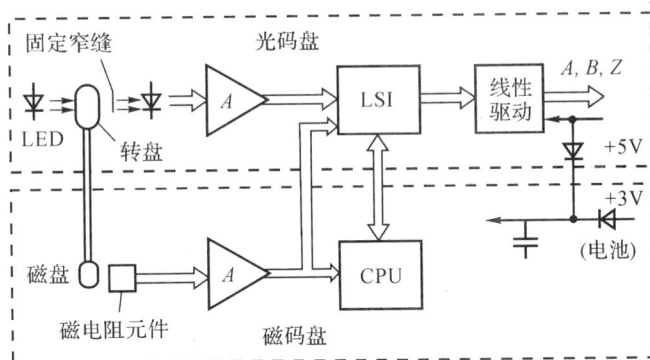

图 5-31　多圈式绝对编码器原理框图

这种多圈绝对式编码器,同前述的各种位置检测装置相比,有许多优越的功能,是一种很理想的位置检测装置。

思考题与习题

5-1　伺服驱动系统的技术要求有哪些?

5-2　数控机床的伺服系统有哪几种类型?简述各自特点。

5-3　简述半闭环、闭环伺服驱动系统的区别及其在数控机床上的使用概况。

5-4　步进电机步距角的大小取决于哪些因素？

5-5　某开环系统，其脉冲当量为 0.01mm/脉冲，丝杠螺母副的螺距为 8mm，应如何设计此系统？

5-6　简述直流伺服电机及交流伺服电机的优缺点以及速度调节方法。

5-7　莫尔条纹的特点有哪些？

5-8　绝对式光电编码盘为什么常用葛莱码盘？

第6章　数控机床的结构与传动

本章学习要点：

1. 了解数控机床的机械结构的特点。掌握提高数控机床结构件刚度、精简传动结构、减小机床热变形和改善运动导轨副的基本要求和措施。

2. 掌握数控机床主运动系统、进给传动系统和回转工作台的结构形式、工作原理和特点。

数控机床是高精度、高效率、机电一体化的自动化加工设备。随着机电技术、伺服驱动技术和计算机控制技术在机床上的普及应用，数控机床的机械结构也在不断地改进和完善。

数控机床的机械结构主要包括床身、立柱等基础件、主传动系统、进给系统、回转装置、导轨部件和其他辅助装置。数控机床各机械部分相互协调，在数控系统的指令控制下，实现各种进给运动、切削加工和辅助操作等功能，形成一个功能强大的复杂系统。

由于数控机床与普通机床相比，在性能上有明显提高，因而在机械结构和机械传动上存在着显著差别。本章阐述了数控机床机械结构的特点和基本要求，并介绍了数控机床的主传动系统、进给传动系统、导轨部件、回转工作台等主要系统和部件。

6.1　数控机床机械结构的特点和基本要求

6.1.1　数控机床机械结构的特点

随着机电技术和数控技术的不断发展，数控机床高精度、高生产率、高柔性和高自动化等特点日趋明显，因而对机械结构提出了更高的要求。

数控机床的机械结构总的特点可用两句话概括：支承刚强抗振好，传动精密摩擦小。具体反映在以下几个方面。

(1)支承件的高刚度化：床身、立柱等采用静、动刚度和抗振性等特性均佳的支承结构。

(2)传动机构精简化：用主轴的伺服驱动系统取代普通机床的多级齿轮传动系统，使传动链高度精简。

(3)传动元件高精化：采用高精度、高效率、低摩擦的传动元件，例如滚珠丝杠副、静压蜗轮蜗杆副、塑料滑动导轨、滚动导轨、静压导轨等，这些传动元件具有精度高、摩擦小的特点，因而最大限度地减少了爬行等现象。

(4)辅助操作自动化:数控机床采用多种辅助装置,实现了高自动化的辅助操作,如多主轴、多刀架结构、自动夹紧装置、自动换刀装置、自动排屑装置、自动润滑冷却装置、刀具破损检测和监控装置等。

6.1.2　数控机床机械结构的基本要求

为了使数控机床达到高精度、高效率和高自动化的要求,应使机床本体的主要部件具有高精度、高刚度、低摩擦、高谐振频率和适当阻尼等特性,从而使数控机床达到预定各项性能指标。为此,应着重从以下主要方面入手,设计和改进数控机床的机械结构。

1. 提高数控机床构件的刚度

在机械加工中,机床的部件和工件将承受多种外力的作用,其中包括部件和工件的自重、驱动力、切削力、惯性力和摩擦阻力等,受力部件在这些力的作用下会产生变形,如机床基础件的弯曲和扭转变形、支承构件的局部变形、固定联接面和运动啮合面的接触变形等。这些变形都会直接或间接地引起刀具和工件之间产生相对位移,破坏刀具和工件的原有正确位置,从而影响机床的加工精度和切削过程的特性。由于数控机床具有高精度、高效率和高自动化的特点,它所承受的外力负载条件更为恶劣,而加工误差也很难由人工干预进行修正和补偿,所以数控机床的变形对加工精度的影响将会更严重。为了保证数控机床的加工精度,应使其机械结构具有更高的抵抗变形的能力,即提高数控机床构件的刚度。

根据所受力的不同性质,机床刚度可分为静刚度和动刚度两种。机床的静刚度是指机床在稳定载荷力(如主轴箱、拖板部件的自重和刀具工件的重力等)的作用下抵抗变形的能力。机床的动刚度是指机床在交变载荷(如周期变化的切削力、齿轮啮合的冲击力、旋转运动的动态不平衡力和间隙进给的不稳定力等)的作用下防止振动的能力,它与机械系统构件的阻尼率有关。

为了提高数控机床的刚度,通常可采取以下措施:

(1)采用合理的机床结构布局

机床结构布局对机床部件的受力情况有很大影响。采用合理的结构布局能减少部件承受的弯矩和扭矩,从而提高机床的刚度。如图 6-1 所示的卧式镗床或卧式加工中心的布局中,(a)、(b)、(c)所示的主轴箱是单向悬挂在立柱侧面上的,这样,将使立柱在主轴箱自重的作用下受到较大的弯矩和扭矩,引起较大的弯曲和扭曲变形,从而直接引起加工误差。而图 6-1(d)所示主轴箱的重心位于立柱的对称面内,这样,因主轴箱自重产生的弯矩和扭矩就减小到最低限度,一般不会引起立柱的变形,即使在切削力的作用下,其弯曲和扭曲变形也大大减小,从而使机床刚度明显提高。

图 6-2 所示为普通车床床身布局(见图 6-2(a))和数控车床车身布局(见图 6-2(b))的受力情况比较。设床身截面积和惯性矩及其所受切削力相等,对于普通车床来说,当床身水平布局时,床身所受扭矩为

$$M_{n1} = P\left(\frac{D}{2}\cos\alpha + h_1\sin\alpha\right) \tag{6-1}$$

对于数控机床来说,当床身倾斜布局时,设倾角为 β,床身所受扭矩为

$$M_{n2} = P\left[\frac{D}{2}\cos(\beta-\alpha) - h_2\sin(\beta-\alpha)\right] \tag{6-2}$$

从式(6-1)和式(6-2)的比较可见,$M_{n2} < M_{n1}$,因而倾斜布局的数控车床床身承受的扭矩

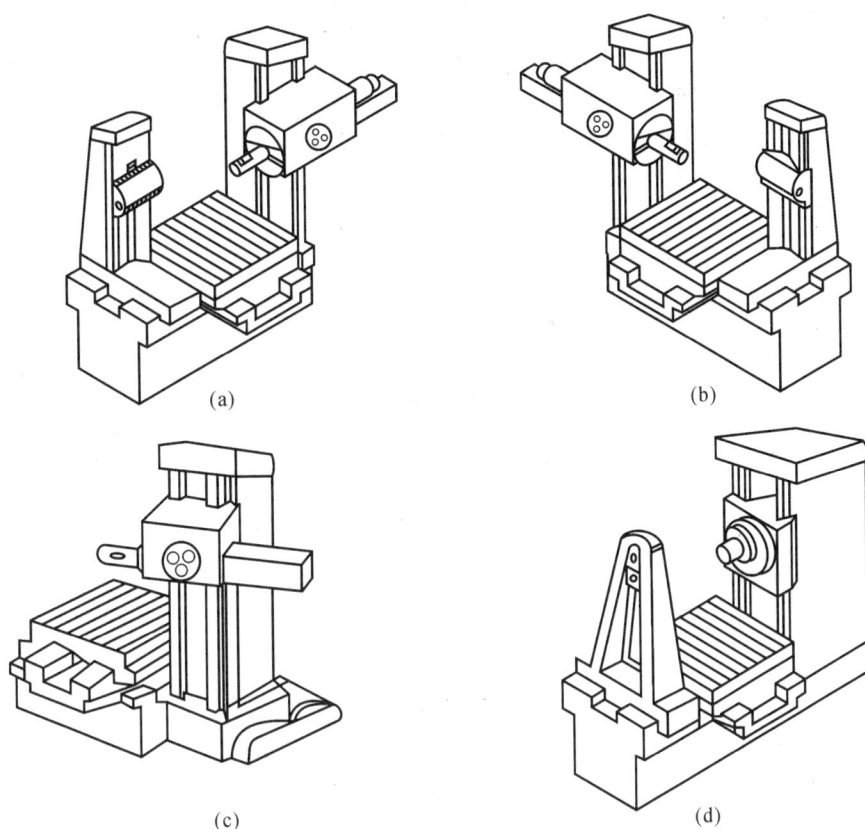

图 6-1　几种机床的布局形式

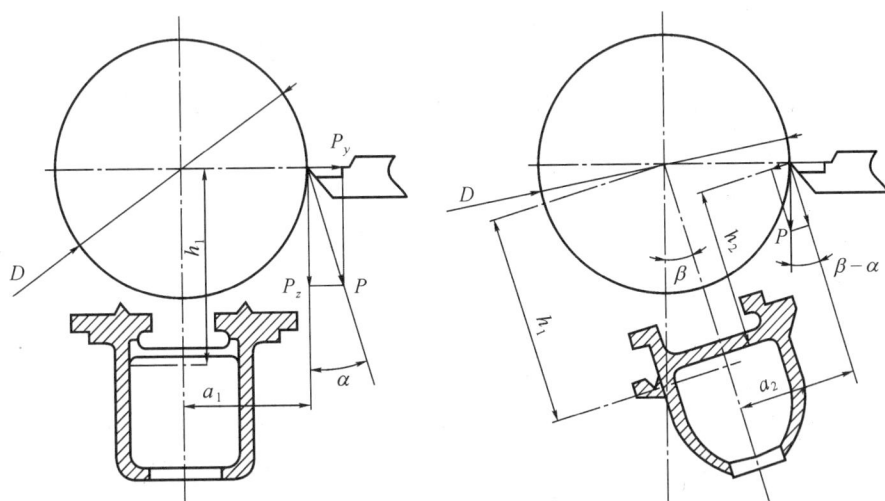

图 6-2　两种车床床身布局

明显小于水平布局的普通车床床身承受的扭矩。此外,倾斜布局的床身还具有排屑容易的特点,更有利于自动化加工的数控车床。

(2)优化设计基础件的截面形状和尺寸

机床基础件在外力的作用下,将产生弯曲和扭转变形,变形的大小则取决于基础件的截面抗弯和抗扭惯性矩,抗弯、抗扭惯性矩大,变形则小,刚度就高;反之,变形则大,刚度就低。表 6-1 列出了几种截面积相同,但截面形状和尺寸不同的惯性矩。从表 6-1 中数据可知:在形状和截面积相同的条件下,减小壁厚,加大截面轮廓尺寸,可大大增加刚度;封闭截面刚度明显高于不封闭截面的刚度;圆形截面的抗扭刚度高于方形截面,抗弯刚度则低于方形截面。因此合理设计截面形状和尺寸,可显著提高基础件结构的静刚度。

表 6-1　截面形状与惯性矩

序号	截面形状	惯性计算值/cm⁴ 惯性矩相对值		序号	截面形状	惯性计算值/cm⁴ 惯性矩相对值	
		抗弯	抗扭			抗弯	抗扭
1		800 1.0	1600 1.0	6		833 1.04	1400 0.88
2		2420 3.02	4840 3.02	7		2563 3.21	2040 1.27
3		4030 5.04	8060 5.04	8		3333 4.17	680 0.43
4			108 0.07	9		5867 7.35	1316 0.82
5		15517 19.4		10		2720 3.4	—

图 6-3 所示为数控车床所普遍采用的床身截面。其特点是:截面形状为封闭式箱体结构,导轨斜置,截面外廓尺寸大于普通机床床身截面的外廓尺寸。该床身不但具有很高的抗弯刚度和抗扭刚度,而且有利于排屑和导轨清洁,为数控车床所常用。

图 6-4 所示为卧式加工中心普遍采用的框式立柱和主轴箱嵌入式结构。其立柱截面成封闭的框架形,轮廓尺寸大,具有较高的抗扭刚度,能承受较大的由切削力产生的扭转力矩。由于截面形状为矩形,矩形尺寸大的方向与在切削力作用下产生大的弯曲载荷的方向相同,因而这种截面结构具有很高的刚度。

(3)合理选择和布置筋板

合理布置基础件的筋板可提高刚度。图 6-5 中(a)和(b)所示为两种加工中心立柱的截面图。因为该立柱承受弯扭组合力矩,因而截面采用矩形封闭外形,内部则采用斜方双层壁(相当于斜纵向筋板)和对角线交叉筋板,因而这两种立柱都有很高的抗弯、抗扭刚度。

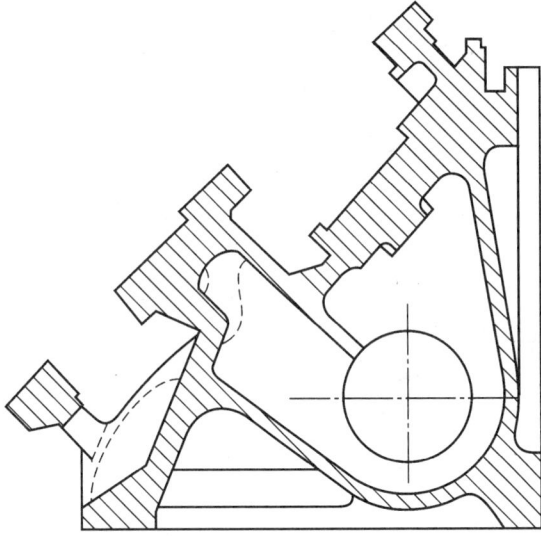

图 6-3　数控车床的床身截面结构

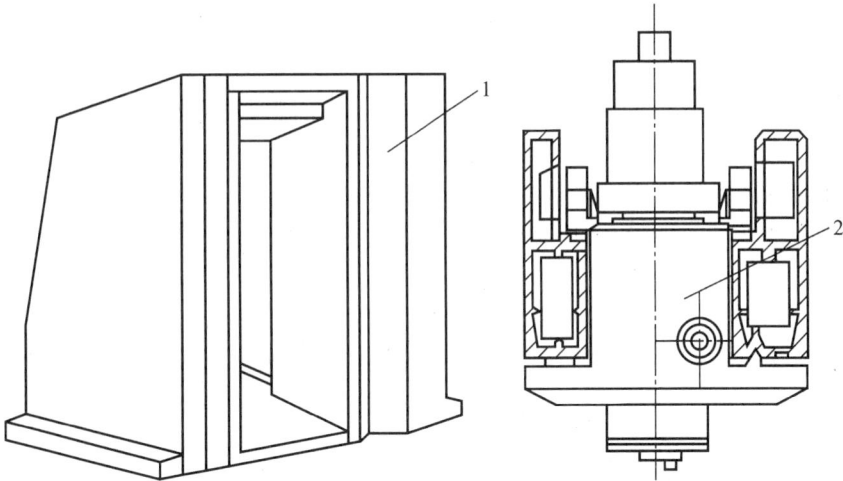

图 6-4　卧式加工中心的框式立柱和主轴嵌入式结构

1—立柱;2—主轴箱

（4）提高机床各部件的接触刚度

无论是机床各部件的固定接触面,还是运动副的配合面,总是存在着宏观和微观不平,两面之间的真正接触只是在一些高点,因而实际接触面积小于两接触面的面积(名义接触面积),因此,在承载时,作用在接触点的压强要比平均压强大得多,导致产生接触变形。平均压强 P 与变形 δ 之比称为接触刚度 K_j,即

$$K_j = P/\delta \tag{6-3}$$

由于机床总有较多的静、动接触面,因而注意提高接触刚度,有利于减少接触变形、提高机床的整体刚度和加工精度。

影响接触刚度的主要因素是实际接触面积的大小,因而任何增大实际接触面积的方法都能有效提高接触刚度。常用的方法有:

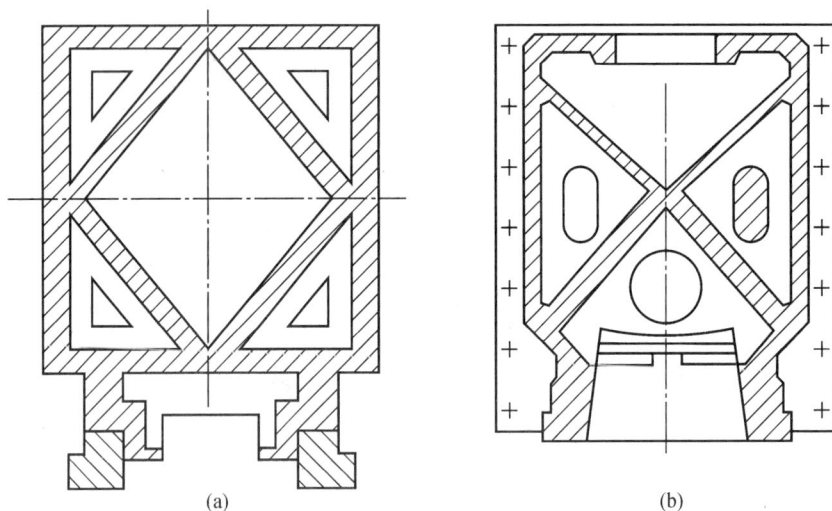

图 6-5　立式加工中心立柱的横截面

　　1)提高工件接触面的形状精度和配合精度,即减小接触面的形状误差,如对机床导轨采用人工铲刮工艺作为最终精加工工序,以增加单位面积上接触点的数量,从而增加导轨副的实际接触面积,就能有效地提高接触刚度。

　　2)对主轴部件的滚动轴承采用预紧结构调整轴承间隙,使轴承在预加载荷的条件下运转,从而提高主轴的接触刚度和支承刚度。

　　3)对于用螺纹紧固的固定接触面,合理布置一定数量的螺栓,并对拧紧力矩提出严格要求以控制和保证适当的预紧力,从而提高接触刚度。

　　(5)支承件采用钢板焊接结构

　　近年来,数控机床床身用钢板焊接结构代替铸铁件的趋势不断增强,从开始在重型机床上的小批量机床上应用,逐步发展到有一定批量的中型机床。

　　从表 6-2 中可见,焊接床身的刚度高于铸造床身,这是由于两种床身的筋板布置不同,钢板焊接床身容易采用合理的筋板布置形式,从而充分发挥壁板和筋板的承载和抵抗变形的作用,提高刚度。焊接结构还无需铸造床身所需的出砂口,而做成刚度好的封闭式箱形结构。另外,钢板的弹性模量(E 为 $2 \times 10^5 MPa$)远远大于铸铁的弹性模量(E 为 $1.2 \times 10^5 MPa$),在应力相同时,E 大则变形 ε 小,因此 E 大表示材料的抵抗弹性变形的能力强,即在结构相同时,E 大的材料刚度高。当然,在采用钢板焊接床身时,要注意采用合适的焊接后热处理工艺,以减小热变形和消除内应力。

表 6-2

床身结构	P_y/Y	P_x/X
焊接床身	3156N/mm	1891N/mm
铸造床身	1881N/mm	1372N/mm

　　(6)补偿有关零部件的静力变形

　　在外力作用下,机床变形是不可避免的。如能采取措施减小变形,就相当于提高了机床的刚度。从这一思路出发,产生了多种补偿有关零部件静力变形的方法,并被普遍应用于补偿因自重而引起的静力变形。

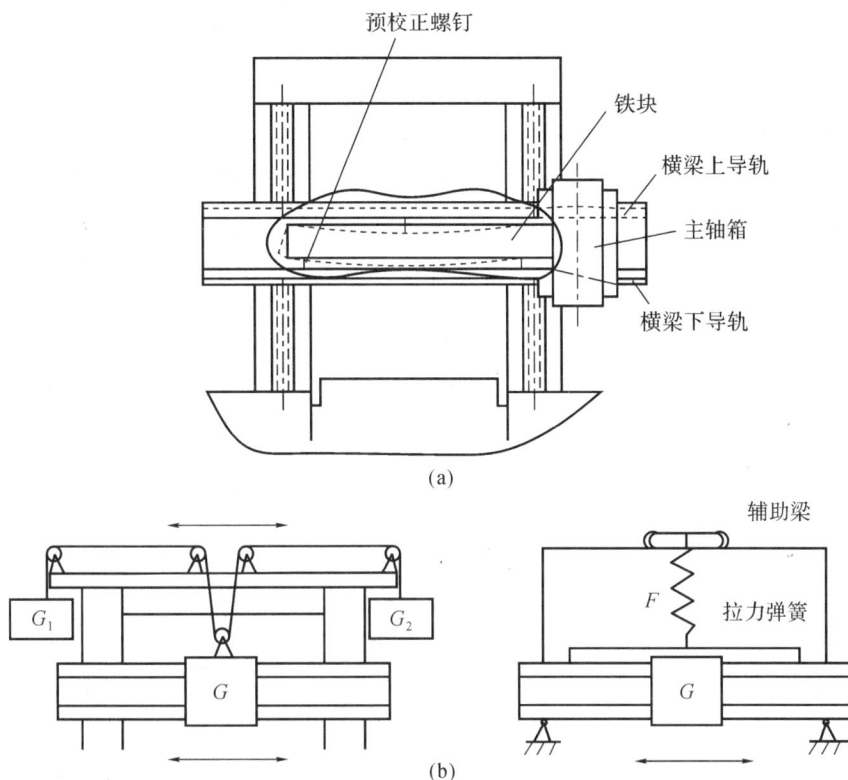

(a)

(b)

图 6-6　横梁弯曲的变形补偿

图 6-6(a)所示大型龙门数控铣床,当主轴箱移到横梁中部时,横梁的弯曲变形最大。为此可将横梁导轨加工成中凸的抛物线形,或者通过横梁内部安装辅助梁和预校正螺钉,使横梁导轨预调为中凸抛物线形,这就可补偿主轴箱移到横梁中部时引起的弯曲变形。

如图 6-6(b)所示,通过加平衡块 G_1,G_2 或利用弹簧力 F,抵消部分主轴箱的重量,从而减小横梁因主轴箱自重引起的弯曲变形。

2. 提高机床结构的抗振性

机床在加工时,可能产生振动,振动一般可分为强迫振动和自激振动两种形式。机床的振动会使刀具在被加工零件的表面上留下振纹,影响加工表面质量,同时有可能损坏刀具或减少刀具使用寿命,严重时使加工过程不能继续进行。机床的抗振性是指机床抵抗振动的能力。

强迫振动是在各种动态力(如回转零件的不平衡力,周期变化的切削力,往复运动件的换向力等)作用下被迫产生的振动。如果动态力的频率与某部件的固有频率相同,则将发生共振。机床的动刚度是指机床在交变载荷的作用下防止振动的能力,也即机床抵抗强迫振动的能力。

自激振动是在无外界动态力的情况下,由切削过程自身激发的振动。自激振动的频率一般接近或略高于机床主振型的低阶固有频率,振幅较大,对加工产生很不利的影响。在机床刚度、刀具切削角度、工件和刀具材料、切削用量都一定的情况下,影响自激振动的主要因素是切削宽度 b,因此可将不产生自激振动的最大切削宽度称为临界切削宽度 b_{lim},作为判断机床切削稳定性即抵抗自激振动能力的指标。

由于高速切削是产生动态交变外力的直接因素,而强力切削是导致切削宽度增大的主要原因,因而在力求使数控机床具有高速度、高切削效率特点的同时,也潜伏了容易产生强迫振动和自激振动的隐患,而且由于数控机床切削过程的自动化,又很难用人工控制来消除这些振动,因而只有依靠改进数控机床结构来提高抗振性、减少和克服振动对加工精度的影响。

为了提高机床的抗振性,宜从提高机床的静刚度、固有频率和增加阻尼等方面入手。由于固有频率 $\omega_n = \sqrt{K/m}$(K 为静刚度,m 为结构质量),因而提高静刚度 K 就能提高固有频率,前述的合理布置筋板和采用钢板焊接件等提高静刚度的措施,同样适用于提高机床的固有频率。

对于增加阻尼的措施,可从以下几个方面入手:

(1)基础件内腔充填泥芯和混凝土等阻尼材料

在基础件内腔中充填泥芯和混凝土等材料,有利于利用这些材料的内摩擦来耗散振动能量,从而提高结构的阻尼特性。

图 6-7 所示为一般车床床身和内腔充填泥芯的车床床身的动态特性的比较。从中可以看出,充填泥芯的床身的阻尼明显增加。

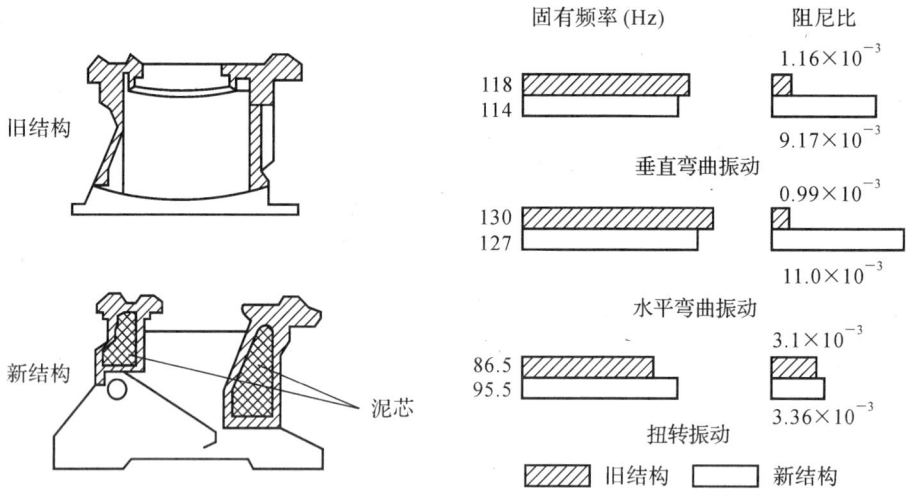

图 6-7　两种车床床身的动态特性比较

图 6-8 所示为底座内腔充填混凝土,床身内封泥芯的车床基础件结构。

(2)采用新材料制造基础件

近 10 多年来,国外一些公司致力于采用新材料制造基础件,在提高机床刚度和抗振性等方面取得了实质性进展,并已应用于实际生产。

例如,德国在加工中心中采用丙烯酸树脂混凝土床身;瑞士在数控外圆磨床上采用树脂混凝土床身;美国采用花岗岩粉末与环氧树脂胶合的材料制作加工中心床身,均为这方面的实例。

(3)表面采用阻尼涂层

在弯曲振动结构件的表面上喷涂一层具有较高内阻尼和较高弹性的粘滞材料(如沥青基制成的胶泥减振剂、高分子聚合物和油漆腻子等),涂层愈厚,阻尼愈大。这种涂层工艺,提

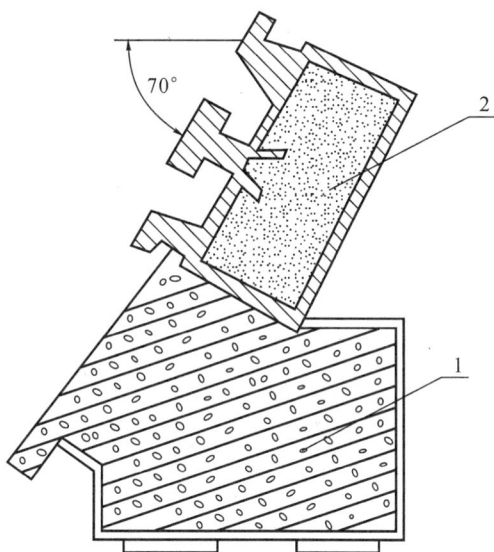

图 6-8　底座和床身的结构示意图
1—实心混凝土底座；2—内封泥芯的铸铁床身

供了不改变原结构设计而获得较高阻尼比的方法，从而提高了结构件的抗振性。

（4）充分利用接合面间的阻尼

在焊接结构件时，壁板和筋板之间采用交替的焊一段、空一段的间断焊接，利用空一段接合面在振动时的摩擦来消耗振动能量，从而获得良好的阻尼特性。

3. 减小机床的热变形

机床的热变形，尤其是数控机床的热变形是影响加工精度的重要因素。

引起机床热变形的热源主要是机床的内部热源，如电机发热、摩擦热和切削热等。由于热源分布不均匀，多热源产生的热量不相等和各零件质量不等，导致机床各部分温升不一致，从而产生不均匀的温度场和热膨胀变形，破坏了刀具与工件的正确相对位置，影响了机床的加工精度。

由于数控机床的主轴转速、进给速度和切削热远高于普通机床，因而发热远比普通机床严重，由热变形而引起的加工误差又很难人工修正，因而必须对减小数控机床热变形予以高度重视。

减小机床热变形可从以下几个主要方面入手：

（1）减少机床内部热源和发热量

为了减少机床内部热源的发热量，常用的措施有：主运动采用直流和交流调速电机，精简传动机构，减少传动齿轮；采用低摩擦系数的导轨和轴承；液压系统中采用变量泵或将其置于机床本体之外。

由于炽热切屑是不可忽视的热源，因此为了快速排屑，工作台和机床主轴常呈倾斜或立式布局，有时还设置自动排屑装置，将切屑随时排到机床外。

（2）改善散热与隔热条件

对发热部位采用散热、风冷、液冷等方式控制温升、吸收热量是数控机床使用较多的一种减小热变形方法。其中强制冷却是较有效的方法之一，例如对主轴箱或主轴部件采用强制润滑冷却,有的甚至采用主轴内部冷却和制冷后的润滑油进行循环冷却。

在工作台或导轨等重要部件上设置隔热防护罩,把切屑隔离在外,既起到隔热作用,又起到保护台面和导轨面的作用。

(3)合理采用机床的结构和布局

尽可能采用热传导对称的结构,例如图 6-1(d)所示的双柱对称形式。热变形对这种结构的主轴轴线变位影响就较小,因为在热变形时,其主轴中心在水平位置上保持不变。如果采用图 6-1(a)、(b)、(c)所示的主轴箱单悬立柱的结构形式,则热变形对主轴影响就比较大,热变形会使主轴轴线在水平位置上发生改变。

在结构设计中,应设法使热量比较大的部位的热量向热量小的部位传导或流动,以使结构件的各部位均热,这也是减小热变形的有效措施。

采用预拉伸的滚珠丝杠结构可减小丝杠的热变形,这种方法是在加工滚珠丝杠时,使螺距略小于名义值,装配时进行预拉伸,从而使螺距达到名义值。这样,在丝杠工作时,丝杠中的拉应力补偿了热应力,从而减少了热伸长。

6.2　数控机床的主运动系统

主运动是机床实现切削的最基本的运动,也是在切削过程中速度最高、耗能最大的运动。

由于数控机床具有精度高、效率高和自动化程度高的特点,因而数控机床与普通机床相比,主轴转数更高,变速范围更宽,消耗功率更大。根据机床不同类型和加工工艺特点,数控机床对其主运动系统提出以下特定要求。

(1)调速功能:为适应不同工件材料、刀具及各种工艺要求,对中高档数控机床,尤其是加工中心,要求主轴应有较好的调速特性,即应具有较宽的调速范围、较小的静差度和较佳的调速平滑性,以保证加工时选用合理的切削用量,获得最佳切削效率、加工精度和表面质量。

(2)功率要求:要求主轴具有足够的驱动功率或输出扭矩,能满足机床进行强力切削时的要求。

(3)精度要求:不仅要求主轴的回转精度高,而且要求主轴有足够的刚度、抗振性和热稳定性。

(4)动态响应性能:要求升降速时间短,调速时运转平稳。对需要同时能实现正反转切削的机床,为避免产生冲击,还要求换向时可以进行自动加减速控制。

6.2.1　主运动的传动方式

与普通机床相比,数控机床的主运动系统具有传动链短、传动元件少和传动可靠性高的特点。数控机床主运动的传动方式主要有三种,如图 6-9 所示。

1. 带有变速齿轮的主传动

这种传动方式在大中型数控机床上采用较多,如图 6-9(a)所示。主轴电机经一级或二级(少数情况有多级)齿轮变速,实现分段无级变速,既能确保低速时的扭矩,又能扩大调速范围。进行齿轮变速的滑移齿轮移位大都采用液压拨叉或直接由液压缸带动齿轮来实现,但也有采用电磁离合器实现变速齿轮自动变速的。

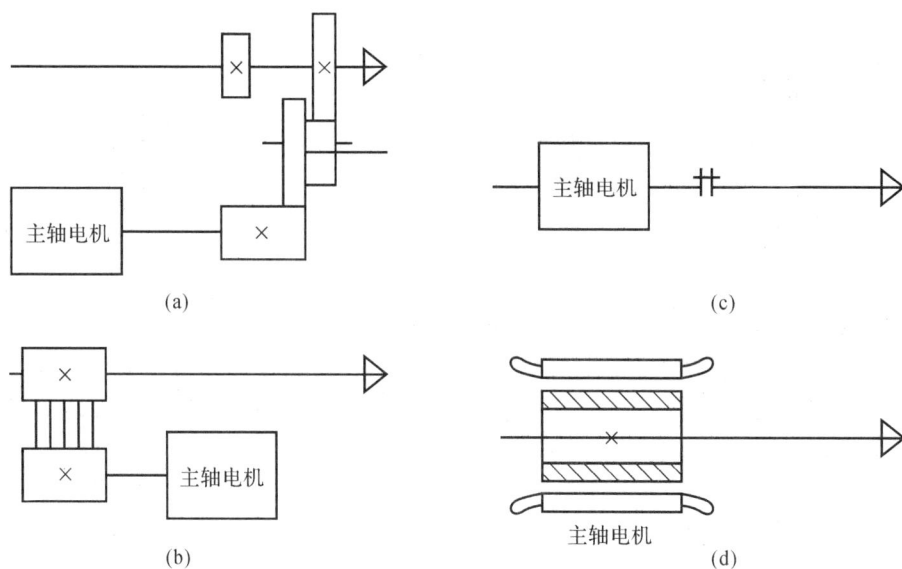

图 6-9　数控机床主运动的传动方式

2. 使用带传动的主传动

这种传动方式主要用于小型机床上,如图 6-9(b)所示。它可以避免齿轮传动时引起的振动和噪声,但只适宜于低转矩特性的主轴。现代机床的带传动越来越多地采用了同步带传动,这是一种带的工作面和带轮外圆均制成齿形,通过带齿与轮齿嵌合而进行的传动,具有无滑动、传动平稳、噪声小、传动效率高、适用范围广和维护保养方便等特点。

3. 调速电动机直接驱动的主传动

这种传动方式多用于主轴转速达 10000r/min 以上的高速数控机床。它又有两种类型,一种是如图 6-9(c)所示的直驱式结构,主轴电机输出轴通过精密联轴器直接与主轴相联,其优点是结构紧凑,传动效率高,但主轴转速变化及转矩输出完全与电机的输出特性一致,因而使用上受到一定限制。另一种如图 6-9(d)所示,称为内装电机,其主轴与电机主轴融为一体,优点是结构紧凑、重量轻、惯量小、响应频率高、振动小;但电机发热对主轴精度影响大。为了控制电机温度,有时采用主轴内冷和定子外冷的方法进行有效的冷却,也有采用油气润滑和喷注润滑等方法进行冷却润滑和控制温升,当然这使电机的成本增加。如图 6-9(d)所示为加工中心的内装电机主轴的结构。

6. 2. 2　主轴部件

主轴部件是主运动的执行部件,它夹持刀具和工件并带动其旋转。数控机床的主轴部件由主轴、支承和安装在其上的传动零件等组成。主轴部件的精度、静动刚度和热变形等技术参数对加工质量有直接的影响,主轴部件结构的先进性已成为衡量机床水平的重要标志之一。

1. 主轴端部结构和主轴的支承

(1)主轴端部结构

主轴端部一般用于安装刀具或夹持工件的夹具。在结构上,应确保定位准确、安装可靠、联接牢固、装卸方便,并能传递足够大的扭矩。目前,主轴端部结构已经标准化。图 6-10 所示为几种通用的结构形式。

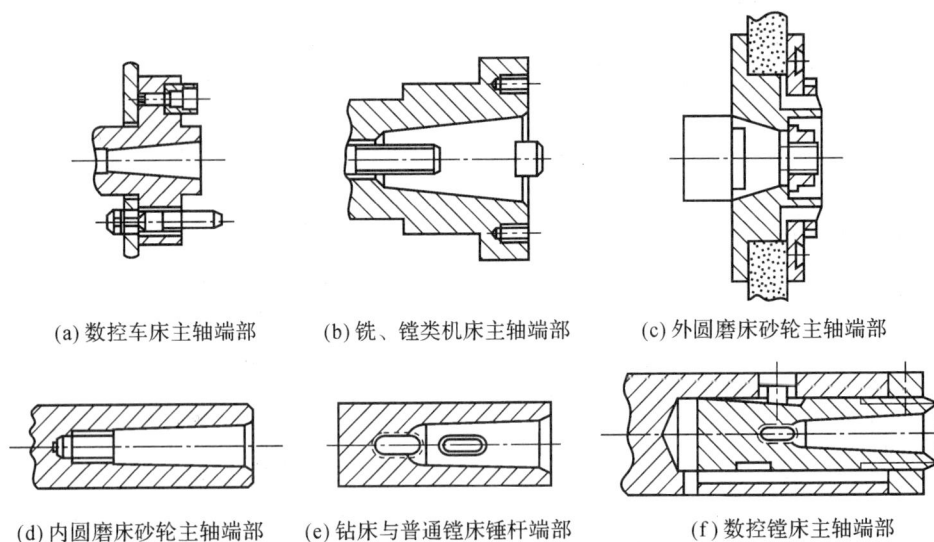

(a) 数控车床主轴端部   (b) 铣、镗类机床主轴端部   (c) 外圆磨床砂轮主轴端部

(d) 内圆磨床砂轮主轴端部   (e) 钻床与普通镗床锤杆端部   (f) 数控镗床主轴端部

图 6-10   主轴端部的结构形式

图 6-10(a)所示为数控车床的主轴端部。其前端的短圆锥面和凸缘端面为安装卡盘的定位面,拨销用于传递扭矩。前端莫氏锥度孔用于安装顶尖或芯轴,也可安装具有相同莫氏锥度尾柄的车床夹具。

图 6-10(b)所示为铣、镗类机床的主轴端部。铣刀或刀杆由前端 7:24 锥孔定位,并用拉杆通过螺钉从主轴后端拉紧,由其前端端面键传递扭矩。

图 6-10(c)所示为外圆磨床砂轮主轴的端部。图 6-10(d)所示为内圆磨床砂轮主轴的端部。图6-10(e)和图6-10(f)所示为钻床与镗床主轴的端部,刀具由莫氏锥孔定位,锥孔后端第一个扁孔用于传递扭矩,第二个扁孔用于拆卸刀具。

(2)主轴的支承

数控机床的主轴支承要根据主轴转速、承载能力和回转精度等主轴部件性能要求来选择采用不同种类的轴承。一般中小型数控机床的主轴部件多采用滚动轴承。重型数控机床采用液体静压轴承,高精度数控机床(例如坐标磨床)采用气体静压轴承,转速在 $2 \times 10^4 \sim 10 \times 10^4$ r/min 的高速主轴可采用磁力轴承或陶瓷滚珠轴承。

数控机床常用的几种滚动轴承的结构形式如图 6-11 所示。

图 6-11(a)所示为角接触球轴承,能同时承受径向和轴向载荷。其特点是允许转速高,但承载能力低,在主轴前支承中常采用多排并列安装以提高承载能力和刚性。

图 6-11(b)所示为双列向心短圆柱滚子轴承,其特点是承载能力大、刚性好、允许转速高,但只能承受径向载荷。

图 6-11(c)所示为双列角接触推力向心球轴承,接触角为 60°,其特点是能承受双向轴向载荷,轴向刚度高,允许转速高,一般与双列圆柱滚子轴承配套用于主轴前支承。

图 6-11(d)所示为双列圆锥滚子轴承,其特点是能同时承受径向和双向轴向载荷、承载能力大,但允许转速低,通常用于主轴前支承。

图 6-11(e)所示为带肩双列圆柱滚子轴承,其特点是滚子为空心,有利于润滑冷却和吸振缓冲。

图 6-11(f)所示为带弹簧的单列圆锥滚子轴承,其特点是通过均匀增减弹簧改变预加载荷大小。

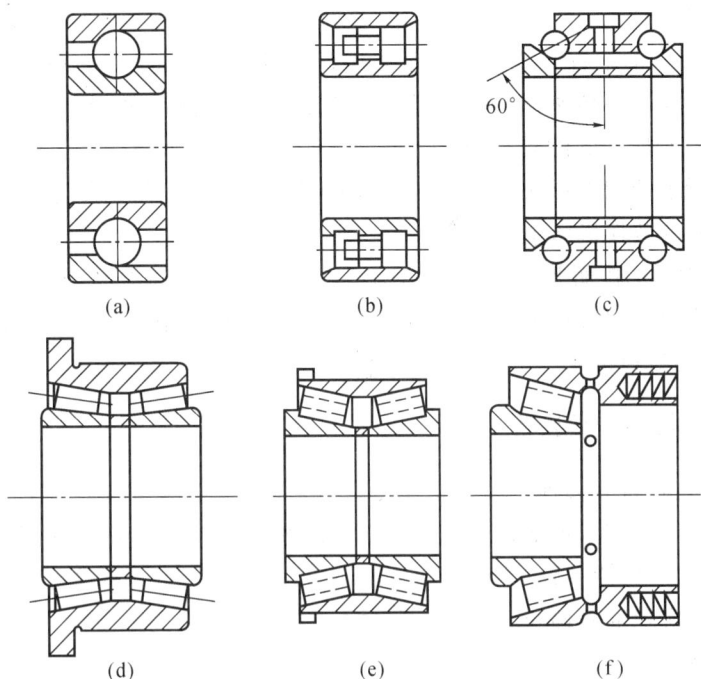

图 6-11　主轴常用滚动轴承的结构形式

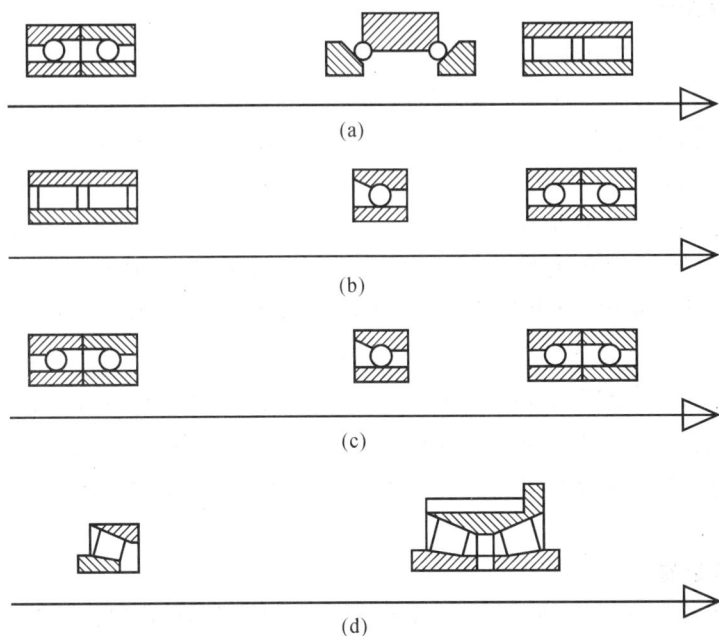

图 6-12　数控机床主轴轴承的配置方式

采用滚动轴承支承应根据机床类型和要求合理选择配置形式,这将有利于提高主轴精度、降低温升和简化支承结构。图 6-12 所示为数控机床主轴轴承的几种主要配置方式。

图 6-12(a)所示的配置方式为前支承采用双列短圆柱滚子轴承和 60°双列推力向心球轴承组合,后支承采用成对角接触轴承。这种配置可满足强力切削的要求,普遍应用于中等转速的各类数控机床。

图 6-12(b)所示的配置方式为前支承采用角接触球轴承,后支承采用双列短圆柱滚子轴承。这种配置适应较高转速,较重切削负荷的切削,且主轴部件的精度较高,但其承受的轴向载荷较图 6-12(a)所示的配置小。

图 6-12(c)所示的配置形式为前后支承均采用成组角接触球轴承,这种配置形式适用于高速、轻载和精密的数控机床主轴。

图 6-12(d)所示的配置形式为前支承采用双列圆锥滚子轴承,后支承采用单列圆锥滚子轴承。这种配置形式的特点是能承受重载荷,但主轴转速和精度都受到限制,适用于重载、低速和中等精度的数控机床。

6.2.3 主轴的准停装置

在加工中心这样带有刀库的数控机床上进行自动更换刀具时,必须使主轴停转且能准确地停在一个固定位置上,否则无法进行换刀,因为传递扭矩的端面键在圆周方向上的位置必须在每一次换刀时保持一致,才能顺利拔出和插入刀具。此外,在进行反镗和反倒角等加工时,也要求主轴实现准确停止,使刀尖固定在一个固定的圆周方位上,为此加工中心主轴必须具有主轴准停装置。

主轴准停装置分机械控制和电气控制两种形式。

1. 机械准停装置

图 6-13 所示为一种利用 V 形槽定位盘的机械式准停装置。在主轴上固定有 V 形槽定位盘 3,使 V 形槽与主轴上的端面键保持所需的相对位置,其工作原理是:准停前主轴处于停止状态,当接收到准停指令后,主轴电机以低速转动,主轴箱内齿轮换挡,使主轴以低速旋转,时间继电器开始动作并计时,延时 4～6s,以保证主轴转稳后接通无触点开关 1 的电源,当主轴转到图示位置,即 V 形槽定位盘 3 的感应块 2 与无触点开关 1 接近到位时发出信号,使主轴电机停转,与此同时另一时间继电器开始动作并计时,延时 0.2～0.4s 后,二位四通电磁阀的电磁线圈断电,压力油进入定位油缸 4 右腔,推动活塞 6 左移,当装在活塞 6 上的定向滚轮 5 顶入 V 形槽定位盘 3 的 V 形槽内时,行程开关 LS$_2$ 发信,主轴准停完成。

重新启动主轴时,必使二位四通电磁阀的电磁线圈通电,压力油进入定位油缸 4 的左腔,推动活塞 6 右移,到位时行程开关 LS$_1$ 发信号,表明定向滚轮 5 已退出 V 形槽,主轴即可重新启动工作。机械准停装置虽然动作准确可靠,但因结构复杂,现代数控机床一般都采用电气准停装置。

2. 电气准停装置

电气准停装置如图 6-14 所示,在主轴或与主轴相关联的传动轴上安装一个永久磁铁 4,在距永久磁铁 4 的转动轨迹外 1～2mm 处,固定一磁传感器 5。换刀时,机床数控装置发出主轴停转指令,主轴电机 3 即降速,主轴低速回转,当永久磁铁 4 对准磁传感器 5 时,磁传感器即发出准停信号,信号放大后,由定向电路使电机准确地停在规定的圆周位置上。这种准停装置结构简单,定向时间短、定向精度和可靠性较高,能满足一般换刀要求。

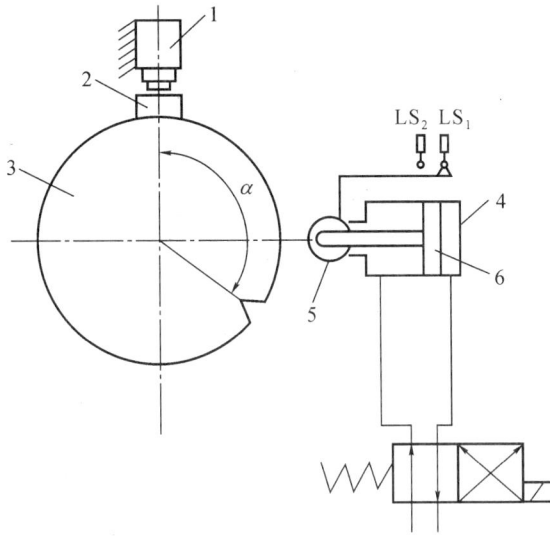

图 6-13　V 形槽定位盘准停装置

1—无触点开关；2—感应块；3—V 形槽定位盘；

4—定位油缸；5—定向滚轮；6—活塞

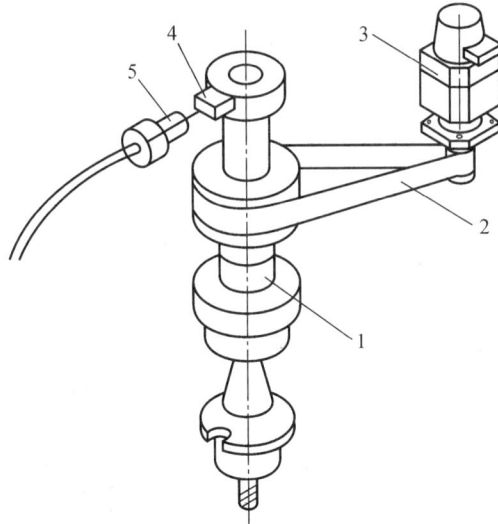

图 6-14　电气准停装置

1—主轴；2—同步带；3—主轴电机；4—永久磁铁；5—磁传感器

6.2.4　主轴的换刀装置、刀库和机械手

1. 自动换刀装置

为了实现数控机床的自动换刀功能，除了上述主轴准停装置以外，还需要有相应的刀具自动松开和夹紧的装置。图 6-15 所示为具有自动换刀功能的数控铣镗床的主轴部件。主轴前端的 7：24 锥孔用于装夹锥柄刀具或刀杆。主轴前支承由双列圆柱滚子轴承和双向向心球轴承组成。可通过修磨调整半环 1 和调整环 4 进行预紧。后支承采用两个向心推力球轴

承,可修磨中间的调整环进行预紧。

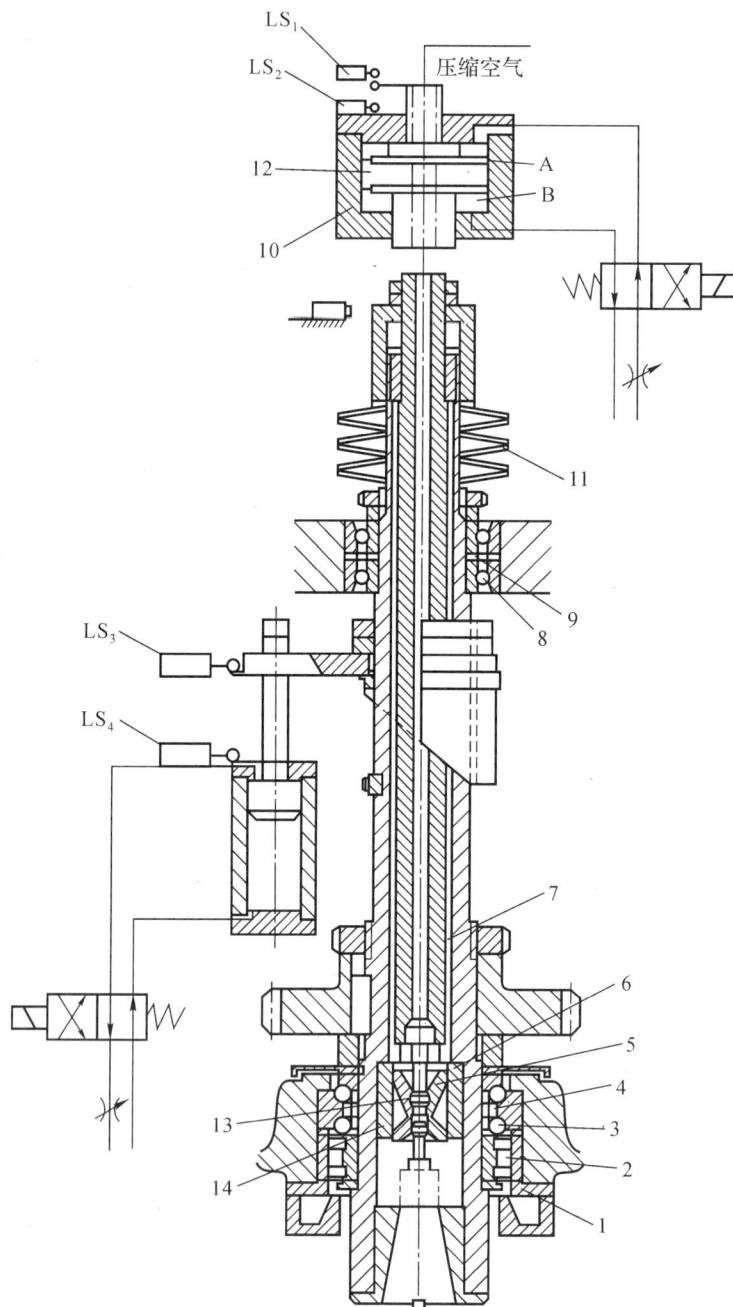

图 6-15　具有自动换刀功能的数控铣镗床的主轴部件

1—调整半环;2—双列圆柱滚子轴承;3—双向向心球轴承;4、9—调整环;
5—双瓣卡爪;6—弹簧;7—拉杆;8—向心推力球轴承;10—油缸;
11—碟形弹簧;12—活塞;13—喷气头;14—套筒

在自动换刀时,要求能自动松开和夹紧刀具。图 6-15 所示为刀具的夹紧状态。碟形弹簧
11 通过拉杆 7、双瓣卡爪 5,在套筒 14 的作用下拉紧刀柄的尾部。换刀时,压力油从主轴上

端油缸 10 的上腔 A 通入,推动活塞 12 下移,其端部压动拉杆 7 下移并压缩碟形弹簧 11,当拉杆 7 下移到使双瓣卡爪 5 的下部移出套筒 14 时,在弹簧 6 的作用下,双瓣卡爪 5 张开,喷气头 13 将刀柄顶松,刀具即可由机械手拔出。待机械手将新刀具装入后,压力油进入油缸 10 的下腔 B,上腔 A 回油,推动活塞 12 上移,碟形弹簧 11 伸长将拉杆 7 和双瓣卡爪 5 向上拉动直至进入套筒 14,将刀柄拉紧,至此换刀过程完成。活塞 12 移动的两个极限位置都有相应的行程开关(LS$_1$ 和 LS$_2$)提供刀具松开和夹紧的状态信号,在刀具松开时,通过 LS$_2$ 发信号,使气阀(图中未标)打开,压缩空气从拉杆中部的孔中进入喷气头,向主轴锥孔吹气,以实施清洁工作。

　　如果活塞 12 对碟形弹簧的作用力直接作用在主轴上,将使主轴支承承受较大的轴向力,这不利于主轴支承的正常工作,并影响轴承的工作寿命。为此,宜采取卸荷措施。图 6-16 所示的卸荷结构的工作原理是使对碟形弹簧的压力转化为内力,从而避免该压力直接传递到主轴的支承上。油缸 7 与连接座 4 相固定,并用螺钉 6 通过压缩弹簧 5 将连接座 4 压紧在箱体 3 的端面上,箱体 3 的内孔与连接座 4 形成间隙配合,两者可以滑动。当油缸 7 的右腔进高压油时,一方面使活塞 8 向左移动,并推压拉杆 9 压缩碟形弹簧 2,另一方面油缸 7 的右端也同时承受相同的液压力,从而使整个油缸连同连接座 4 压缩弹簧 5 向右移动,因而使连接座 4 上的垫圈 11 的右端面与主轴上的螺母 1 的左端面压紧,从而使主轴所受的左、右两个方向的力相互抵消,实现了松开刀柄时对碟形弹簧的液压力转换成在活塞 8、油缸 7、连接座 4、螺母 1、碟形弹簧 2、套环 10 和拉杆 9 之间的内力,因而主轴支承不再承受液压推力。

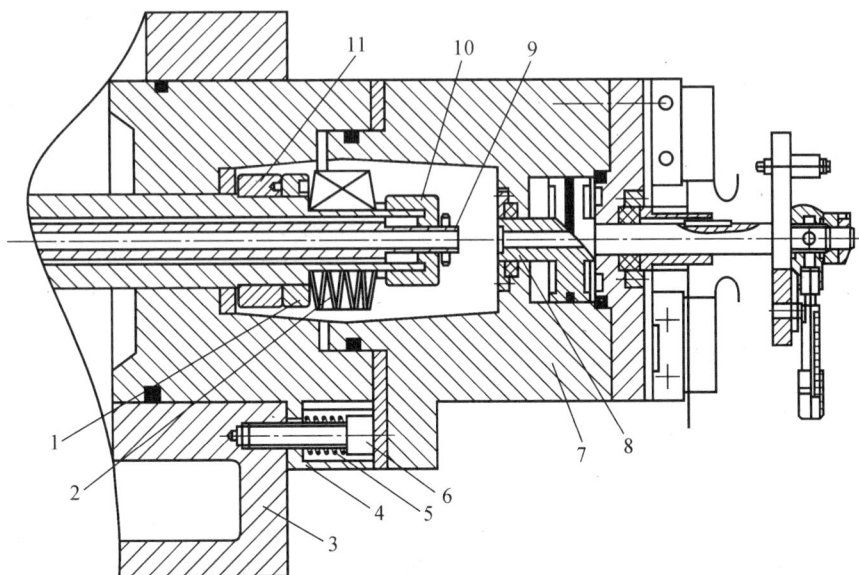

图 6-16　卸荷结构

1—螺母;2—碟形弹簧;3—箱体;4—连接座;5—压缩弹簧;
6—螺钉;7—油缸;8—活塞;9—拉杆;10—套环;11—垫圈

2. 刀库

　　像加工中心这样的数控机床,还必须配备刀库,以提供加工时需要更换的刀具。图 6-17 所示为其中一种类型的加工中心盘式刀库的结构简图。

　　如图 6-17 所示,当数控操作系统发出换刀指令后,即启动直流伺服电机 1,其转动由十

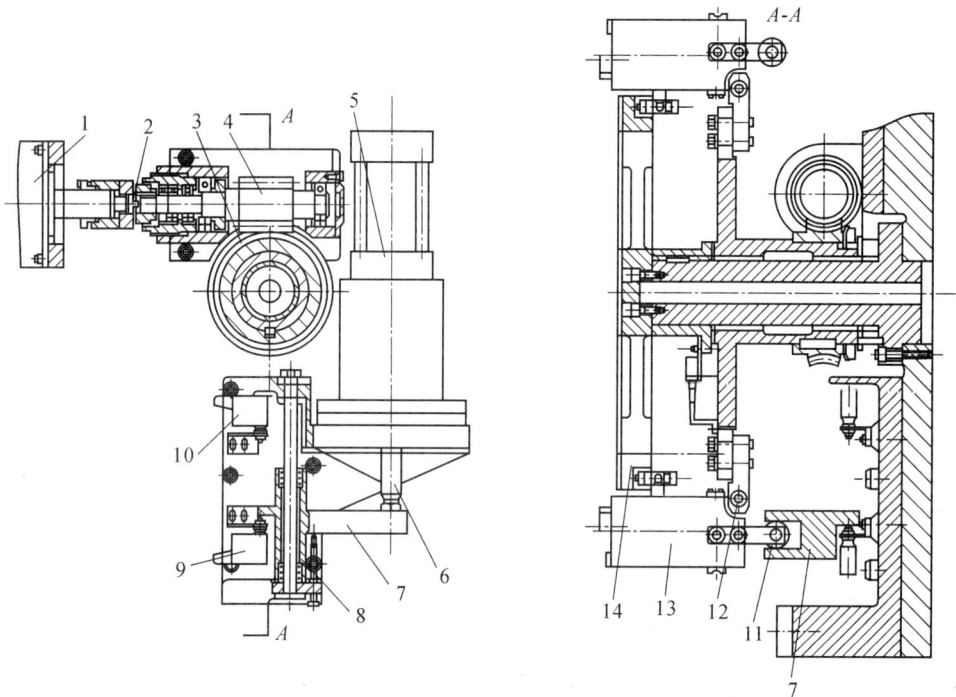

图 6-17　加工中心盘式刀库结构图

1—电动机;2—十字联轴节;3—蜗轮;4—蜗杆;5—气缸;6—活塞杆;7—拨叉;
8—螺杆;9—位置开关;10—定位开关;11—滚子;12—销轴;13—刀套;14—刀盘

字联轴节 2、蜗杆 4、蜗轮 3 传到刀盘 14,刀盘转动时带动安装在其上的刀套 13 一起转动,数控操作系统按所编程序确定伺服电机转动的角度,从而完成选刀工作。每个刀套 13 的尾部有一个滚子 11,当待换刀具转到换刀位置时,滚子 11 进入拨叉 7 的槽内,同时气缸 5 下腔通入压缩空气,气缸 5 中的活塞杆 6 即上升并带动与之相连的拨叉 7 一起上升,拨叉 7 通过滚子 11 使刀套 13 围绕销轴 12 逆时针向下翻转 90°,从而使刀具轴线与主轴轴线处于平行位置。

当刀套完成向下转动 90°时,拨叉 7 正处于上升终点位置,这时压上定位开关 10,即发信号使机械手抓刀。拨叉移动的行程取决于刀具轴线相对于主轴轴线的位置,该行程可通过螺杆 8 进行调整。

3. 机械手

在加工中心上进行换刀经常采用机械手,图 6-18 所示为一种回转式单臂双爪机械手,它可完成抓刀、拔刀、交换主轴和刀库中刀具位置、插刀、复位等动作。

如图 6-18(a)所示,在刀套完成了前述的向下转动 90°,压上行程开关并发出机械手抓刀信号后(机械手此时正处在图示位置),压力油进入液压缸 18 右腔,使活塞杆推动齿条 17向左移动,从而使与之啮合的齿轮 11 转动。

图 6-18(b)所示为机械手传动结构的局部图。零件 22 为液压油缸 15 的活塞杆,连接盘5 通过螺钉与齿轮 11 相联,它们空套在轴 16 上,轴 16 上的花键与传动盘 10 中的花键孔配合,传动盘 10 上的定位销 8b 插入连接盘 5 的孔中。因此,当齿轮 11 转动时,即带动连接盘5、传动盘 10、轴 16 转动,使紧固在轴 16 上的机械手 21 按图示抓刀方向回转 75°进行抓刀。

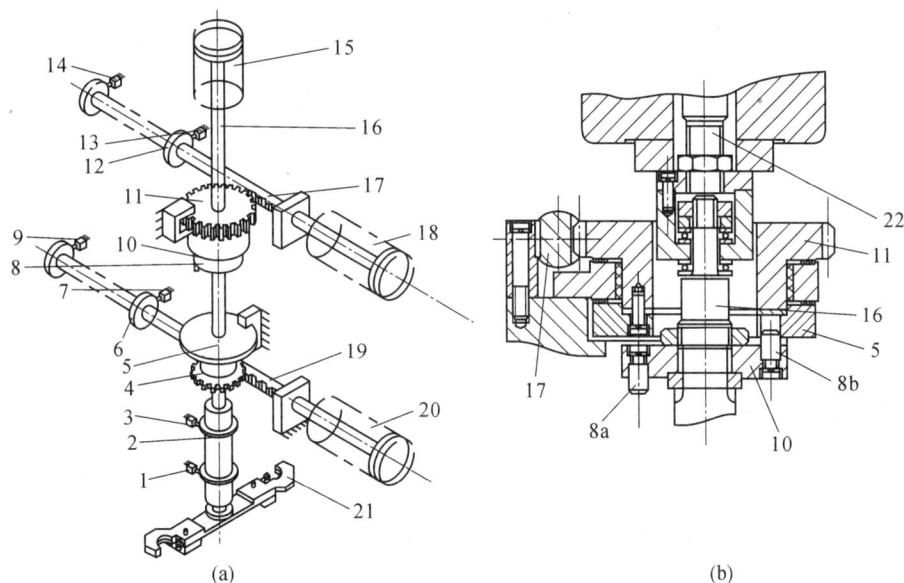

图 6-18　加工中心机械手传动原理及局部结构图

1、3、7、9、13、14—行程开关；2、6、12—挡环；4、11—齿轮；5—连接盘；8—定位销
10—传动盘；15、18、20—液压油缸；16—轴；17、19—齿条；21—机械手；22—活塞杆

在机械手的传动中，上下两套齿轮传动的结构是相同的。

抓刀运动结束时（见图 6-18(a)），齿条 17 上的挡环 12 压上行程开关 14，即发出拔刀信号，压力油进入液压油缸 15 的上腔，活塞杆 22 推动轴 16 下移拔刀，在轴 16 下移过程中，传动盘 10 也作下移运动，从而使定位销 8b 脱开上部的连接盘 5，而使定位销 8a 插入下部的连接盘 5（图 6-18(a)中）。同样的结构，下面的连接盘 5 也通过螺钉与下面的齿轮 4 相连接，它们也空套在轴 16 上。在拔刀运动完成后，轴 16 上的挡环 2 压下行程开关 1，即发出换刀信号。此时，压力油进入液压油缸 20 的右腔，使活塞杆推动齿条 19 左移，从而使与之相啮合的齿轮 4 和连接盘 5 一起转动，并通过定位销 8a 使传动盘连同机械手转动 180°，实现了加工中心的主轴和刀库中刀具位置的交换。在换刀运动结束时，齿条 19 上的挡环 6 压上行程开关 9，即发出插刀信号，随即压力油进入液压油缸 15 的下腔，活塞杆带动轴 16 连同机械手 21 上移插刀，与此同时，定位销 8a 从下面的连接盘 5 中脱出。定位销 8b 插入上面的连接盘 5。在插刀运动完成后，轴 16 上的挡环 2 压上行程开关 3，即发出复位信号，压力油进入液压油缸 20 的左腔，活塞杆推动齿条 19 向右移动复位，齿轮 4 与连接盘 5 一起空转，而机械手无转动。齿条 19 复位后，挡环 6 压上行程开关 7，发信后，压力油进入液压油缸 18 的左腔，活塞杆左移推动齿条 17 右移，带动与之相啮合的齿轮 11 作反向转动，从而使机械手反转 75°复位，机械手复位后，齿条 17 上的挡环 12 压上行程开关 13，发出换刀完成信号，使刀套向上转动 90°，为下一次选刀和换刀做好准备，同时机床继续执行后面的操作。

6.3　数控机床的进给传动系统

数控机床的进给系统的运动采用无级调速的伺服驱动方式,因而大大简化了驱动变速箱的结构。通常进给系统由一级或二级的齿轮副(或带轮副)和滚珠丝杠螺母副(或齿轮齿条副,蜗轮蜗杆副)组成。

近 10 年来,国外有的厂家已将直线伺服电机用于数控机床的进给传动系统。因而使进给系统传动链更为简单、可靠性更高、稳定性更好。

由于数控机床的进给运动是数字控制的直接对象,因而进给运动的传动精度、灵敏度和稳定性将在很大程度上影响被加工零件的最后轮廓精度和加工精度。为此,在提高传动部件的刚度、减小传动部件的惯量、缩小传动部件的间隙和减小系统的摩擦阻力等方面,对数控机床的进给传动系统提出了更高的要求。

6.3.1　滚珠丝杠螺母副

滚珠丝杠螺母副是回转运动与直线运动相互转换的新型传动装置,具有摩擦阻力小、静动摩擦力之差小、传动效率高、定位精度高、动刚度高和灵敏度高等优点,在中小型数控机床上得到普通应用。但滚珠丝杠也有制造成本高和不能自锁等缺点。

1.滚珠丝杠螺母副的工作原理

滚珠丝杠螺母副可分为内循环与外循环两种方式,其结构和工作原理见图 6-19 所示,其中图 6-19(a)所示为外循环方式,图 6-19(b)所示为内循环方式。

滚珠丝杠螺母副的工作原理是:在丝杠和螺母上加工弧形截面的螺旋槽,当把它们套装在一起时,就形成可容纳滚珠的螺旋通道,在滚道内填满滚珠。当丝杠相对于螺母旋转时,两者发生轴向位移,而滚珠则沿着滚道作滚动和流动。在外循环式滚珠丝杠螺母副中,按回珠管形式分,还可分为插管式和螺旋槽式,图 6-19(a)所示为插管式。插管式用弯管作为回珠管,其工艺性好,但外形尺寸较大。螺旋槽式的回珠槽制作在螺母外圆上,因而外形尺寸小,但工艺性差,应用较少。

内循环式滚珠丝杠螺母副的滚珠在整个循环过程中始终与丝杠表面接触,在螺母滚道的外侧孔中装有一个接通相邻通道的反向器 6,反向器 6 上铣有 S 形回珠槽,将相邻两螺旋滚道连接起来。滚珠从螺纹滚道进入反向器,借助反向器迫使滚珠越过丝杠牙顶进入相邻滚道,实现循环。一般一个螺母装有 2～4 个反向器,且沿圆周均布。内循环式滚珠丝杠螺母副的优点是径向尺寸小,刚性好,摩擦损失小,但反向器加工困难。

2.滚珠丝杠螺母副轴向间隙的调整

滚珠丝杠的传动间隙是轴向间隙。为了保证传动精度和轴向刚度,必须消除轴向间隙。常采用双螺母结构来消除轴向间隙,它是利用两螺母的相对轴向移动,使两个滚珠螺母中的滚珠分别贴紧在螺旋滚道的相反的侧面上。在使用该方法时,应注意预紧力不宜过大,预紧力过大会使空载力矩增加,从而降低传动效率和缩短使用寿命。

常用的双螺母丝杠消除间隙方法有以下几种:

(1)垫片调隙法

图 6-20 所示为垫片调隙法结构,只要调整垫片 1 厚度,使左右两螺母 3 产生相反方向

(a)

(b)

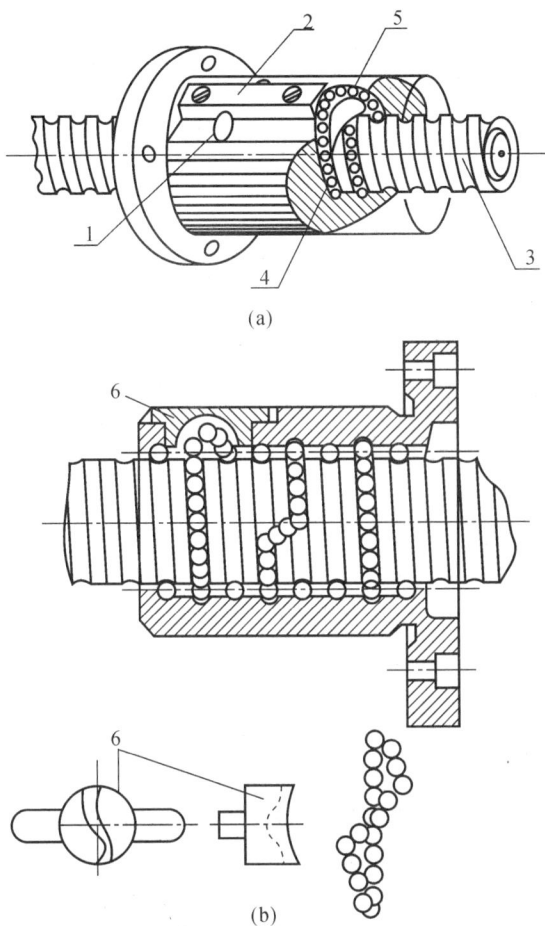

图 6-19　滚珠丝杠螺母副的结构
1—弯管;2—压板;3—丝杠;
4—滚环;5—螺纹弯管;6—反向器

的位移,从而使两螺母中的滚子分别贴紧在螺旋滚道的两个相反侧面上,即可消除间隙和产生预紧力。此法结构简单,但调整不便,滚道磨损时,不能随时进行消隙和预紧。

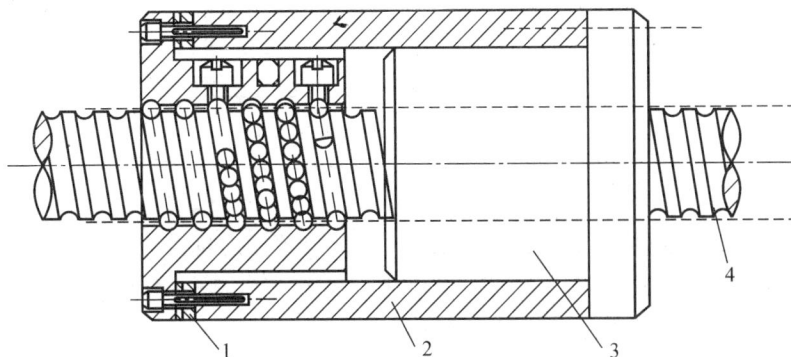

图 6-20　双螺母垫片调隙式结构
1—调整垫片;2—螺母座;3—螺母;4—丝杠

（2）螺纹调隙法

图 6-21 所示为双螺母螺纹调隙式结构，它用平键使螺母在螺母座 1 中不转动。调整时，只需拧动调整螺母 2 就能使滚珠螺母沿轴向移动一定距离，消除间隙后，再用锁紧螺母 4 将其锁紧。此法具有结构简单、调整方便的优点，但调整精度低。

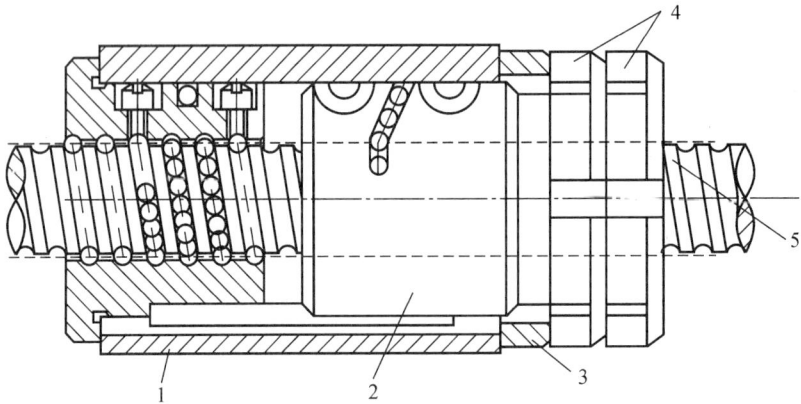

图 6-21　双螺母螺纹调隙结构
1—螺母座；2—螺母；3—垫圈；4—锁紧螺母；5—丝杠

（3）齿差调隙法

图 6-22 所示为齿差式调整间隙结构，这种方法的原理是，在两滚珠螺母凸缘上各制一个圆柱齿轮 1，两个圆柱齿轮的齿数相差 1，在螺母座两端固定上分别与两圆柱齿轮数相同的内齿齿圈 2。调整时先取下内齿齿圈 2，根据间隙大小调整两螺母分别向相同方向转动一个或多个齿，使两螺母在轴向移近相应距离，以达到消隙和预紧目的，然后再装上内齿齿圈。此法调整方便，调整精度高，但结构复杂，尺寸较大。

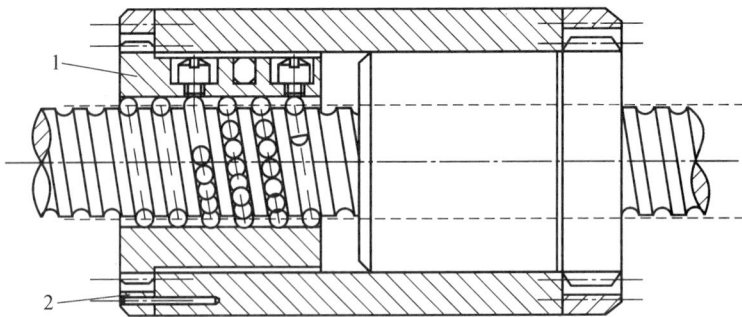

图 6-22　齿差式调整间隙结构
1—齿轮；2—内齿齿圈

3. 滚珠丝杠的支承

滚珠丝杠主要承受轴向力。径向载荷主要是卧式丝杠的自重。因此对滚珠丝杠的轴向精度和刚度要求较高。此外，也应重视滚珠丝杠的正确安装和选择合理的支承结构形式。

滚珠丝杠两端的常用支承形式如图 6-23 所示。

图 6-23(a)所示是一端固定、一端自由的支承形式。其特点是结构简单，轴向刚度低。适用于短丝杠和垂直安置丝杠，一般用于升降台式数控铣床的垂直轴。

图 6-23(b)所示为一端固定、一端浮动的支承形式。其特点是丝杠受热后有膨胀伸长的

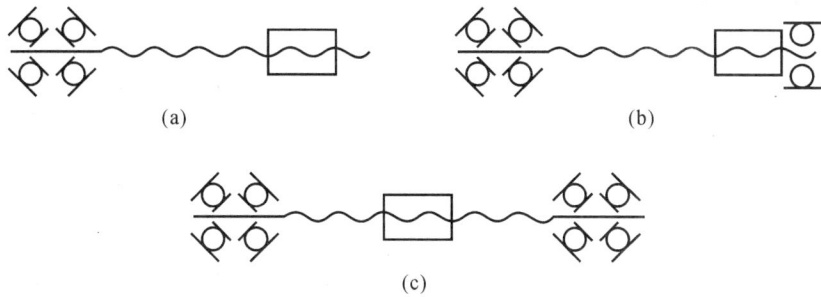

图 6-23 滚珠丝杠的常用支承形式

余地,但结构复杂,工艺实现困难,且需在安装时保证两支承同轴,适宜于较长丝杠或卧式丝杠。

图 6-23(c)所示为两端固定的支承形式。其特点是刚性好,固有频率高,可预拉伸,但结构和工艺复杂。

为了提高支承的轴向刚度,选择适当的滚动轴承也十分重要。目前中小型数控机床多采用接触角为 60°的双向推力角接触球轴承,这是一种能承受很大轴向力的特殊角接触球轴承,应成对背靠背、面对面或同向布置。前两种可承受双向轴向力,后一种只能承受单向轴向力,但承载力大大增强。

6.3.2 静压蜗杆蜗轮条副

大型数控机床不宜采用丝杠副传动,因为长丝杠不但制造困难而且易弯曲下垂,影响传动精度,轴向刚度和扭转刚度都不易提高。因而,常用静压蜗杆蜗轮条副进行传动。

蜗杆—蜗轮条机构是丝杠螺母机构的一种特殊形式。如图 6-24 所示,蜗杆可看作长度很短的丝杠,其长径比很小。蜗轮则可看作为一个很长的螺母沿轴向剖开后的一部分,其包容角在 90°～120°之间。图 6-24 为蜗杆—蜗轮条传动机构图。

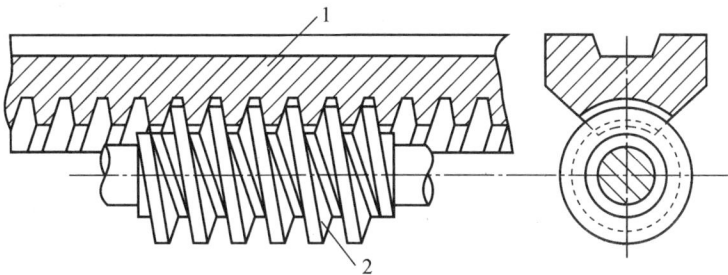

图 6-24 蜗杆—蜗轮条传动机构
1—蜗轮条;2—蜗杆

液体静压蜗杆—蜗轮条机构的工作原理如图 6-25 所示,在蜗杆与蜗轮条的啮合面间注入压力油,形成一定厚度的油膜,使两啮合面之间的摩擦成为液体摩擦。如图 6-25 所示,油腔开在蜗轮条上,采用毛细管节流的定压供油方式给静压蜗杆—蜗轮条供压力油。从液压泵 3 输出的压力油经过蜗杆螺纹内的毛细管节流器 10。分别进入蜗轮条的齿的两侧面油腔内,经过啮合面的间隙再进入齿顶与齿根的间隙,压力降为零,流向油箱。

静压蜗杆蜗轮条传动既有纯液体摩擦的特点,又有蜗杆蜗轮条结构的特点,因此特别适合用于数控重型机床的进给传动系统中,它具有摩擦阻力小、使用寿命长、抗振性好和轴向刚度高等优点。由于蜗轮条能无限接长,因此可以使运动行程很长,不受滚珠丝杠的长度限制。

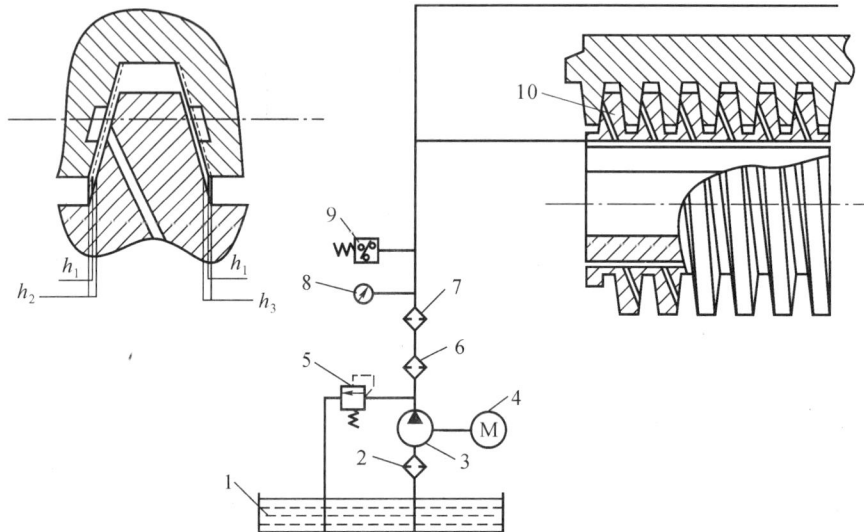

图 6-25　静压蜗杆—蜗轮条工作原理
1—油箱;2—滤油器;3—液压泵;4—电动机;5—溢流阀;
6—粗滤油器;7—精滤油器;8—压力表;9—压力继电器;10—节流器

6.3.3　齿轮齿条副

在大型数控机床(如大型数控龙门铣床)的直线进给运动上,可采用的另一种传动是齿轮齿条结构。其特点是结构简单、效率高、行程长、移速快,但也存在传动不够平稳、传动精度不高和不能自锁等缺点。

在采用齿轮齿条副传动时,应采取措施消除齿侧间隙。当负载小时,可采用双片薄齿轮错齿调整法,将两齿轮分别与齿条齿槽左、右两侧贴紧,从而消除齿侧间隙,但该方法不能满足大型机床重载荷工作的要求。

当传动载荷大时,可采用双厚齿轮传动的结构。图 6-26 所示为这种方法的原理图。进给运动由轴 2 输入,该轴上装有两螺旋方向相反的圆柱斜齿轮,如在轴 2 上施加轴向力 F(可采用螺旋副或液压等方法),使斜齿轮产生微量轴向移动,从而使轴 1 和轴 3 上与之啮合的斜齿轮转动一个微小的角度,因而分别与这两个斜齿轮同轴安装的齿轮 4 和齿轮 5 也转过一个微小角度,但是由于两个斜齿轮的螺旋方向相反,因而齿轮 4 和齿轮 5 的转动方向也相反,从而使它们分别与相啮合的齿条齿槽的左、右侧面贴紧,达到消除齿侧间隙的目的。

6.3.4　进给系统齿轮间隙的消除

数控机床进给运动系统中的减速齿轮,除要求本身有高精度外,还应尽可能消除配对齿轮之间的传动间隙。否则,在每次反向之后会使运动滞后于指令信号,这将影响加工精度。为此,应采取多种方法消除或减小齿轮的传动间隙。

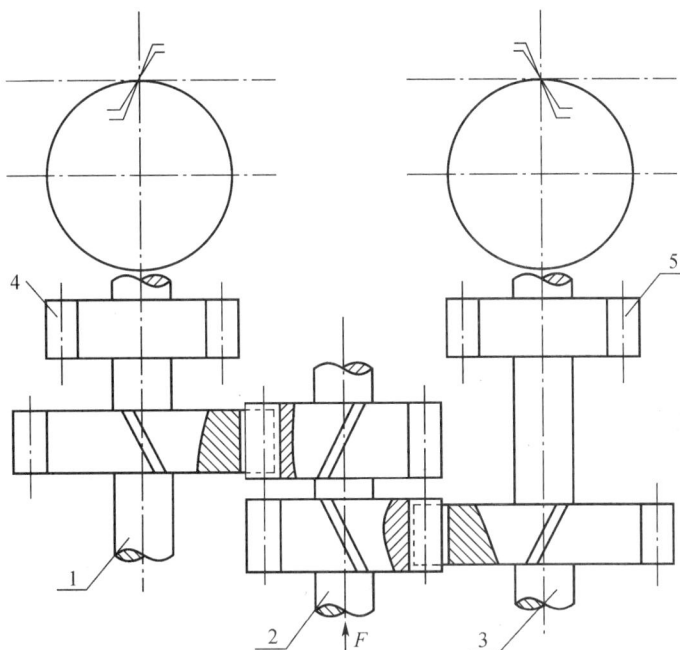

图 6-26　消除间隙的原理图

1、2、3—轴；4、5—齿轮

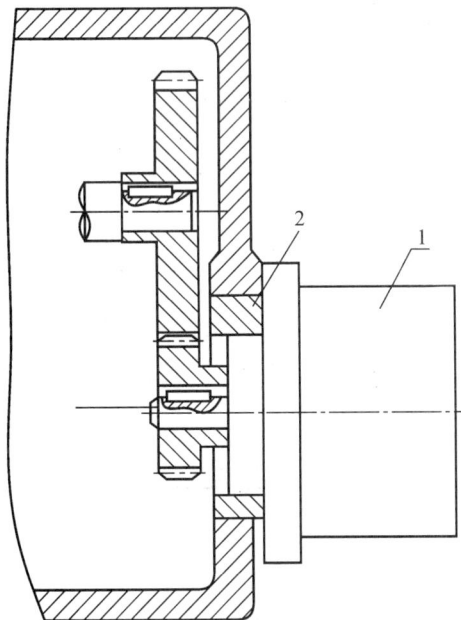

图 6-27　偏心轴套式消除间隙结构

1—电机；2—偏心轴套

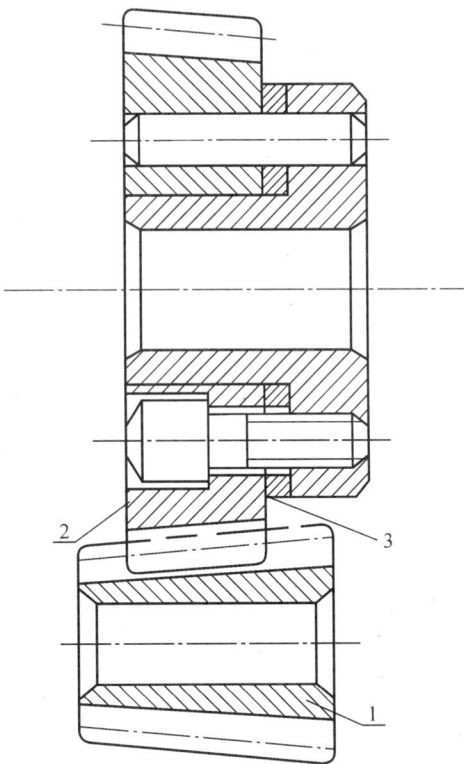

图 6-28　锥齿轮消除间隙结构

1、2—齿轮；3—垫片

1. 刚性调整法

刚性调整法是指调整之后齿侧间隙不能自动补偿的调整方法。它要求严格控制齿轮的齿厚和周节公差,否则会影响传动中的灵活性。这种方法的优点是结构简单,传动刚度好。

图 6-27 所示为最简单的偏心轴套式消除间隙结构。电机 1 通过偏心套 2 装在壳体上,在转动偏心套 2 时,两啮合齿轮的中心距就发生改变,从而可以进行调整,直到消除齿侧间隙。

图 6-28 所示是锥齿轮消除间隙结构图。两啮合齿轮 1 和 2 加工成锥顶角很小的锥齿轮。装配时,只要通过改变垫片 3 厚度,即可改变两齿轮的相对轴向位置,达到消除齿侧间隙的目的。但应注意如果锥角过大,会使啮合条件恶化。

2. 柔性调整

柔性调整法是指调整后齿侧间隙可以自行补偿的调整方法。这种方法对齿轮的齿厚和周节公差要求相对不高,但其传动平稳性和传动刚度相对较低,且结构较为复杂。

图 6-29 所示为双齿轮错齿式消除间隙结构。两个齿数和模数相同的薄齿轮 1 和 2 与另一厚齿轮(图中未画)啮合,两薄齿轮之间可以相对转动。每个齿轮的端面均布四个螺孔,分别装上凸耳 4 和 8。薄齿轮 1 的端面还均布四个通孔,其直径大于凸耳的外圆并形成较大间隙。弹簧 3 的两端分别钩在凸耳 4 和调节螺钉 5 上,通过螺母 6 调节弹簧 3 的拉力,调节完毕后用螺母 7 锁紧。在弹簧力的作用下,两薄齿轮错位,从而使两薄齿轮的左、右齿面分别贴紧厚齿轮齿槽的左、右齿面,消除了齿侧间隙。这种结构的承载能力较低,设计时应注意使弹簧拉力大于最大扭矩。应用同样原理,可以设计圆锥齿轮消除间隙的结构。

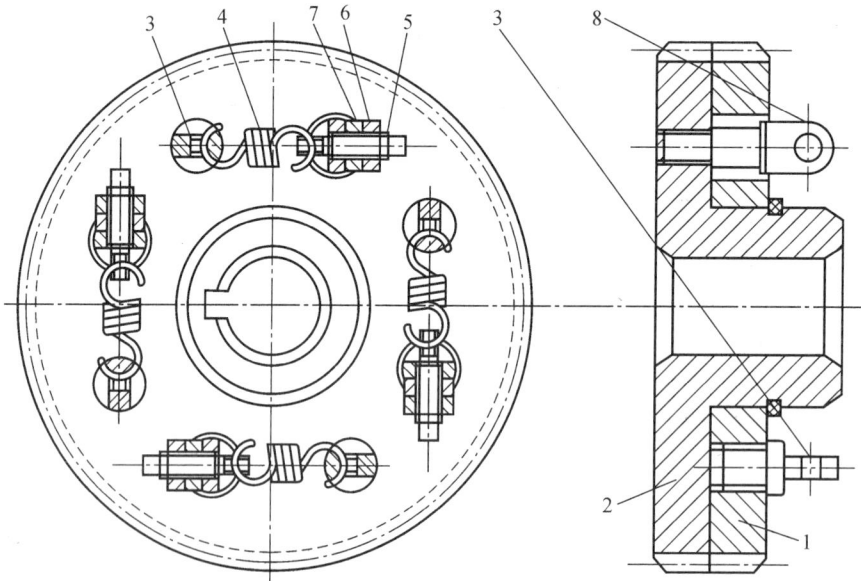

图 6-29　双齿轮错齿消除间隙结构

1、2—薄齿轮;3—弹簧;4、8—凸耳;5—调节螺钉;6、7—螺母

图 6-30 所示是用碟形弹簧消除斜齿轮齿侧间隙的结构。两个参数相同的薄斜齿轮 1 和 2 同时与厚斜齿轮 6 啮合,螺母 5 通过垫圈 4 调节碟形弹簧 3,使它保持一定的压力。在碟簧力的作用下,使两薄斜齿轮的齿面贴紧厚斜齿轮,从而消除齿侧间隙。当然,碟簧力的调整必

须适当,不致引起消隙作用不够大或齿轮磨损加快的现象。为了使两薄斜齿轮轴向移动平衡,须加大齿轮内孔导向长度,因而增大了轴向尺寸。

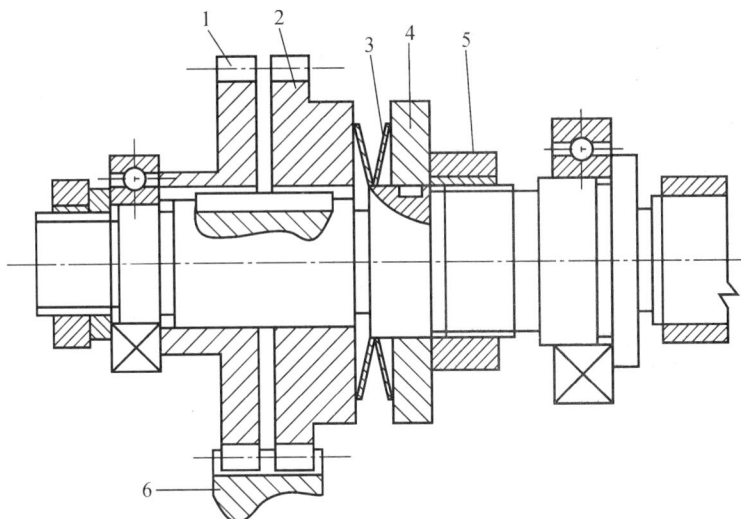

图 6-30　碟形弹簧消除间隙结构

1、2—薄斜齿轮;3—碟形弹簧;4—垫圈;5—螺母;6—厚斜齿轮

6.4　数控机床的导轨部件

数控机床的运动精度和定位精度不仅受机床零部件的加工精度、装配精度、刚度和热变形的影响,而且与运动件的摩擦特性紧密相关。

机床导轨是机床基本结构的要素之一。机床的加工精度和使用寿命在很大程度上取决于导轨的加工质量,对于数控机床来说,导轨的质量要求更高,要求高速移动不振动,低速进给不爬行,且有高的灵敏度、耐磨性和精度保持性等。这些质量要求都与导轨副的摩擦特性有关,即要求摩擦系数小,静、动摩擦系数之差小。目前数控机床采用的导轨主要有塑料滑动导轨、滚动导轨和静压导轨。

6.4.1　塑料滑动导轨

塑料滑动导轨有铸铁—塑料滑动导轨和镶钢—塑料滑动导轨。贴塑导轨一般用在导轨副的运动导轨上,与之相配的金属导轨为铸铁或钢。铸铁常用 HT300,表面硬度为 HRC45～50,表面粗糙度 R_a 的值为 $0.20～0.10\mu m$;而镶钢导轨常用 50 号钢或其他合金钢,表面硬度为 HRC58～62。导轨上的塑料常用聚四氟乙烯软带和环氧型耐磨导轨涂层两类。

1. 聚四氟乙烯软带

聚四氟乙烯软带是以聚四氟乙烯为基体,加入青铜粉、二硫化钼和石墨等填充剂混合烧结而成,制成软带状。这种软带具有摩擦特性好、耐磨性好、减振性好和工艺性好的特点。

导轨的使用工艺简单。首先,将导轨粘贴面加工至深 0.5～1.0mm 的凹槽,表面粗糙度的 R_a 值达到 $3.2～1.6\mu m$,如图 6-31 所示。然后用汽油或金属清洁剂或丙酮清洗粘结面后,将聚四氟乙烯软带用胶粘剂粘合,加压进行初固化 1～2h 后与配对固定导轨或专用夹具合拢施压,并在室温下固化 24h 以上,取下后清除余胶,即可开油槽和进行精加工。习惯上称这类导轨为贴塑导轨。

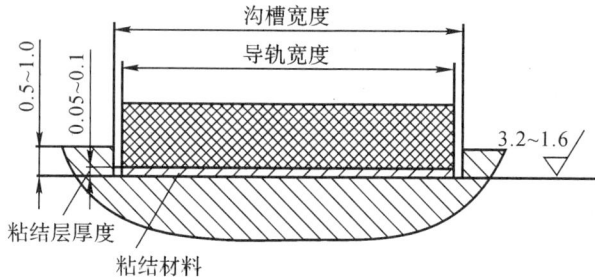

图 6-31 贴塑导轨的粘接

2. 环氧型耐磨导轨涂层

环氧型耐磨导轨涂层是以环氧树脂为基体,加入增塑剂混合成液状或膏状为一组分,以固化剂为另一组分的双分塑料涂层。这种塑料涂层具有良好的加工性、耐磨性和摩擦特性。其抗压强度高于聚四氟乙烯软带,固化时收缩小,尺寸稳定,特别适用于重型机床和不能用导轨软带的复杂配合面。

这种导轨涂层的使用工艺也很简单。首先将导轨涂层面粗刨或粗铣成图 6-32 所示的凹槽粗糙表面,以确保有良好的粘附力。然后在与塑料导轨相配的金属导轨面上用溶剂清洗后涂上一层薄薄的硅油或专用脱模剂,以防止与涂层粘接。将按配方加入固化剂的耐磨涂层材料涂抹于导轨涂层面上,然后与金属导轨面叠合进行固化,固化 24h 后,可将两导轨分离,三天后,可进行下一步加工。由于这类塑料导轨采用涂刮或注入膏状塑料的方法,故也称涂塑导轨或注塑导轨。

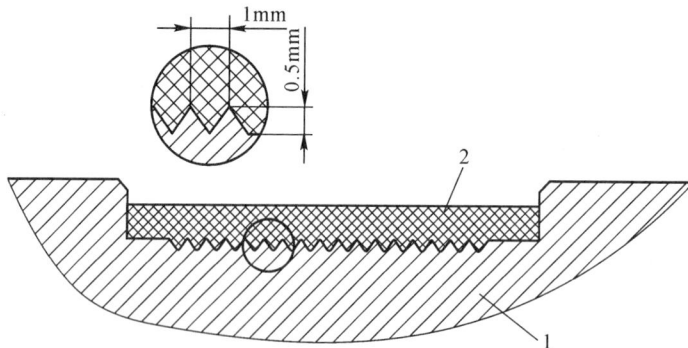

图 6-32 注塑导轨涂层
1—导轨;2—耐磨涂层

6.4.2 滚动导轨

滚动导轨具有摩擦系数小(一般在 0.003 左右)、动静摩擦系数相差小、启动阻力小、不易受到冲击、低速运动稳定性好、定位精度高、运动平稳、微量移动准确、磨损小和寿命长等优点。但也有抗振性差、防护要求高、结构复杂和成本高等缺点。现代数控机床常采用的滚动导轨有滚动导轨块和直线滚动导轨两种。

1. 滚动导轨块

滚动导轨块是一种滚动体作内循环运动的滚动导轨,其结构如图 6-33 所示。在使用时,滚动导轨块安装在运动部件的导轨面上,每一导轨至少要使用两块,导轨块数量要根据导轨长度和负载大小而定,与之相配的导轨多用嵌钢淬火导轨。当运动部件移动时,滚柱 3 在支承部件的导轨面和本体 6 之间滚动,这些滚柱同时又绕本体 6 作循环滚动,但它们与运动部件的导轨面不接触,因此运动部件的导轨面不需淬硬磨光。滚动导轨块的优点是刚度高,承载能力大,便于拆装。

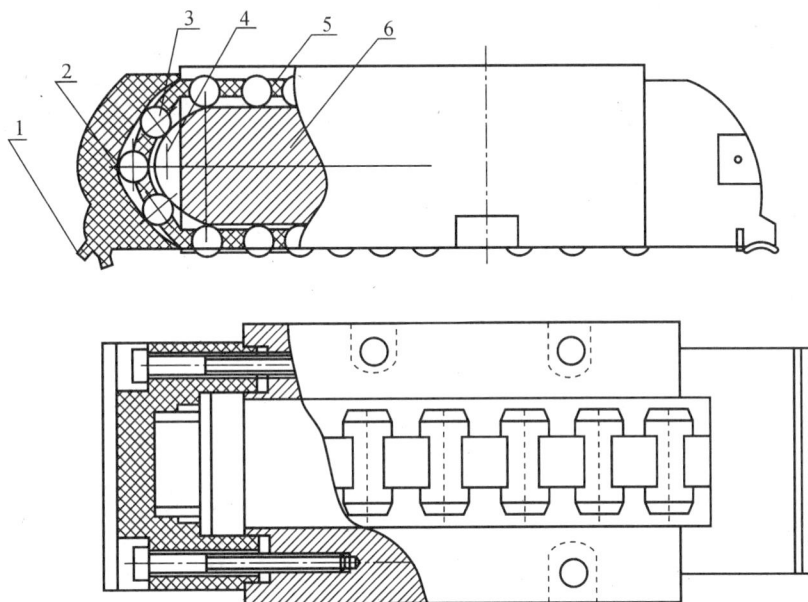

图 6-33　滚动导轨块的结构

1—防护板;2—端盖;3—滚柱;4—导向片;5—保持器;6—本体

2. 直线滚动导轨

直线滚动导轨的结构如图 6-34 所示,主要由导轨体 1、滑块 7、滚珠 4、保持器 3、端盖 6 等组成。直线滚动导轨作为一种独立的标准导轨副部件由专门的生产厂家制造,故又称单元式直线滚动导轨。使用时,导轨体 1 固定在不动部件上,滑块 7 固定在移动部件上。当滑块 7 沿导轨体 1 运动时,滚珠 4 在导轨体 1 和滑块 7 之间的圆弧直槽内滚动。并通过端盖 6 内的暗道从工作负载区滚到非工作负载区,然后又滚回到工作负载区,不断循环,从而将导轨体与滑块之间的相对滑动转变成滚子的滚动。

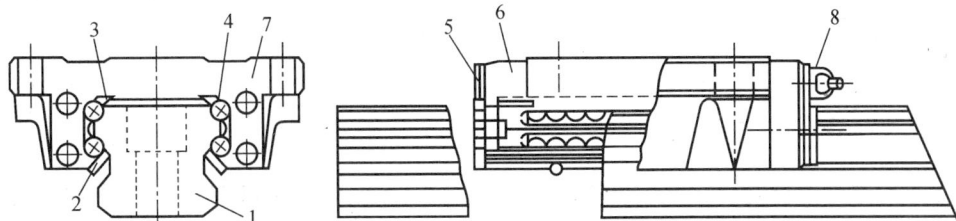

图 6-34　直线滚动导轨的结构

1—导轨体;2—侧面密封垫;3—保持器;4—滚珠;5—端面密封垫;6—端盖;7—滑块;8—润滑油环

6.4.3　静压导轨

静压导轨是使两个相对运动的导轨面之间通过压力油将运动件托起,使导轨面之间处于纯液体摩擦状态,因而静压导轨具有导轨面不产生磨损、精度保持好、摩擦系数小(一般为0.005～0.001)、低速时不易产生爬行、承载能力大、刚性好和抗震性好等优点。但是其结构复杂,需配备专门的供油系统,且制造成本高。静压导轨可分为开式和闭式两种,这里仅介绍较为简单的开式静压导轨。

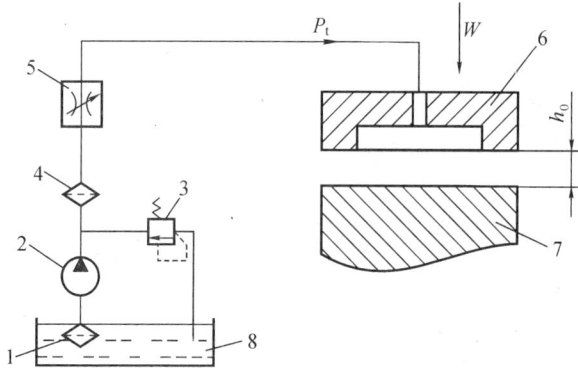

图 6-35　开式静压导轨的工作原理
1、4—滤油器;2—油泵;3—溢流阀;5—节流器;
6—运动部件;7—固定部件;8—油箱

开式静压导轨的工作原理如图 6-35 所示,油泵 2 启动后,压力油经滤油器 4 通过节流阀 5,降压到 P_t(油腔压力)进入导轨油腔,并通过导轨间隙向外流出,流回油箱 8,液压系统总压力由溢流阀 3 调定。油腔压力形成浮力,托起运动部件 6,使运动部件 6 和固定部件 7 之间形成由油膜分隔的导轨间隙。当载荷增加时,运动部件 6 下沉,导轨间隙 h_0 减小,液阻增加,从而使油腔压力 P_t 增大,直至与载荷 W 平衡,节流阀 5 就起到在载荷变化时,能自动调整油腔压力 P_t 的作用。

6.5　回转工作台

为扩大数控机床的加工范围,提高生产效率,数控机床除了沿 X、Y、Z 三个坐标轴方向的直线进给运动外,常需有绕 X、Y、Z 三个坐标的圆周运动。数控机床依靠回转工作台实施圆周运动。常用的回转工作台有分度工作台和数控回转工作台,前者的功能是将工件分度转位,达到分别加工工件各个表面的目的,而后者除了分度和转位的功能之外,还能实现数控回转进给运动。

6.5.1　分度工作台

分度工作台的功能是按数控指令完成自动分度运动,能进行工件在加工中的自动转位换面,从而实现一次装夹,多面加工。这不仅提高了数控机床的效率,而且减少了装夹误差和加工误差。

由于结构上的原因,分度工作台的分度运动只能限于某些规定的角度,不能实现 0°～

360°范围内的任意角度的分度。为了保证加工精度,分度工作台的定位方式有销定位、反靠定位、齿盘定位和钢球定位等。这里仅介绍定位销式和齿盘定位式两种分度工作台。

1. 定位销式分度工作台

定位销式分度工作台的定位元件是定位销和定位孔,其定位精度取决于定位销和定位孔的精度(配合间隙、位置精度等),最高定位精度可达±5′。因此,定位销和定位孔应有很高的制造精度和装配精度,且要求表面硬度高,耐磨性好。图 6-36 所示为自动换刀数控卧式镗铣床的定位销式分度工作台的结构。该分度台置于长方形工作台中间,如不单独使用分度工作台,则两者可以作为一个整体使用。

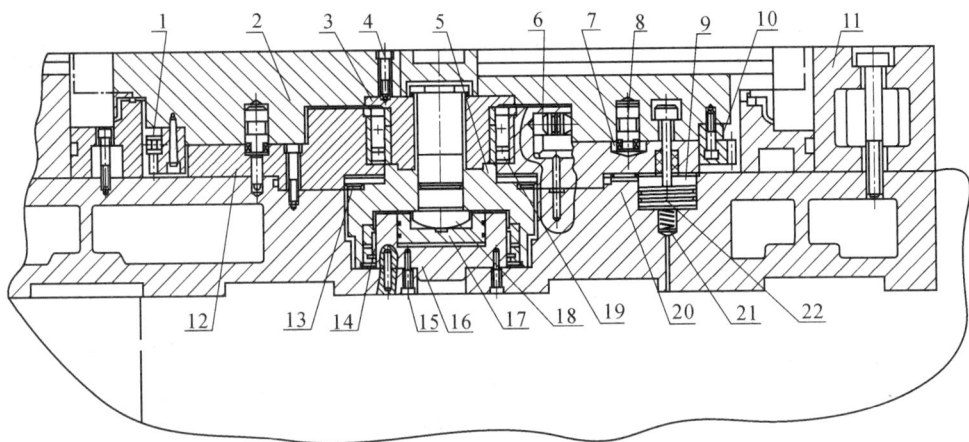

图 6-36　定位销式分度工作台结构

1—挡块;2—工作台;3—锥套;4—螺钉;5—支座;6—油缸;7—定位衬套;8—定位销;9—锁紧油缸;
10—大齿轮;11—长方形工作台;12—上底座;13—止推轴承;14—滚针轴承;15—进油管道;
16—中央油缸;17—活塞;18—螺栓;19—双列圆柱滚子轴承;20—下底座;21—弹簧;22—活塞拉杆

工作台 2 的底部均布八个圆柱定位销 8,在工作台上底座 12 上有一个定位衬套以及环形槽。定位时,只有一个定位销插入定位衬套中,其余七个则进入环形槽中,由于定位销之间的分布角度为 45°,因而只能实现二、四、八等分的分度运动。

该分度工作台在进行分度运动时,其工作过程分为三个步骤:

(1)松开锁紧机构并拔出定位销

当数控装置发出分度指令时,下底座 20 的六个均布锁紧油缸 9 卸荷,从而使活塞拉杆 22 在弹簧 21 作用下上移 15mm,使工作台 2 处于松开状态。同时,用于消隙的油缸 6 也卸荷;压力油经过进油管道 15 进入中央油缸 16 的下腔,推动活塞 17 上升,并通过螺栓 18、支座 5 将止推轴承 13 向上抬起,顶在上底座 12 上,再通过螺钉 4、锥套 3 使工作台 2 抬起 15mm,圆柱定位销 8 从定位衬套 7 中拔出。

(2)工作台分度

当工作台抬起后发信号使液压马达驱动减速齿轮(图中未示出),带动与工作台 2 底部连接的大齿轮 10 回转,进行分度运动。在大齿轮 10 上以 45°间隔均布了八个挡块 1。分度时,工作台 2 先快转,当定位销 8 接近规定位置时,挡块 1 碰上第一个行程开关,发出信号使工作台 2 低速转动,当挡块 1 碰上第二个行程开关时,发信号使工作台 2 停转,此时相应的定位销 8 正好对准定位衬套 7。

（3）工作台下降并锁紧

分度完毕后，发信号使中央油缸16卸荷，工作台2靠自重下降，定位销8即插入定位衬套7中，与此同时，压力油进入油缸6的左腔，推动活塞顶向工作台2，消除径向间隙。然后压力油进入锁紧油缸9的上腔，活塞拉杆22下移，通过活塞拉杆22将工作台2锁紧。

工作台的回转轴支承在加长型双列圆柱滚子轴承和滚针轴承上，轴承19的内孔锥度为1：12，用于调整径向间隙。另外，轴承内环可带着滚柱在加长的外环内作15mm的轴向移动。当工作台上抬时，支座5的部分推力由止推轴承13承受，从而有效地减小了工作台2的回转摩擦力矩，使其转动灵活平稳。

2. 齿盘定位式分度工作台

齿盘定位式分度工作台也称为端面多齿盘或鼠牙盘定位方式。这种方式能达到较高的分度定位精度，一般为±3′，最高可达±0.4′。齿盘定位式分度工作台具有承载能力强、定位精度高和精度保持好的特点。图6-37所示为齿盘定位工作台的一种结构。其分度转位动作过程可分为三步。

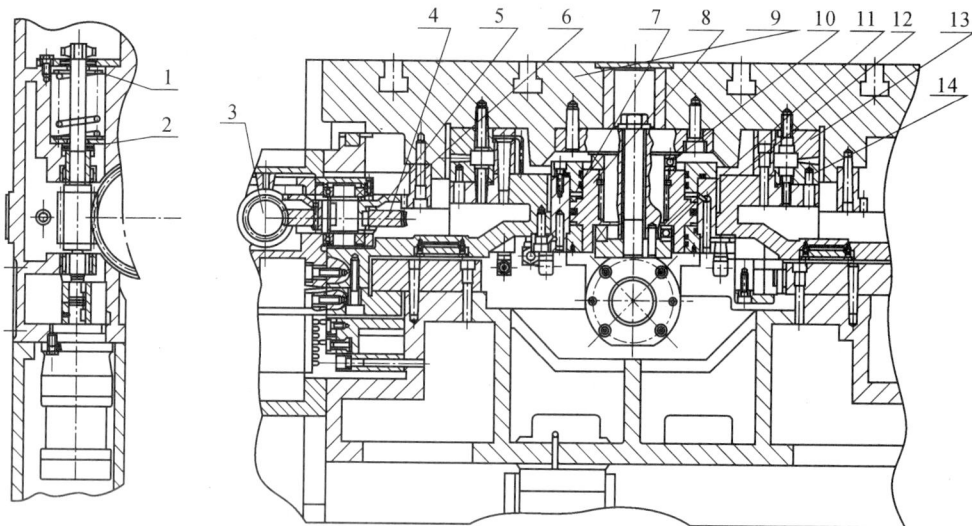

图6-37　齿盘定位分度工作台结构
1—弹簧；2、10、11—止推轴承；3—蜗杆；4—蜗轮；5、6—齿轮；
7—支承套；8—活塞；9—工作台；12—升降油缸；13、14—上、下齿盘

（1）工作台抬起

当数控装置发出分度指令后，压力油进入分度工作台9中的升降油缸12的下腔，推动活塞8上移，通过止推轴承10和11带动工作台9上抬，使上、下齿盘13、14相脱离，为分度做好准备。

（2）回转分度

当工作台9抬起后，通过微动开关发信号，启动液马达转动。通过蜗轮蜗杆副3、4和齿轮副5、6带动工作台9进行分度回转运动，其回转角度由指令提供，其有八个等分，即45°的整数倍。当工作台9转动到接近所需分度角度时，减速挡块压上微动开关，发出减速信号，工作台9低速转动到规定的分度角度时，准定挡块压上微动开关发信号，使液马达停转，工作台完成了回转分度工作。

（3）工作台下降定位锁紧

与液马达停转的同时，压力油进入升降油缸 12 的上腔，推动活塞 8 连同工作台 9 下移，上下齿盘 13、14 重新啮合，完成定位夹紧，并发出分度转位完成信号。

为防止因蜗轮蜗杆副 3、4 的自锁性而影响上、下齿盘 13、14 的正确啮合即准确定位，将蜗轮轴设计成浮动结构，其轴由两个止推轴承 2 抵在一个弹簧 1 上，这样在工作台作微小回转时，可由蜗轮 4 带动蜗杆 3 压缩弹簧 1 作微量轴向移动，避免了因自锁产生的干涉现象。

6.5.2 数控回转工作台

数控回转工作台，不但能完成 0°～360°范围内任意角度的分度运动，而且还能进行连续圆周进给运动。它采用伺服驱动系统来实现回转、分度和定位，其定位精度由控制系统决定。根据控制方式，数控回转工作台可分为开环数控回转工作台和闭环数控回转工作台两种。

1. 开环数控回转工作台

与开环直线进给机构一样，开环数控回转工作台可以用功率步进电机或电液脉冲马达来驱动。图 6-38 所示为开环数控回转工作台的结构。

步进电机 3 启动后，其旋转运动由装在电机轴上的齿轮 2 传到与之啮合的齿轮后，并使与其同轴的蜗杆 4 一起转动，蜗杆 4 带动安装在工作台上的蜗轮 15 转动，从而实现了工作台的回转进给或分度运动。由于按数控装置所指定的脉冲数来决定转动角度，因此对开环数控回转工作台的传动精度要求高，传动间隙应尽量小。为此在传动结构上采用了消除间隙的措施。例如，步进电机 3 通过偏心环 1 与底座相连，这将可以通过调整偏心环 1 来调整齿轮 2 和齿轮 6 的中心距，从而达到消除这两个齿轮的啮合间隙。蜗杆 4 为双导程（变齿厚）蜗杆，可以用轴向移动蜗杆的方法来消除蜗杆 4 和蜗轮 15 的啮合间隙，实际上只要改变调整环 7 的厚度，便可使蜗杆 4 进行微量轴向移动。

为了消除累积误差，数控回转工作台设有零点。当它作返零控制时，先由挡块 11 压合微动开关 10，发出信号后工作台即降速到低速回转，然后由挡块 9 压合微动开关 8 进行第二次减速，接着由无触点开关发出由低速转换为点动步进信号，最后由步进电机停在某一固定通电相位上，从而使工作台停在零点位置上。

在数控回转工作台用于分度换位时，应在分度回转结束后，夹紧工作台。在蜗轮 15 下部的内外两面上装有夹紧瓦 18 和 19，固定在底座 21 上的支座 24 内均布有 6 个油缸 14。当压力油进入油缸 14 的上腔时，压动柱塞 16 下移，并通过钢球 17 推动夹紧瓦 18 和 19，将蜗轮夹紧，从而将工作台夹紧。不需夹紧时，控制系统发出指令，压力油从油缸 14 的上腔流向油箱，在弹簧 20 的作用下把钢球 17 抬起，于是夹紧瓦 18 和 19 松开蜗轮 15，这时就可启动步进电机，驱动工作台作工作台圆周进给或分度运动。

该回转工作台采用大型推动滚珠轴承 13 作为圆导轨，使回转灵活，双列短圆柱滚子轴承 12 及圆锥滚子轴承 22 保证回转精度和定心精度。调整轴承 12 的预紧力，可消除回转轴的径向间隙，调整轴承 22 的调整套厚度可以使大型推动滚子轴承 13 有一定的预紧力，保证圆导轨有一定的接触刚度。

2. 闭环数控回转工作台

闭环数控回转工作台与开环数控回转工作台基本相同，区别在于闭环数控回转工作台由直流或交流伺服电机驱动，且有转动角度测量元件（圆光栅、圆感应同步器、脉冲编码器

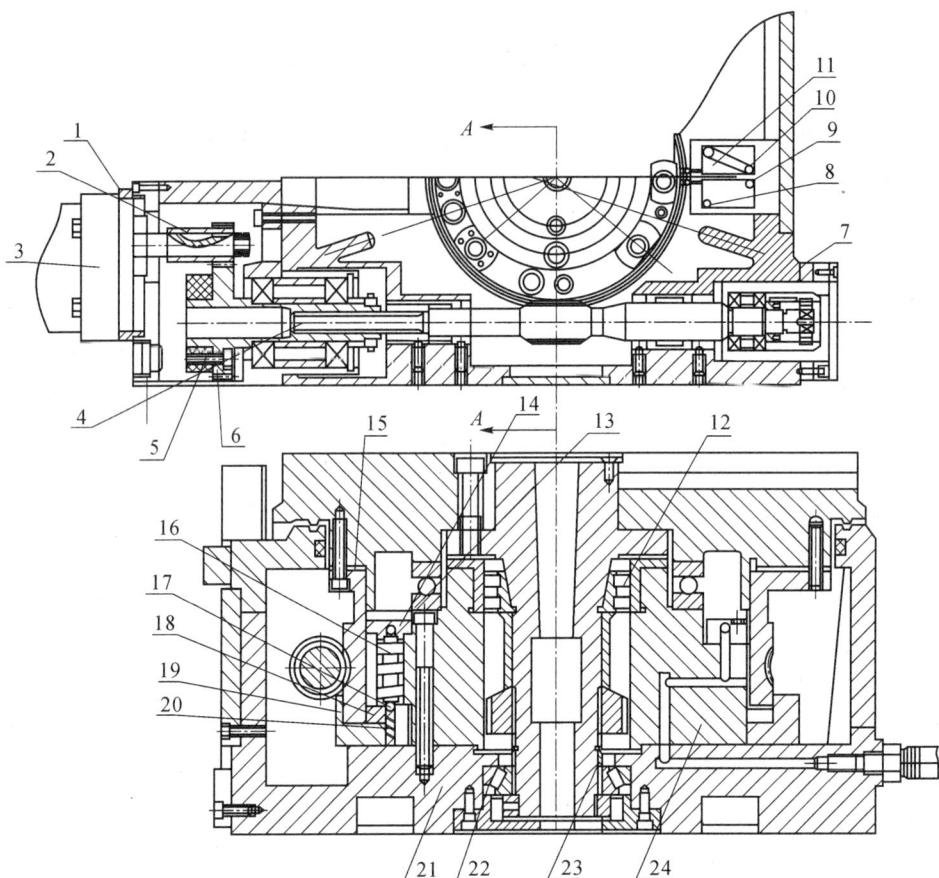

图 6-38   开环数控回转工作台结构

1—偏心环；2、6—齿轮；3—步进电机；4—蜗杆；5—橡胶套；7—调整环；8、10—微动开关；
9、11—挡块；12—双列短圆柱滚子轴承；13—滚珠轴承；14—油缸；15—蜗轮；16—柱塞；
17—钢球；18、19—夹紧瓦；20—弹簧；21—底座；22—圆锥滚子轴承；23—调整套；24—支座

等）。其测量结果反馈并与指令值进行比较，若有偏差经放大后控制伺服电机向消除偏差的方向转动，从而使工作台更精确地回转或定位，因而工作台定位精度更高。

图 6-39 所示为闭环数控回转工作台结构。直流伺服电动机 15 通过减速齿轮 14、16 及蜗杆 12、蜗轮 13 带动工作台 1 回转，工作台的转角用圆光栅 9 测量，测量结果发出反馈信号并与数控装置发出的指令信号进行比较，按闭环原理进行工作。当工作台静止时，必须处于锁紧状态。台面锁紧由均布的八个小油缸 5 来完成，当数控装置发出夹紧指令后，压力油进入油缸 5 上腔，推动活塞 6 下移，通过钢球 8 推动夹紧瓦 3、4 夹紧蜗轮 13，从而使工作台 1 夹紧。当工作台回转时，数控装置发出指令，油缸 5 上腔的压力油流回油箱，在弹簧 7 的作用下，钢球 8 抬起，夹紧瓦 3、4 松开，不再夹紧蜗轮 13。然后按指令，由直流伺服电机 15 通过传动装置进行工作台的分度转位或圆周进给运动。

转台的中心回转轴采用圆锥轴承 11 和双列圆柱滚子轴承 10，并通过预紧消除其径向和轴向间隙，以提高工作台的刚度和回转精度。工作台支承在镶钢滚珠导轨 2 上，运动平稳，耐磨性好。

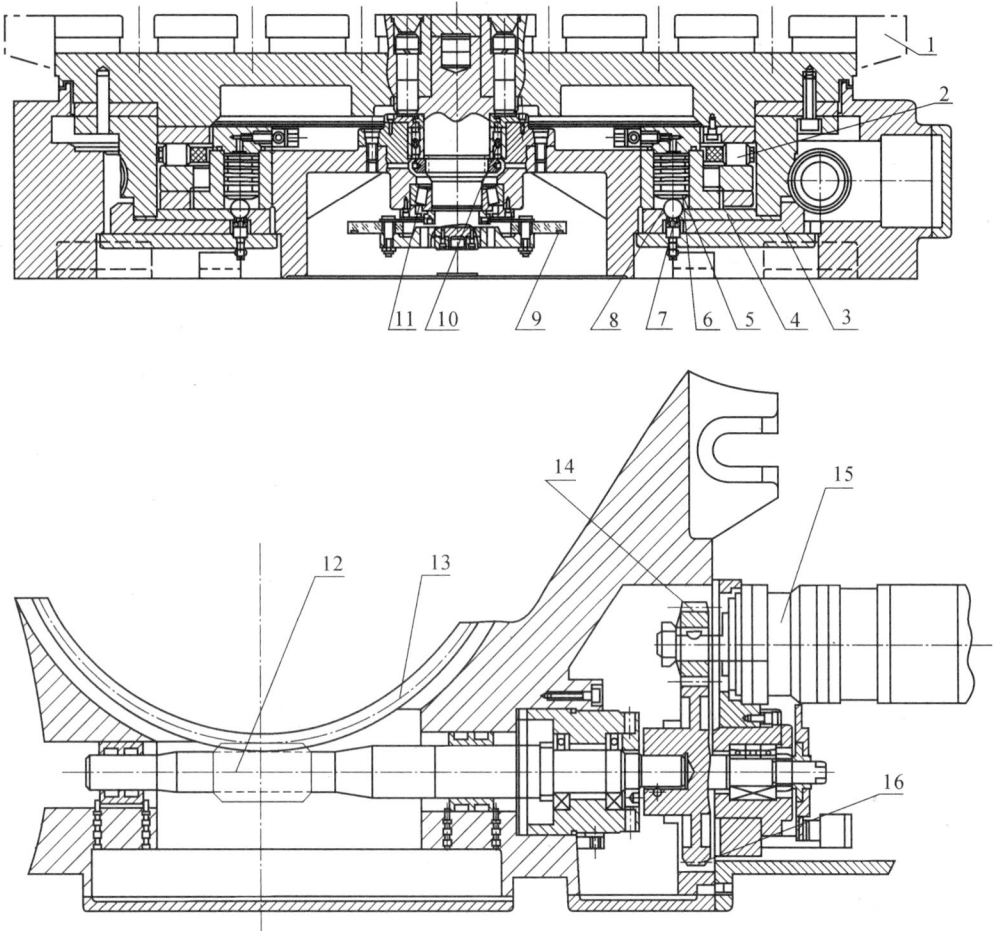

图 6-39　闭环数控回转工作台结构

1—工作台;2—镶钢滚珠导轨;3、4—夹紧瓦;5—油缸;6—活塞;7—弹簧;8—钢球;
9—光栅;10、11—轴承;12—蜗杆;13—蜗轮;14、16—减速齿轮;15—直流伺服电动机

6.6　数控机床的辅助装置

在现代数控机床中,除数控系统外,还应配备液压、气动、自动润滑、精度检测、监控、报警、排屑等辅助装置。本节简述液压、气动装置和排屑装置。

6.6.1　液压和气动装置

数控机床的液压和气动装置应具有结构紧凑、工作可靠、易于控制和调节方便等特点。液压和气动的原理相同,但根据各自特点,其适应范围不同。

液压传动装置具有出力大、机械结构紧凑、动作平稳可靠、易于调节和噪声较小的特点,但须配置油泵、油箱。如果密封不佳,会造成油液泄漏而污染环境,其动作频率不能过高。

气动装置具有气源容易获得、无需配置动力源、装置简单、工作介质不污染环境和动作频率高等特点,但其出力相对不高,适宜完成频繁启动的辅助工作。

液压与气动装置在数控机床上能实现和完成以下辅助工作:

(1)自动换刀装置的辅助动作。如机械手的伸缩、回转、刀具的夹紧和松开。

(2)机床运动部件的平衡。如机床主轴箱的重力平衡、刀库机械手的平衡装置等。

(3)机床运动部件的制动和离合器控制、齿轮拨叉挂挡等。

(4)润滑和冷却。

(5)机床防护罩、门的自动开启和关闭。

(6)工作台的松开夹紧、交换工作台的交换动作。

(7)工件的夹紧和松开。回转工作台的松紧和回转动作。

(8)工件、刀具定位面和工作台的自动吹屑清理等。

6.6.2　排屑装置

由于数控机床具有高精度、高生产率、高自动化的特点,因此,在单位时间内产生的切屑远高于普通机床。如果在加工过程中不及时清理切屑,这些切屑有可能会覆盖或缠绕于工件和刀具之上,阻碍机械加工的顺利进行,有可能会损坏刀具,破坏已加工表面,甚至严重影响加工精度和刀具寿命。因此在许多数控机床上必须配备排屑装置。

排屑装置是一种具有独立功能的附件,随着数控机床技术的发展,各主要工业国家已经研究和开发了各种类型的排屑装置,它们广泛地应用在各类数控机床和自动机床中。这些排屑装置已逐步标准化和系列化,并由专业厂进行生产,可以根据机床的种类、规格、加工工艺特点、工件材质和使用冷却液种类,对数控机床排屑装置进行选择。这里介绍几种排屑装置的结构形式。

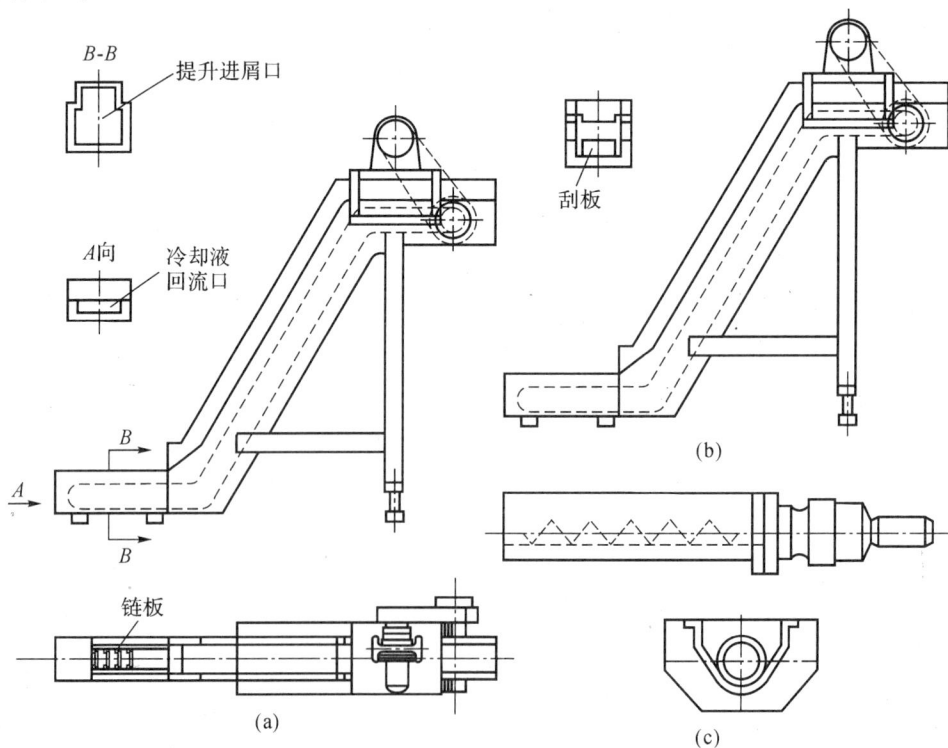

图 6-40　排屑装置

图 6-40(a)所示为平板链式排屑装置,它以滚动链轮带动钢质平板链带在封闭箱中运转,加工中生产的切屑落在链带上被带出机床。这种结构的排屑装置能排除各种形状切屑,适用范围广,各类机床均可采用。为了输送短切屑,可在链板上加上刮板,提高其排屑能力。如图 6-40(b)所示,如果切屑为铁质短小切屑,也可在链式排屑装置的基础上加上电磁铁,这样可将细碎的切屑也排出机床体。

图 6-40(c)所示为螺旋式排屑装置,该装置通过电机减速装置驱动一长螺旋杆,长螺旋杆安装在排屑沟槽中,在螺旋杆转动时推动切屑连续向前运动,最终使切屑排入切屑收集箱。这种装置结构简单,排屑性能良好,占据空间小,且适于安装在机床与立柱间空隙狭小的位置上,但是它只适用于沿水平或小角度倾斜的直线方向上,不适宜用于大角度倾斜、提升或转向的排屑。

思考题与习题

6-1　数控机床的机械结构包括哪些主要部分? 与普通机床相比,它有哪些特点?

6-2　为了提高数控机床结构件的刚度,应采取哪些措施? 试说明理由。

6-3　对数控机床的主运动系统有哪些特定要求?

6-4　数控机床的主运动一般有哪几种传动形式? 试用运动简图说明。

6-5　在哪种类型的数控机床上需要装备主轴准定装置? 为什么? 主轴准定装置常有哪几种类型?

6-6　试阐述数控机床的进给系统的组成和特点? 常采用哪些运动副?

6-7　数控机床为什么常使用滚珠丝杆螺母副传动? 采用哪些措施消除滚珠丝杆螺母副的侧隙?

6-8　数控机床的导轨常采用哪几种形式? 它们有什么特点?

6-9　在什么情况下,数控机床要使用回转工作台? 回转工作台有哪两种类型? 它们有什么功能?

6-10　为消除数控机床进给系统的齿轮间隙,常采用哪些方法? 试述双齿轮错齿消除间隙的原理。

6-11　数控机床的辅助装置有哪几种? 试述几种常用的排屑装置的结构形式。

参考文献

1.廖效果等.数控技术.武汉:湖北科学技术出版社,2000

2.龚仲华.数控技术.北京:机械工业出版社,2004

3.杨后川,梁炜.机床数控技术及应用.北京:北京大学出版社,2005

4.关雄飞等.数控机床与编程技术.北京:清华大学出版社,2006

5.陈蔚芳,王宏涛.机床数控技术及应用.北京:科学出版社,2005

6.饶军,田宏宇.数控机床与数控技术.北京:北京希望电子出版社,2006

7.徐元昌.数控技术.北京:中国轻工业出版社,2004

8.廖效果,朱启述.数字控制机床.武汉:华中科技大学出版社,1992

9.毕承恩,丁乃建等.现代数控机床.北京:机械工业出版社,1991

10.林奕鸿.机床数控技术及其应用.北京:机械工业出版社,1994

11.廖效果,朱启述.数字控制机床.武汉:华中理工大学出版社,1992

12.杨有君.数字控制技术与数控机床.北京:机械工业出版社,1999

13.于华.数控机床的编程及实例.北京:机械工业出版社,1996

14.中国机械工业教育协会组.数控加工工艺及编程.北京:机械工业出版社,2001

15.华茂发.数控机床加工工艺.北京:机械工业出版社,2000

16.刘雄伟.数控加工理论与编程技术(第二版).北京:机械工业出版社,200

17.蔡兰.数控加工工艺学.北京:化学工业出版社,2005

18.王爱玲.现代数控编程技术及应用(第二版).北京:国防工业出版社,2005

19.李家杰.数控机床编程与操作实用教程.南京:东南大学出版社,2005

20.蒋建强.数控编程技术 200 例.北京:科学出版社,2004

21.张安全.数控加工与编程.北京:中国轻工业出版社,2005

22.曹凤.数控编程.重庆:重庆大学出版社,2004

23.关雄飞.数控加工技术综合实训.北京:机械工业出版社,2006

24.来建良.数控加工实训.杭州:浙江大学出版社,2004

25.郑红.数控加工编程与操作.北京:北京大学出版社,2005

26.熊熙.数控加工实训教程.北京:化学工业出版社,2003

27.徐宏海.数控加工工艺.北京:化学工业出版社,2004

28.张思弟,贺曙新.数控编程加工技术.北京:化学工业出版社,2005